高等职业教育畜牧兽医类专业系列教材

动物病理诊断

主　编◎蔡皓璠

副主编◎王雪东　武志敏

DONGWU
BINGLI ZHENDUAN

北京师范大学出版集团
BEIJING NORMAL UNIVERSITY PUBLISHING GROUP
北京师范大学出版社

图书在版编目(CIP)数据

动物病理诊断/蔡皓璠主编 .—北京：北京师范大学出版社，
2024.9
　（高等职业教育畜牧兽医类专业系列教材）
　ISBN 978-7-303-29745-0

　Ⅰ.①动… 　Ⅱ.①蔡… 　Ⅲ.①兽医学－病理学－诊断学
Ⅳ.①S852.3

　中国国家版本馆 CIP 数据核字(2024)第 018748 号

教材意见反馈　　zhijiao@bnupg.com
营销中心电话　　010-58802755　58800035
编辑部电话　　　010-58801860

出版发行：北京师范大学出版社 www.bnupg.com
　　　　　北京市西城区新街口外大街 12-3 号
　　　　　邮政编码:100088
印　　刷：北京天泽润科贸有限公司
经　　销：全国新华书店
开　　本：787 mm×1092 mm　1/16
印　　张：15
字　　数：330 千字
版　　次：2024 年 9 月第 1 版
印　　次：2024 年 9 月第 1 次印刷
定　　价：38.00 元

策划编辑：周光明　　　　　　责任编辑：周光明
美术编辑：焦　丽　　　　　　装帧设计：焦　丽
责任校对：陈　民　　　　　　责任印制：马　洁　赵　龙

编审委员会

主　　编　蔡皓璠(黑龙江职业学院)

副主编　王雪东(黑龙江职业学院)

　　　　武志敏(杜尔伯特蒙古族自治县畜牧技术服务中心)

参　　编　邹继新(黑龙江职业学院)

主　　审　孙洪梅(黑龙江职业学院)

内容简介

　　《动物病理诊断》编者具有 20 年的教学经验与丰富的兽医临床经验，能够充分运用成果导向教育理念，与思政元素有机结合，合理设计教学内容、制定教学目标和评价指标。根据专业岗位的实际工作需要，以临床动物疾病病理诊断为载体，按典型工作任务即病理学诊断与尸体剖检诊断，本书分为 6 个学习情境，主要内容有认识疾病、病理解剖诊断、病理生理诊断、应激性反应、常见动物疾病病理变化、尸体剖检诊断。

　　本教材可供高职高专院校动物医学专业、宠物医疗技术专业、畜牧兽医专业及其他相关专业教学使用，也可作为基层畜牧兽医工作者及广大养殖户的参考书。

课件资源下载　　　　题库资源线上练习

前　言

本教材是在《关于加强高职高专教育教材建设的若干意见》和《关于全面提高高等职业教育教学质量的若干意见》等文件精神以及习近平新时代中国特色社会主义思想的指导下编写的。

党的二十大报告指出，"坚持尊重劳动、尊重知识、尊重人才、尊重创造""完善人才战略布局，坚持各方面人才一起抓，建设规模宏大、结构合理、素质优良的人才队伍"。加快建设国家战略人才力量，既要努力培养"大师、战略科学家、一流科技领军人才和创新团队、青年科技人才"，也要努力造就"卓越工程师、大国工匠、高技能人才"。

《动物病理诊断》教材为工作手册式新形态教材，内含学习任务单、任务资讯单、案例单、工作任务单、作业单、学习反馈单、课程量化评价单等活页单，以及必备知识非活页部分，是成果导向教育理念下学习领域工学结合特色教材。在教学内容的组织上，根据学习成果导向设计教学内容，以符合教学要求的工作过程为基础，即以病理学诊断、尸体剖检诊断的工作过程为主线设计学习情境，按照实际岗位应用关系组织序化教学内容，使学生的学习过程变成基本符合岗位工作的工作过程。

教材设计中，将理论知识、价值理念以及精神追求等课程思政元素与成果导向教育理念融合，"育人"先"育德"，注重传道、授业、解惑、育人育才的有机统一。同时也体现了"以学生为中心""教中学、学中做"的职业教育理念，强调以学生直接经验的形式来掌握融于各项实践行动中的知识、技能和技巧。

本书编写人员分工为：蔡皓璠编写学习情境 1、学习情境 2（血液循环障碍、组织细胞的损伤与代偿修复）、附录，王雪东编写学习情境 2（炎症、肿瘤）、学习情境 3、学习情境 4，武志敏编写学习情境 5（呼吸系统病理、消化系统病理、心血管系统病理、泌尿系统病理），邹继新编写学习情境 5（生殖系统病理、免疫系统病理、神经系统病理）、学习情境 6。全书由蔡皓璠统稿并校对。

本教材由孙洪梅主审，并对结构体系和内容等方面提出了宝贵意见；编者所在学校对编写工作给予了大力支持。在此，一并表示诚挚的谢意。

由于时间仓促，且编者水平有限，书中难免有不足之处，恳请专家和读者批评指正。

编　者

目　录

学习情境 1

认识疾病

●　●　●　●　● **学习任务单**

学习情境 1	认识疾病	学　时	4
布置任务			
学习目标	【知识目标】 1. 能描述动物疾病发生的原因。 2. 能描述动物疾病的发生发展规律。 3. 能描述动物疾病的发展过程。 4. 能描述动物疾病的转归。 【技能目标】 1. 能识别发生疾病的待检动物个体。 2. 能识别病理大体标本的病理变化。 【素养目标】 1. 通过课前预习，培养学生的自主学习能力。 2. 通过小组内对案例分析结果的展示，找到不足，自我提升，强化团体合作习惯和严肃认真的工作作风，同时增强集体荣誉感。 3. 通过对病理组织大体标本的观察，了解动物疾病的特点，深化学农爱农、关爱生命意识。 4. 通过对疾病诱因的社会因素学习，加强同学们对学习成果的交流、沟通，增强时代感和吸引力、提升民族自豪感。		
任务描述	根据提供的案例，探究疾病的发生原因、发展规律，以及疾病的转归。 具体任务： 1. 根据案例，分析患病动物的发病原因。 2. 根据案例中患病动物的临床症状，分析疾病的发展规律。 3. 根据案例中患病动物的临床症状，探究疾病的转归。		
提供资料	1. 资讯单。 2. 教材。 3. 在线开放课程：上智慧树网站查找动物病理课程（黑龙江职业学院）。		
对学生 要求	1. 前程课程：动物解剖生理、动物微生物及免疫。 2. 按任务资讯单内容，认真准备资讯问题，预习课程内容。 3. 以小组为单位完成学习任务，充分发挥团结协作精神。		

对学生 要求	4. 按各项工作任务的具体要求，认真设计及实施工作方案。 5. 严格遵守相关实验室管理制度，爱护实验设备用具等，避免安全事故发生。 6. 严格遵守动物剖检、检验等技术的操作规程，避免散播病原。

项目　认识并诊断疾病

●●●●● 任务资讯单

学习情境1	认识疾病
项目	认识并诊断疾病
资讯方式	教材、教学平台资源、在线开放课资源、网络资源等。
资讯问题	1. 什么是健康？什么是疾病？ 2. 引起疾病发生的外部原因有哪些？ 3. 引起疾病发生的内部原因有哪些？ 4. 疾病发展的一般规律是什么？ 5. 疾病的发展过程包括哪几个阶段？ 6. 疾病的转归有哪几种结局？
资讯引导	1. 陆桂平. 动物病理. 北京：中国农业出版社，2001 2. 于洋等. 动物病理. 北京：中国农业大学出版社，2011 3. 张鸿等. 宠物病理. 北京：中国农业出版社，2016 4. 姜八一. 动物病理. 北京：中国农业出版社，2019 5. 於敏等. 动物病理. 北京：中国农业出版社，2019 6. 於敏等. 动物病理. 北京：中国农业出版社，2022 7. 中国知网

●●●●● 案例单

学习情境1	认识疾病		学时	4
项目	认识并诊断疾病			
序号	案例内容		案例分析	
1.1	 图1-1　猪胃肠炎		胃肠炎，根据其发生原因可分为原发性和继发性；根据其炎症性质可分为黏液性、化脓性、出血性、纤维素性；根据其病程经过又可分为急性和慢性。 　　以猪传染性胃肠炎病毒感染引起的肠炎为例，分析该案例中的临床症状及病理变化。	

序号	案例内容	案例分析
1.1	仔猪胃肠炎，是指胃肠黏膜急性或慢性炎症，既可以是侵害胃肠黏膜的一种独立性疾病，也可是广泛涉及胃或结肠的炎性疾病。临床上以消化紊乱、腹痛、腹泻、发热为特征。	该病毒不产生包涵体，在细胞膜中增殖，存在于十二指肠、回肠的黏膜及内容物中，以及鼻腔、器官、肺的黏膜和扁桃体、颌下肠系膜淋巴结等处，且随粪便排除。 　1. 临床症状与病理变化 　　潜伏期很短，一般 15～18 小时，长的 2～3 天。本病传播迅速，2～3 天内可以蔓延至全群。仔猪的典型临床表现是突然发生短暂呕吐，接着发生剧烈腹泻，粪便水样，有时呈喷射状，具有恶臭气味。粪便初为灰白色，后变为黄色或绿色，常含有未消化的凝乳块和泡沫。 　　病初有体温升高现象，腹泻后下降。病猪迅速脱水、极度消瘦、体重下降、精神沉郁、被毛逆立、粗乱无光。吃奶减少或停止、战栗、口渴、脱水严重，循环衰竭，常于发病后 2～5 天死亡。1 周龄以上若治疗不及时，死亡率可达 50%～100%，日龄越小，病程越短，死亡率越高。随着日龄的增加，死亡率降低。病愈仔猪增重缓慢，生长发育受阻，甚至个别的成为僵猪。成年猪开始也腹泻，粪便呈稀糊状，色泽呈绿色或灰褐色，食欲减少或废绝。一般只要失水不太严重，排稀便 3～4 天，把有病部分已破损的小肠黏膜排出，新生的小肠黏膜逐渐覆盖在肠管内，如无继发感染，病情就可以得到缓解，食欲也开始恢复。哺乳母猪乳汁减少或停止，康复猪呼吸道带毒时间达 4 个月以上，成年猪极少出现死亡现象。 　2. 剖检变化 　　尸体脱水明显，胃和小肠内充满未消化的乳白色凝乳块，胃底部黏膜潮红充血，有的病例有出血点、出血斑及溃疡灶。小肠壁充血、膨胀、变薄、半透明，肠内充满黄绿色或灰白色泡沫状液体。 　3. 组织学变化 　　小肠绒毛变短或萎缩。曾感染过传染性胃肠炎的母猪所产的仔猪感染后，绒毛的萎缩程度较轻。

序号	案例内容	案例分析
1.2	图 1-2 疑似狂犬病患犬 一只中华田园犬，在主人家院内散养，可自由出入家门。在一次受到流浪犬的攻击后，腿部被咬，变得胆小，近一个月之后，出现比较惊恐，见不得生人，听到声音就开始乱吠，随后对主人也常常狂叫，异常兴奋，亦有进攻的趋势。主人勉强将其拴在自家院内。后期发现该犬精神沉郁，流涎严重，卧地不起，最终死亡。	狂犬病是由狂犬病病毒引起的一种急性接触性传染病。临诊特征是极度的神经兴奋而致狂暴和意识障碍，最后局部或全身麻痹而死。本病是一种重要的人畜共患病，为二类传染病。 本病的传播方式为患病或带毒动物咬伤而感染。 各种动物的临床症状相似，一般分为狂暴型或麻痹型两类，以犬为例进行说明。 典型的病例按病程发展可分为潜伏期、前驱期、临床明显期（狂暴型或麻痹型）和转归期（麻痹期）四个阶段。 1. 潜伏期 一般为 2～8 周，最短 8 天，长者可达数月或一年以上。犬、猫、狼、羊及猪平均为20～60 天，牛、马 30～90 天，人 2～3 周。 2. 前驱期 此期约为 0.5～2 天。病犬精神沉郁，常躲在暗处，不愿和人接近或不听使唤，强迫牵引则咬畜主，性情与平时不大相同。病犬食欲反常，喜吃异物，喉头轻度麻痹，咽物时颈部伸展。瞳孔散大，反射机能亢进。性欲亢进，嗅舔自己或其他犬的性器官，唾液分泌逐渐增多，后躯软弱。 3. 临床明显期 此期 2～4 天。病犬高度兴奋，表现狂暴并常攻击人畜。狂暴的发作往往和沉郁交替出现，病犬常表现一种特殊的斜视和惶恐表情，狂乱攻击，自咬四肢、尾及阴部。病犬常在野外游荡，甚至可游荡到数十千米以外的地方，且多半不归，咬伤人畜，随着病势发展，陷于意识障碍，反射紊乱，狂咬。动物显著消瘦，吠声嘶哑，眼球凹陷，散瞳或缩瞳，下颌麻痹，流涎和夹尾等。 4. 转归期 1～2 天，麻痹急剧发展，下颌下垂，舌脱出口外，流涎显著，不久四肢及后躯麻痹，卧地不起，最后因呼吸中枢麻痹或衰竭而死。 整个病程为 6～8 天，少数病例可延长到10 天。

序号	案例内容	案例分析
1.2		5. 病理变化 尸体无特异性变化。尸体消瘦，有咬伤，裂伤，常见口腔和咽喉黏膜充血或糜烂，胃内空虚或有异物，胃肠黏膜充血和出血，中枢神经实质和脑膜肿胀、充血和出血。 6. 公共卫生 人患本病大都是由于被狂犬病动物咬伤所致。由于对狂犬病尚缺乏有效的治疗手段，人患狂犬病后的病死率几近 100%，故接触感染狂犬病机会多的人员，如该病毒的实验室相关工作人员、兽医、犬饲养人员等须进行疫苗接种预防该病。
1.3	 图 1-3　疑似犬瘟热患犬 一高加索犬，5 个月大，初期精神沉郁，食欲下降，发热，体温在 40.5℃，1 天后体温下降恢复至正常范围，2 天后体温再次升高，且高温持续不下，鼻镜干裂，排出脓性鼻液。眼睑肿胀，有脓性分泌物，后期发生角膜溃疡。 该犬咳嗽、打喷嚏，肺部听诊有啰音和捻发音。出现呕吐症状，排带有黏液的稀便或干粪，严重时排出具有特殊腥臭味呈番茄汁样的血便，该犬迅速脱水、消瘦。7～10 天后再呈现神经症状。该犬轻则口唇、眼睑局部抽搐，重则空嚼、转圈、冲撞或口吐白沫，牙关紧闭，倒地抽搐，呈癫痫样发作。后期该犬表现四肢、后躯麻痹、行走摇摆、共济失调，甚至癫痫状惊厥和昏迷等神经症状。	犬瘟热是由犬瘟热病毒引起的犬科、鼬鼠科及部分浣熊科的一种急性、高度接触性传染病。 1. 临床症状与病理变化 体温呈双相热型，即病初体温升高达 40℃左右，持续 1～2 天后降至正常，经 2～3 天后，体温再次升高；第二次体温升高时出现呼吸道症状，病犬咳嗽、打喷嚏，流浆液性至脓性鼻汁，鼻镜干燥；眼睑肿胀，化脓性结膜炎，后期常可发生角膜溃疡；下腹部和股内侧皮肤上有米粒大红点、水肿和化脓性丘疹；常发呕吐；初便秘，不久下痢，粪便恶臭，有时混有血液和气泡。 少数病例可见足掌和鼻翼皮肤角化过渡性病变。有的犬病初就出现神经症状，有的在病后 7～10 天才呈现神经症状。轻者口唇、眼睑局部抽动，重则流涎空嚼，或转圈、冲撞，或口吐白沫，牙关紧闭，倒地抽搐，呈癫痫样发作，持续数秒至数分钟不等，发作次数也由每天数次到十多次。此种病犬大多预后不良，有的只是局部性抽搐或一两肢及整个后躯的抽搐麻痹、共济失调等神经症状，此类病犬即使痊愈，也常留有后躯无力等后遗症。

序号	案例内容	案例分析
1.3		2. 组织学变化 一般以卡他性乃至化脓性支气管炎多见。表现神经临诊症状的病犬可见有脑血管套现象，非化脓性软脑膜炎及在白质出现空泡等。

●●●●● 工作任务单

学习情境 1	认识疾病
项目	认识并诊断疾病

【任务 1】诊断绵羊是否发生疾病

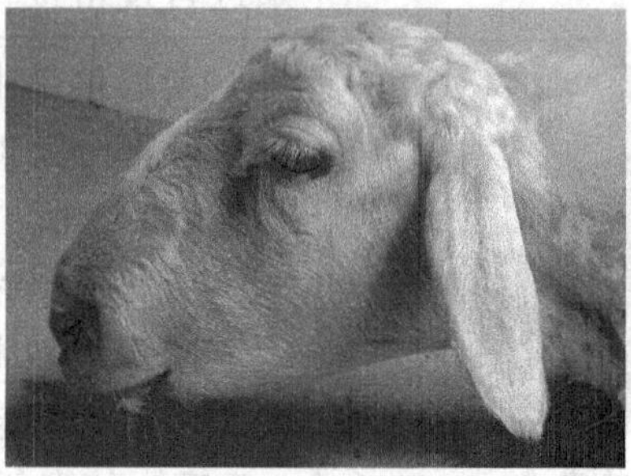

图 1-4　待判断绵羊

绵羊精神沉郁，可视黏膜苍白，黄疸，贫血，食欲下降，排稀便，倒卧在地，眼观下颌皮肤肿胀增厚，皮肤弹性下降。有严重者消瘦、昏迷。粪便离心沉淀法检查，发现有黄褐色虫卵，长椭圆形，前端较窄，后端较钝，卵盖不明显，卵内充满卵黄细胞和一个胚细胞。

请同学们小组团队合作，通过该案例分析疾病发生发展的规律，探究疾病对动物所产生的危害。

▶参考答案

疾病发生发展的规律也就是疾病在发生与发展的过程中所遵守的一般规律和机理。

1. 疾病是损伤与抗损伤斗争的结果

损伤与抗损伤是疾病发生、发展过程主要矛盾的两个方面，二者始终伴随疾病发展的全过程，并且相互依存、相互斗争和相互转化，对疾病能否发生、发展起着决定性作用。如果损伤占优势，疾病就发展、恶化或引起动物死亡；抗损伤占优势，疾病就好转，动物则会康复。在本案例中，绵羊感染肝片吸虫初期或急性感染时，机体酸性粒细胞数量增多，机体积极抵抗寄生虫，因而有利于机体抗损伤反应；如在感染后期或长期感染时，则可引起机体发生食欲下降、贫血、腹痛、腹泻、黄疸、水肿，使机体再次损伤，甚至死亡。因此，在治疗疾病时，及时抓住最佳时机，采取有效措施，促使矛盾主要方面向抗损伤方面发展，才能更快地治愈疾病。

2. 疾病过程中的因果转化规律

因果转化是疾病发生发展的基本规律之一。原始病因作用于机体后，产生一定的病理变化，即为原始病因作用的结果，而这个结果又可能成为疾病过程中新的发病原因，再引起新的病理变化，成为新的结果。原因与结果交替出现，相互转化形成链锁式发展过程，即为因果转化规律。这种规律贯穿于疾病的整个过程之中，其发展可以是恶性的，疾病越来越重甚至死亡；发展也可以是良性的，最后康复；也可以是恶性与良性交替出现，呈现波浪式的变化。所以，在疾病治疗措施上，要防止和阻断疾病的"恶性循环"，促进与加强"良性循环"，具有重要意义。

【任务 2】犬病诊断

图 1-5　待判断患犬

一只 3 月龄的德国牧羊犬幼犬，主要表现为呕吐、腹泻。病初，患犬精神沉郁、食欲下降、发热至 40℃、呕吐，初期呕吐物为食物，继之黏液状、黄绿色或有血液。随后开始腹泻，排泄物初期为稀便，含有黏液，逐渐呈水样，颜色变深，后期排泄物为含有特殊腥臭气味的番茄汁样的血便，肛门松弛，大便失禁。体温下降，耳、鼻、四肢末端发凉，脱水严重，心率增速，2 天后死亡。

(1)根据案例，分析患犬的发病原因。

(2)依据案例中患犬疾病发生的原因，试分析，在一大型饲养场或繁殖基地，当受到致病因素作用时，为什么有的发病，有的不发病。

(3)根据案例中患病动物的临床症状，分析疾病的发展规律。

(4)根据案例中患病动物的临床症状，探究疾病的转归。

(5)根据案例中患犬的疾病过程，分析疾病的损伤与抗损伤转化、因果转化的过程，并讨论如何防止疾病的恶性转化。

▶参考答案

犬细小病毒病是由犬细小病毒引起的一种具有高度接触性传染的烈性传染病。在临床上可分为肠炎型和心肌炎型。以肠炎型为例，分析该案例中的临床症状及病理变化。

1. 临床症状

多发生于 3～4 月龄的幼犬。主要表现为呕吐、腹泻。病初 48 小时，病犬抑郁、厌食、发热(40～41℃)和呕吐，初期呕吐物为食物，继之黏液状、黄绿色或有血液。随后 6～12 小时开始腹泻。起初粪便呈黄色或灰黄色，覆有多量黏液及伪膜，粪便呈番茄汁样，带有血液，发出特殊难闻的腥臭味。胃肠道症状出现后 24～48 小时表现脱水和体重减轻等症状。

后期肛门松弛，大便失禁。体温下降(可到 37℃以下)，耳、鼻、四肢末端发凉，心率增速，因水、电解质平衡失调，并发酸中毒，最后心力衰竭，常于 1～3 天内死亡。粪便中含血量较少则表明病情较轻，恢复的可能性较大。对于肠道出血严重的病例，由于肠内容物腐败可造成内毒素中毒和弥散性血管内凝血，使机体休克、昏迷。

2. 病理变化

肠炎型：可见眼球下陷，腹部卷缩，极度消瘦脱水，肛门周围附有血样的稀便或继续流出恶臭的血便。小肠以空肠和回肠病变最为严重，肠黏膜出血、坏死，甚至脱落，内容物呈酱油样或果酱样，肠壁增厚，黏膜下水肿。肠系膜淋巴结出血水肿，呈现暗红色。肝肿大，色泽红紫，散在淡黄色病灶，切面流出多量暗紫色不凝血液。胆囊高度扩张，充盈大量黄绿色胆汁，黏膜光滑。脾有的肿大，被膜下有黑紫色出血性梗死灶。心包积液，心肌呈黄红色变性状态。肺呈局灶性肺水肿。胸腺实质缩小，周围脂肪组织胶样萎缩。

3. 组织学变化

小肠黏膜上皮细胞中有时可发现包涵体。

必 备 知 识

【必备的专业知识和技能】

认识疾病

健康与疾病，都是动物的一种生命活动现象。

健康是指动物机体在变化的外界环境中，在神经体液的调节下，通过各组织器官系统协调，使机体保持相对的动态平衡，进行正常生命活动的现象。但是动物表面看起来是健康的，未必就代表是未发生疾病的。动物在某些因素作用下，如饲养管理条件较差、饲料的单一性、饲养人员的粗心照料等，都会使动物机体健康的平衡状态发生倾斜，逐渐发生疾病。

疾病则是机体在一定的条件下，与致病因素相互作用，产生的损伤与抗损伤的斗争过程。疾病破坏动物机体内外平衡，使代谢、功能和组织细胞结构等发生改变，动物生产力下降。

一、疾病发生的原因

任何疾病的发生都是有原因的，无发病原因的疾病是不存在的。研究疾病发生的原因，可以了解疾病的本质，揭示疾病发生发展的规律，及时控制动物临床变化，有效制定防治措施。引起疾病发生的原因有很多，概括起来可分外界因素和内部因素两个方面。许多疾病除了病因外还需要发病条件，即诱因。疾病发生原因很复杂，外部原因往往是造成疾病发生的重要因素，但是，动物是否发病，常常还要取决于内部原因。即外部原因是条件，内部原因是根据。

（一）疾病发生的外部原因

1. 生物性因素

生物性因素是动物最常见的致病因素，包括各种病原微生物（如细菌、病毒、霉形体、衣原体、立克次氏体、真菌）和寄生虫（如原虫、蠕虫和体外寄生虫）等。

生物性致病因素的作用主要有以下几点特征。

（1）具有一定的潜伏期。生物性致病因素从侵入机体开始，是需要经过一定的潜伏期的。不同病原引起的疾病，其潜伏期的长短亦不同，这主要是与病原在动物机体内的繁殖速度、产生毒素的速度以及动物机体的抵抗力等因素均有一定的关系。但同一病原引起的疾病，其潜伏期相对恒定。如猪瘟的潜伏期一般为 5～7 天；牛口蹄疫的潜伏期一般为

2～4 天；犬瘟热潜伏期随来源不同而有不同，如来源于同种动物，潜伏期一般为 3～6 天，如来源于异种动物，则潜伏期一般为 30～90 天。

（2）具有一定的选择性。生物性致病因素对动物的种类具有明显的选择性；此外，对侵入的途径、侵入的门户以及作用的部位等也有较严格的选择性。如猪瘟只感染猪；破伤风梭菌只能通过皮肤、黏膜的损伤处感染；旋毛虫幼虫寄生在横纹肌内等。

（3）代谢产物及毒素等的作用。当生物性致病因素侵入机体后，不断繁殖并产生内毒素、外毒素、溶血素、杀白细胞素、溶纤维蛋白素和蛋白分解酶等，使组织细胞物质代谢发生障碍，功能和形态发生改变，导致动物发生各种疾病。寄生虫除产生毒素外，还通过夺取机体营养和机械性的损伤引起宿主发生疾病。

（4）具有一定的特异性。生物性致病因素有特定的流行病学特点，有特殊的临床表现，有特异性免疫反应等。如华支睾吸虫等寄生虫的感染途径主要经口感染；鸡出现劈叉症状常常是神经型马立克氏病的特异性症状；而患犬瘟热的康复犬能产生坚强持久的免疫力。

（5）具有传染性。某些生物性致病因素进入动物机体后，随着病原毒力的不断增强，可大量增殖，甚至有些病原会随发病动物的排泄物或分泌物排出体外，造成本病的传播。

2. 化学性因素

目前已知有 1000 余种化学物质引起动物发生中毒。根据来源，化学毒物分为外源性毒物和内源性毒物两类。

（1）外源性毒物。污染的饮水、饲料、草场、植被、空气等引起动物中毒，可归纳为以下几种毒物：无机毒物有酸、碱、重金属盐等；有机毒物有醇、醚、氯仿、氰化物和各种农药，植物中的生物碱和苷，蛇毒、斑蝥毒、尸毒和腐败产物等。另外，兽药使用不当也可变为毒物，如有机磷类杀虫药；工业毒物有三废中的 SO_2、H_2S、CO、废弃电池和某些废弃电器等。

（2）内源性毒物。机体自身代谢所产生的，如腐败的肠内容物、脓汁、坏死组织的崩解产物、氧化不全产物等。化学因素致病比较复杂，归纳起来大致有以下作用特点。选择性损伤：CCl_4 引起肝细胞坏死，CO 使血红蛋白变性；直接损伤：酸、碱可直接对组织细胞产生损伤；破坏酶系统：氢氰酸抑制细胞色素氧化酶活性，使神经系统发生障碍而产生神经毒。化学毒物致病作用除与自身性质、剂量、浓度等有关外，还与作用部位、动物种类、年龄、营养状态及毒物蓄积有关。

3. 物理性因素

某些物理性因素，在一定时间内达到一定强度时也可产生致病作用。

（1）温度。高温引起烧伤，低温引起冻伤。长时间烈日照射头部引起脑充血和出血，发生日射病。

（2）电流。电热可引起组织烧伤，电解作用可使组织内化学成分发生分解，组织细胞损伤。

（3）光能作用。紫外线和红外线高能光子有较强的穿透力，在组织内产生光化学反应，导致细胞损伤。动物体内存在卟啉、荧光素、伊红、叶绿素等感光物质时，在紫外线照射下，易发生光过敏症。

（4）电离辐射。具有放射物质的钴（CO^{60}）、X 射线、β 射线、γ 射线等，引起机体产生不同生物学效应，发生皮炎、脱毛、贫血和肿瘤等放射性疾病。

（5）噪声。噪声可造成对环境的污染，目前把 60～80 dB 列为正常音阈，当超过 100 dB

时，可使动物交感神经内分泌系统兴奋性升高，引起循环、呼吸、消化和神经系统的功能紊乱，使生产能力降低，甚至发生应激性疾病。

4. 机械性因素

机械性因素是指机械力的作用。其致病作用主要是直接损伤，损伤程度取决于它们的作用时间、强度、作用部位和范围等。机体外部发生的如钝器或锐器对机体的撞击、刺伤等，动物肢蹄、关节的挫伤、扭伤等，各种创伤、骨折、脱臼等；机体内发生的如肿瘤、结石、脓肿、寄生虫及异物等，对组织造成的机械性压迫或阻塞均可导致机体发病。

机械性致病因素的作用特点主要有以下几点。

(1)对组织的损伤无选择性。如刀伤对于机体任何组织都可能造成损伤。

(2)多数只起到致病作用。发生疾病的病程和发展，也与组织受损的程度、损伤部位的修复能力、损伤后的护理状态等有关。

(3)无潜伏期和前驱期。对机体造成损伤时，多数只起到致病作用，当损伤发生后，作用力一般将不再存在，引起的疾病无潜伏期和前驱期。

(4)不具有传染性。与生物性致病因素不同，机械性致病因素不具有传染性疾病的三个基本环节，因此不具有传染性。

5. 营养因素

动物机体由于某些营养物质缺乏或摄取过多时可引起疾病。如蛋白质缺乏可引起水肿、贫血和全身萎缩；缺乏维生素 E 和微量元素硒引起脑软化、渗出性素质或白肌病；马、牛贪食过多的豆类，可发生胃扩张和瘤胃鼓气；牛过食精饲料可引起酸中毒；鸡日粮中蛋白质过多能引起痛风等。

(二)疾病发生的内部原因

动物疾病的发生、发展，除与外因直接有关外，更重要的是决定于机体的防御功能、免疫功能、营养状况、机体的反应性、应激性反应和遗传因素等。

1. 防御功能和免疫功能降低

(1)屏障功能降低。屏障有保护器官和防止病原体入侵的功能。当动物皮肤、黏膜的完整性和生理功能遭到破坏时，则失去屏障作用，易发生感染性疾病；血脑屏障能阻止细菌、某些毒素及大分子物质进入脑脊液，胎盘屏障能阻止母体内的有害物质进入胎儿血液循环，保护胎儿不受伤害，当这些屏障功能受损或下降时，很容易发生一些疾病。

(2)吞噬和杀菌功能降低。当结缔组织中的组织细胞、肝脏枯否氏细胞、肺的尘细胞、脾和淋巴结中的网状细胞、中枢神经小胶质细胞和血液中单核细胞等单核巨噬细胞系统，失去吞噬、消化病原体和异物的作用时；或嗜中性粒细胞和嗜酸性粒细胞减少，降低对病原体、抗原抗体复合物及病理产物的吞噬和消化能力时，均可导致疾病。

(3)特异性免疫机能降低。当 T 淋巴细胞减少或功能不足时，易发生病毒、霉菌和细胞内某些寄生菌感染，而且易发生恶性肿瘤；当 B 淋巴细胞减少或功能不足时，易发生细菌尤其是化脓菌感染。

(4)解毒功能降低。肝脏是动物最大的解毒器官。当肝脏损伤时，进入体内的各种有毒物质，不能经肝脏完全氧化、还原、甲基化、乙酰化、脱氨基，形成硫酸酯和葡萄糖醛酸酯等方式转化为无毒物质排出，从而发生中毒性疾病。

(5)排毒功能降低。动物的肾脏、消化道和呼吸道，可将进入机体或体内产生的有害物质排出体外。当这些器官损伤或排毒过程受阻，则可引起相应的疾病。

2. 机体反应性改变

机体反应性是指对各种刺激的反应性能。机体反应性不同，对致病因素的感受性和抵抗力也不一样，这就决定了动物能否发病或发病程度的轻重。

(1)种属反应。不同种属的动物，对同样致病因素刺激的反应性不同。如马属动物可感染鼻疽杆菌，而牛不发生感染；牛可感染口蹄疫病毒，而马不发生感染。

(2)品种与品系反应。同类动物因品种与品系不同，对相同致病因素反应性也不同。有的品种或品系的鸡对白血病敏感，而其他品种或品系的鸡却有较强的抵抗力。

(3)个体反应。同种动物不同的个体对致病因素刺激的反应性不同。如动物群中发生同一种传染病时，有的病重，有的病轻，有的则不发病。

(4)年龄反应性。某些疾病的发生在年龄上差异很大。幼龄猪易发生副伤寒，而成年猪则不发生；雏鸡发生白痢而成鸡就不发生；2岁以下鸭患卵巢癌，而4岁以上的鸭多发肝癌。

(5)性别反应性。不同性别的动物，由于器官组织结构的差异和内分泌的不同，对疾病的反应性也不同。鸡白血病雌性比雄性发生率高。

3. 机体应激性反应降低

应激性反应是动物遭到一定程度刺激后，处于"紧急"状态时，使神经、内分泌和代谢机能发生改变，以提高机体的适应能力，维持机体平衡状态。动物这种适应能力降低时，就会引起应激性反应性疾病。

4. 遗传因素的影响

经过对生物学、细胞遗传学和分子遗传学的研究，证明许多疾病与遗传有关。动物通过遗传物质不仅能把亲代优点传给后代，同时也能把病理缺陷传给下一代。当动物遗传基因突变或染色体畸变时，就会引起动物发生遗传性疾病。如某些动物发生裂唇、多肢或少肢、猪的鼻子过长等均属遗传性疾病。

(三)疾病发生的诱因

引起疾病发生的原因是复杂的，单纯的内部原因与外部原因很难直接引起疾病。有些引起动物发生疾病的原因，即诱因，可使上述的内部原因与外部原因联系起来，进而引起疾病的发生。例如，牛感染梨形虫，可由吸血昆虫叮咬而传播；某些病毒，可通过飞沫传播等。此外，还有些诱因条件对于疾病的发生也有积极的意义，常见为自然条件与社会条件。

1. 自然条件

自然条件指气候、温度、湿度、季节等。当气温较高时，有利于微生物生长繁殖，消化道疾病发生较多；冬天寒冷，易发生感冒和呼吸道疾病；低洼潮湿地区有利于寄生虫生长繁殖，多发生寄生虫病。工业发展造成的三废污染也是疾病发生的重要条件。

2. 社会条件

不同社会制度对畜牧业的发展重视程度也不同，对疫病的防治工作就有差异。中华人民共和国成立前传染病不断发生，青海、甘肃在牛瘟大流行中，死亡牛近百万头，给畜牧业生产和经济造成巨大损失。中华人民共和国成立后大力发展畜牧业，建立合理的饲养管理制度和防疫制度，提出了"养防结合""防重于治"的方针，有些传染病得到控制或被消灭。

二、疾病发展的一般规律

疾病发生发展的规律也就是疾病在发生与发展的过程中所遵守的一般规律和机理。掌握疾病发展规律，可以为兽医临床对疾病的预防、诊断和治疗提供有力的理论依据和技术支持。

1. 疾病是损伤与抗损伤斗争的结果

损伤与抗损伤是疾病发生、发展过程主要矛盾的两个方面，二者始终伴随疾病发展的全过程，并且相互依存、相互斗争和相互转化，对疾病能否发生、发展起着决定性作用。如果损伤占优势，疾病就发展、恶化或引起动物死亡；抗损伤占优势，疾病就好转，动物则会康复。如肠炎时，肠的运动和分泌功能增强，临床出现腹泻，从而排出细菌和毒素，因而有利于机体抗损伤反应；如过度腹泻，则可引起机体脱水和酸中毒，使机体再次损伤。因此，在治疗疾病时，及时抓住最佳时机，采取有效措施，促使矛盾主要方面向抗损伤方面发展，才能更快地治愈疾病。

2. 疾病过程中的因果转化规律

因果转化是疾病发生、发展的基本规律之一。原始病因作用于机体后，产生一定的病理变化，即为原始病因作用的结果，而这个结果又可能成为疾病过程中新的发病原因，再引起新的病理变化，成为新的结果。原因与结果交替出现，相互转化，形成链锁式发展过程，即为因果转化规律。这种规律贯穿于疾病的整个过程之中，其发展可以是恶性的，疾病越来越重甚至死亡；发展也可以是良性的，最后康复；也可以是恶性与良性交替出现，呈现波浪式的变化。所以，在疾病治疗措施上，要防止和阻断疾病的"恶性循环"，促进与加强"良性循环"，具有重要意义。

三、疾病的经过与转归

疾病从发生到结束的过程称为疾病的经过。因致病因素的强度和机体抵抗力的强弱不同，疾病出现不同的发展阶段。根据每个阶段不同的特点，将疾病的发展过程被分为潜伏期、前驱期、临床明显期和转归期四个阶段。

(一)疾病的经过

1. 潜伏期

潜伏期指病原体侵入机体后，到出现一般临床症状前的一段时期。各种疾病的潜伏期不同，可能与病原体和易感动物防御功能有关。如猪瘟潜伏期 7～10 天；破伤风 7 天；牛口蹄疫 2～4 天；犬瘟热一般为 3～6 天或数小时；狂犬病潜伏期差异较大，各种动物都不一样，一般为 2～8 周，或者可达数月或一年以上。这个阶段不能做出诊断。

2. 前驱期

前驱期指从疾病出现一般症状至出现典型症状前，如食欲减退、精神沉郁、呼吸脉搏加快、体温升高等一些病症。这一阶段的变化，只能诊断动物患病，不能确诊具体的疾病。

3. 临床明显期

临床明显期指自前驱期结束后，至疾病的全身主要症状出现的阶段。疾病的特异性症状出现在此阶段，这一时期对疾病诊断有重要意义。如肠炎型犬细小病毒感染，出现的具有特殊腥臭气味的番茄汁样血便；亚急性猪丹毒，皮肤出现红色疹块特征变化。

4. 转归期

转归期指疾病的最后阶段。若机体的防御、代偿适应和修复能力占绝对优势，则疾病好转或痊愈，反之，病理损伤占绝对优势，则疾病恶化甚至死亡。

（二）疾病的转归

疾病的转归指疾病的最后阶段，疾病的结局。有完全康复、不完全康复和死亡三种结局。

1. 完全康复

完全康复是指病愈动物机体的代谢、功能、形态结构完全修复，所有病理现象全部消失，重新建立了机体的动态平衡，达到正常状态；同时各器官系统、机体与外界环境之间协调关系完全恢复。

完全康复不等同于发病动物完全恢复到发病前的状态，有时机体是在新的水平上重新建立了平衡状态。例如，当犬瘟热感染治愈完全康复后，便获得终身免疫。但是，猪在感染过猪丹毒杆菌后，对猪丹毒杆菌的敏感性反而升高，更易发生心瓣膜炎。

2. 不完全康复

不完全康复指疾病主要症状消失，但机体的功能、代谢和形态结构未完全恢复正常状态。病理反应不明显或已停止，但遗留某些病理状态。如仔猪因冻伤导致尾部发生干性坏疽出现断尾，虽然及时去除病因，并进行治疗，治愈后病理反应已停止，但尾巴的完整性已无法恢复到正常状态。再如，当动物皮肤损伤后遗留瘢痕，虽创伤已愈合，但失去生长被毛的功能，以及汗腺、皮脂腺已不存在。

3. 死亡

死亡是生命活动的终止。一般将其分为三个阶段。

（1）濒死期。动物机体各系统的功能发生严重障碍，脑干以上的中枢神经处于深度抑制状态、意识模糊或消失、反射基本消失、粪尿失禁、感觉消失、体温下降、心跳和呼吸微弱。濒死期持续时间的长短因疾病不同而有差异。

（2）临床死亡期。心跳、呼吸完全停止，反射消失、延髓深度抑制，但各组织仍然进行微弱代谢活动。此期有时是可逆的，在此期间，动物机体重要器官的代谢过程尚未停止，一般由于失血、窒息、电击而急速死亡的动物，如能做紧急措施抢救，有可能复活。

（3）生物学死亡。这是死亡的最后阶段，从大脑皮质至整个中枢神经系统及其他器官系统代谢活动完全停止，出现不可逆的变化，并逐渐出现尸斑、尸冷、尸僵，最后尸体腐败，这是真正死亡。现在医学上对死亡提出新的概念，机体机能永远停止的标志是全脑机能的永远消失，即脑死亡。

【拓展阅读】

社会因素对疾病的发生有很大的影响。我国兽医在动物疫病防控上有着卓越的成效，消灭了牛瘟、牛肺疫、马鼻疽 3 种疾病，控制了外来疾病 H7N9 型禽流感、小反刍兽疫等动物疫病，并全面推进了"布病、包虫病、血吸虫病、牛结核病、狂犬病"5 类人畜共患病的防控；兽医卫生监管方面产地检疫、屠宰检疫稳步推进；兽药、屠宰产业发展有序，截止到 2022 年年底，全国兽药生产企业共 1320 家，全国屠宰及肉类加工企业 121 家；兽医科技国际合作进一步加强；机构队伍相对完善，目前经确认的官方兽医 13.6 万人，获得执业兽医资格人员 16.5 万人，经登记的乡村兽医 17.7 万人。

在山东青岛举行的中国兽医协会第九届兽医大会开幕式上，农业农村部国家首席兽医师（官）李金祥表示：兽医这一专业群体，应该有自己的文化，提高兽医在社会上的存在感、显示度、贡献力，提高兽医职业自信心，增强文化自信力，凝聚向心力，聚焦成国际竞争力，促使中国兽医这个古老的职业在新时代焕发新的生命力。

2007 年中国加入世界动物卫生组织，标志着我国进一步融入世界动物卫生体系。近年来，在全球经济一体化进程不断加快，突发动物疫病、人畜共患病不断出现的大背景下，尤其是在新冠肺炎疫情和非洲猪瘟疫情背景下，国际合作与交流重要性日益凸显。构建新格局，拓宽国际发展空间，中国兽医不光应融入国际，发出中国声音，还要利用好国内国外两个市场，构建畜牧产业双循环格局。

中国兽医事业日新月异的变化，不仅增强了同学们的时代感和吸引力，也提升了大家的民族自豪感。

● ● ● ● ● **作业单**

学习情境 1	认识疾病
作业完成方式	书面报告。
作业题 1	识别发生疾病的个体。 根据教师所提供的图片或待检动物临床症状的文字描述，判断出该动物是健康，还是已发生疾病，并将发病者标记出。 （1）一成年雄性八哥犬，体态偏胖，被毛光顺，食欲较好，活泼，听力、视力无障碍。主人在某日下午时观察，发现该犬呈站立姿态，头低垂，眼微闭，四脚未动，四肢均匀向前倾斜，站立不稳，突然摔倒，摔倒后，缓慢恢复站立姿势；站稳后，微眨双眼，头又逐渐低垂，全身缓慢向前倾斜并摔倒，摔倒后又站立，恢复正常站姿。 （2）某宠物幼龄犬，食欲下降，精神差，爱睡觉，活动性差，不爱运动、平时爱玩的玩具也不能引起其兴趣。关节变形、出现 O 形腿、肋骨外翻，身体较同龄犬小，站立不稳，走路稍有跛行。牙齿排列不整齐，齿缝较大。体温升高，在正常室温下，也常常无端出现发抖战栗。 （3）如图（图片来自于网络）： 某宠物犬，只有头顶、四脚、尾巴等部位有少量的毛发，其他皮肤都裸露在外。口吻部尖细而长，没有前臼齿，长有较稀疏的毛发，耳朵较大，向外扩张，呈直立耳，颈部较细长。身体躯干没有毛发，并且长有不规则的斑点。四肢修长，趾间长有毛发。尾巴细长，长有少量饰毛。

作业解答	（如空位不足，请另附纸张）
作业题 2	识别出发生病理变化的组织器官。 　　根据教师所提供的图片及不同组织器官状态的文字描述，判断出该器官是正常，还是已发生病理变化，并将发生病理变化者标记出。 　　（1）如图（图片来自于网络）： 　　肝脏眼观体积增大，被膜紧张，表面光滑，呈暗红色，切开新鲜标本时，为红黄相间花纹状外观，形似槟榔。肝小叶中央静脉及其周围肝血窦扩张充血，小叶周边带肝细胞内含有较多大小不等的脂肪滴。 　　（2）肺体积增大变硬，外观呈大理石样变化。根据眼观变化，可见不同区域呈现不同表现。 　　充血水肿期：特征是肺泡壁毛细血管充血和肺泡内充满浆液。眼观可见肺体积增大，呈增红色，质地变实，切面可挤压出多量血样泡沫液体，切取一小块肺组织放入水中，呈半浮半沉状态。 　　红色肝变期：眼观病变部位肿胀，呈暗红色，质地坚实如肝，切面干燥呈颗粒状，肺间质增宽，取一小块病变组织投入水中则完全下沉。 　　灰色肝变期：特征是肺泡壁毛细血管充血减退、肺泡内有大量纤维蛋白和白细胞。红细胞溶解。眼观，病变组织肿胀，呈灰白色或黄白色，质硬如肝，切面干燥，呈颗粒状，病变组织投入水中完全下沉。 　　消散期：特征是肺泡腔内白细胞、纤维蛋白崩解、自溶及肺泡上皮再生。眼观，病变部位呈灰黄色，质地变软，切面湿润，挤压可流出脓样浑浊液体。 　　（3）脾脏眼观呈长条形鲜红色，脾小体隆起，使脾脏的表面呈大理石样花纹状。与胃大弯相连，胃脾韧带宽阔，与胃的联系松弛。
作业解答	（如空位不足，请另附纸张）

作业题 3	历年执业兽医师资格考试真题。
作业解答	**55.** 动物疾病发展不同时期中最具有临床上诊断价值的是（　　）。（2009） 　　A. 潜伏期　　　　　　　　　　B. 前驱期 　　C. 临床经过期　　　　　　　　D. 转归期　　　　　　E. 终结期 **57.** 疾病发展过程中，从最初症状出现到典型症状开始暴露的时期称为（　　）。（2010、2013） 　　A. 潜伏期　　　　　　　　　　B. 前驱期 　　C. 症状明显期　　　　　　　　D. 转归期　　　　　　E. 隐蔽期 **66.** 动物疾病发展中疾病的主要症状充分表现出来的阶段是（　　）。（2012） 　　A. 潜伏期　　　　　　　　　　B. 前驱期 　　C. 临床经过期　　　　　　　　D. 转归期　　　　　　E. 终结期 **55.** 不属于化学性致病因素的是（　　）。（2015） 　　A. 强酸、强碱　　　　　　　　B. 蛇毒 　　C. 芥子气　　　　　　　　　　D. 紫外线　　　　　　E. 有机磷农药 **49.** 患病动物的主要症状虽然消除，但受损的组织结构尚未恢复，而是通过代偿维持其相应的功能活动的一种病理状态，属于（　　）。（2018） 　　A. 完全康复　　　　　　　　　B. 完全痊愈 　　C. 不完全康复　　　　　　　　D. 机化　　　　　　　E. 再发 **50.** 属于化学性致病因素的是（　　）。（2018） 　　A. 高温　　　　　　　　　　　B. 紫外线 　　C. 大气压　　　　　　　　　　D. 芥子气　　　　　　E. 电离辐射 **52.** 下列属于疾病发生一般机制的是（　　）。（2019） 　　A. 损伤与抗损伤的斗争　　　　B. 因果转化 　　C. 局部与整体　　　　　　　　D. 神经体液机制　　　E. 病程 **57.** 除慢中毒以外，无机毒物的致病特点之一是（　　）。（2020） 　　A. 与毒物性质无关　　　　　　B. 与机体整体无关 　　C. 对组织无选择性　　　　　　D. 与毒物剂量有关　　E. 潜伏期长
作业评价	班级　　　　　　　第　　组　　　　　　组长签字 学号　　　　　　　姓名 教师签字　　　　教师评分　　　　日期 评语：

●●●●● **学习反馈单**

学习情境 1	认识疾病
评价内容	评价方式及标准。
知识目标达成度	评价方式：学生自评、组内评价、教师评价。 评价标准：（40%） 1. 能描述动物疾病发生的原因。（6%） 2. 能描述动物疾病的发生发展规律。（6%） 3. 能描述动物疾病的发展过程。（10%） 4. 能描述动物疾病的转归。（10%） 5. 历年执业兽医师资格考试真题答案。（8%） C、B、C、D、C、D、D、C
技能目标达成度	评价方式：学生自评、组内评价、教师评价。 评价标准：（30%） 1. 能识别发生疾病的待检动物个体。（15%） 2. 能识别病理大体标本的病理变化。（15%）
素养目标达成度	评价方式：学生自评、组内评价、教师评价。 评价标准：（30%） 1. 通过课前预习，培养学生的自主学习能力。（7%） 2. 通过小组内对案例分析结果的展示，找到不足，自我提升，强化团体合作习惯和严肃认真的工作作风，同时增强集体荣誉感。（7%） 3. 通过对病理组织大体标本的观察，了解动物疾病的特点，深化学农爱农、关爱生命的意识。（8%） 4. 通过对疾病诱因的社会因素学习，加强同学们对学习成果的交流、沟通，增强时代感和吸引力，提升民族自豪感。（8%）
反馈及改进	
针对学习目标达成情况，提出改进建议和意见。	

学习情境 1 线上练习

学习情境 2

病理解剖诊断

●●●● 学习任务单

学习情境 2	病理解剖诊断	学　时	36
布置任务			
学习目标	【知识目标】 　　1. 能描述发生血液循环障碍、组织损伤、代偿、修复、炎症病变器官以及肿瘤的原因。 　　2. 能描述发生血液循环障碍、组织损伤、代偿、修复、炎症病变器官以及肿瘤的机理。 　　3. 能描述发生血液循环障碍、组织损伤、代偿、修复、炎症病变器官以及肿瘤的解剖学变化与组织学变化。 　　4. 能描述发生血液循环障碍、组织损伤、代偿、修复、炎症病变器官以及肿瘤的结局与影响。 【技能目标】 　　1. 能准确辨别发生血液循环障碍、组织损伤、代偿、修复、炎症病变器官以及肿瘤的解剖学变化与组织学变化。 　　2. 能运用病理知识对动物疾病进行初步诊断。 【素养目标】 　　1. 通过课前预习，培养学生的自主学习能力。 　　2. 通过小组内对案例分析结果的展示，找到不足，自我提升，强化团体合作习惯和严肃认真的工作作风，同时增强集体荣誉感。 　　3. 通过对病理组织大体标本的观察，了解动物疾病的特点，深化学农爱农、关爱生命的意识。 　　4. 通过了解暴走妈妈陈玉蓉的感人事件，分析脂肪肝的危害，同时体会母爱的伟大，懂得感恩，弘扬中华民族传统美德。		
任务描述	1. 说出充血、淤血、出血、贫血、血栓形成、栓塞、梗死、休克、萎缩、颗粒变性、脂肪变性、坏死、代偿、再生、创伤愈合、机化、包囊形成、钙化、炎症、肿瘤的含义。 　　2. 说出出血、萎缩、坏死、代偿、再生、创伤愈合、炎症、肿瘤的类型。 　　3. 说出充血、淤血、出血、贫血、血栓形成、栓塞、梗死、休克、萎缩、颗粒变性、脂肪变性、坏死、代偿、再生、创伤愈合、机化、包囊形成、钙化、炎症、肿瘤的发生原因。		

任务描述	4. 识别出发生充血、淤血、出血、贫血、血栓形成、栓塞、梗死、休克、萎缩、颗粒变性、脂肪变性、坏死、代偿、再生、创伤愈合、机化、包囊形成、钙化、炎症、肿瘤的组织器官。 5. 说出肉芽组织、机化、包囊形成的经过。
提供资料	1. 资讯单。 2. 教材。 3. 在线开放课程：上智慧树网站查找动物病理课程（黑龙江职业学院）。
对学生要求	1. 前程课程：动物解剖生理、动物微生物及免疫。 2. 按任务资讯单内容，认真准备资讯问题，预习课程内容。 3. 以小组为单位完成学习任务，充分发挥团结协作精神。 4. 按各项工作任务的具体要求，认真设计及实施工作方案。 5. 严格遵守相关实验室管理制度，爱护实验设备用具等，避免安全事故发生。 6. 严格遵守动物剖检、检验等技术的操作规程，避免散播病原。

项目 1　血液循环障碍

●●●●● 任务资讯单

学习情境 2	病理解剖诊断
项目 1	血液循环障碍
资讯方式	教材、教学平台资源、在线开放课资源、网络资源等。
资讯问题	1. 什么是充血，什么是淤血？ 2. 充血、淤血的发生原因有哪些？ 3. 肺充血的病理变化是什么？肝淤血、肺淤血的病理变化是什么？ 4. 什么是出血？ 5. 什么是全身性贫血？ 6. 出血的类型有哪些？其发生原因各有哪些？ 7. 全身性贫血的类型有哪些？其发生原因各有哪些？ 8. 不同血管出血的病理变化各有哪些？ 9. 什么是血栓形成？什么是血栓？ 10. 血栓形成的原因有哪些？ 11. 血栓与动物死后血液凝固的区别有哪些？ 12. 血栓形成的过程与类型有哪些？ 13. 什么是栓塞？什么是栓子？

资讯问题	14. 什么是梗死？ 15. 引起栓塞发生的原因有哪些？ 16. 引起梗死发生的原因有哪些？ 17. 什么是休克？ 18. 休克发生的原因有哪些？ 19. 动物发生休克时，微循环的变化是怎样的？
资讯引导	1. 陆桂平. 动物病理. 北京：中国农业出版社，2001 2. 于洋等. 动物病理. 北京：中国农业大学出版社，2011 3. 张鸿等. 宠物病理. 北京：中国农业出版社，2016 4. 姜八一. 动物病理. 北京：中国农业出版社，2019 5. 於敏等. 动物病理. 北京：中国农业出版社，2019 6. 於敏等. 动物病理. 北京：中国农业出版社，2022 7. 中国知网

●●●●● 案例单

学习情境 2	病理解剖诊断	学时	40
项目 1	血液循环障碍		

序号	案例内容	案例分析
1.1	 **图 2-1　各种情绪下的孩子的脸** 　　以曾发生在同学们自己身上的现象为例：当同学们受到表扬的时候，会觉得自己的脸颊泛红，整个脸上都洋溢着开心的喜悦；当同学们受到批评时，会觉得自己的脸颊通红发热，整个脸上都布满了愧疚的歉意；当同学们小心翼翼地做着实验，会觉得自己小脸儿发凉，整个脸上布满了紧张；当同学们走在漆黑的夜路上，总有一种不安的感觉，好像后背发凉，脸色惨白……	生理情况下，当同学们受到表扬，心情愉悦，或者受到批评，满心愧意，在这种刺激下，抑制了缩血管神经的兴奋性，导致脸颊上的毛细血管扩张，局部动脉血量增多，形成充血，因而受表扬的同学脸颊泛红，受批评的同学脸红发热。 　　而当同学们在小心翼翼地做实验的时候，由于过分紧张，以及走在夜路上过分惊恐，都使得缩血管神经兴奋性增高，小动脉发生痉挛性收缩，管腔变窄，供血减少而发生贫血，且为局部贫血，因而做实验的同学小脸儿发凉，走夜路的同学脸色惨白。

序号	案例内容	案例分析
1.1	同学们在不同的情绪之下，脸颊上的毛细血管会发生不同的变化，有的发热、有的发凉；有的变红、有的变白……请大家分析一下这到底是什么样的变化呢？	

●●●●● 工作任务单

学习情境 2	病理解剖诊断
项目 1	血液循环障碍

【任务 1】识别充血、淤血

根据教师提供的发生充血、淤血的浸渍标本、HE 染色病理组织切片、病例图片及视频，完成以下工作。

(1)说出充血、淤血的含义。

(2)说出充血、淤血的发生原因。

(3)在给出的图片及浸渍标本中，指出发生充血、淤血的标本，并描述其具体变化。

(4)在给出的图片及 HE 染色标本中，指出发生充血、淤血的标本，并描述其具体变化。

▶参考答案

1. 充血、淤血的含义

(1)充血指局部组织或器官内的小动脉及毛细血管扩张，动脉血液灌流量增多的现象。

(2)淤血是指静脉血液回流受阻，使毛细血管及小静脉血液量增多的现象。

2. 充血、淤血的原因

(1)充血的原因主要有：①神经性充血，②炎性充血，③侧枝性充血，④贫血后充血。

(2)淤血的原因主要有：①静脉血管受压迫，②静脉血管阻塞。

3. 识别标本并能正确描述其病理变化。

(1)肺充血。眼观病理变化为：充血时，因小动脉和毛细血管扩张，输入血液量过多，肺脏轻度肿胀，体积略大。血液含氧增多，肺脏呈鲜红色。另外由于血液增多，血流速度加快，提供组织细胞氧和营养物质增多，使物质代谢增强，温度升高，功能活动增强，如黏膜腺体分泌增多等。

(2)肺淤血。肺肿大，被膜紧张光滑，质地稍硬实，重量增加，切面流出大量暗红色泡沫样液体。

(3)肝淤血。肝肿大，被膜紧张，重量增加，边缘钝圆，质地硬实，呈紫红色，切面流出多量暗红色的血液。当肝淤血伴发肝细胞脂肪变性时，出现红、黄相间如槟榔状的花纹，称"槟榔肝"。

注：任意识别并描述出其中两项即可。

4. 识别切片并能正确描述其病理变化

(1)肺充血。光学显微镜下可见毛细血管数增多，肺泡壁毛细血管扩张，充满红细胞。

（2）肺淤血。镜检肺小静脉和肺泡壁毛细血管扩张，充满大量红细胞，肺泡腔内有淡红色液体和少量红细胞；慢性肺淤血多见于心力衰竭的病例，在肺泡腔内有吞噬红细胞或含铁血黄素的巨噬细胞，故称心力衰竭细胞。长期肺淤血，引起肺间质增生，在肺泡腔和间质内沉积大量含铁血黄素，称肺脏褐色硬化。

（3）肝淤血。镜检时，可见中央静脉和窦状隙扩张，充满红细胞，附近肝细胞发生萎缩、变性或消失。慢性肝淤血时，肝细胞萎缩，间质增生，使肝脏变硬，称为淤血性肝硬化。

注：任意识别并描述出其中两项即可。

【任务 2】识别出血、贫血

根据教师提供的发生出血、贫血的浸渍标本、HE 染色病理组织切片、病例图片及视频，完成以下工作。

（1）说出出血、贫血（局部贫血、全身性贫血）的含义。

（2）说出出血、贫血的发生原因。

（3）在给出的图片及浸渍标本中，指出发生出血、贫血的标本，并描述其具体变化。

（4）在给出的图片及 HE 染色标本中，指出发生全身性贫血的标本，并描述其具体变化。

➤参考答案

1. 出血、贫血的含义

（1）血液流出心脏和血管外，称出血。

（2）局部组织或器官的血液供应不足或断绝，称局部贫血。全身性贫血指单位容积内，红细胞数、血红蛋白量和血液的总量少于正常范围。

2. 出血、贫血的原因

（1）出血原因如下。

①破裂性出血，指心脏和血管壁破裂引起的出血。见于咬伤、刺伤、枪伤、挫伤、擦伤等机械性损伤；血管周围的肿瘤、炎症、溃疡、酸、碱等腐蚀作用；心脏或血管本身发生的病变，如心肌梗死、脉管炎、血管硬化、血管瘤、静脉曲张等；当剧烈运动或血压突然升高，引起破裂性出血。

②渗出性出血，指微动脉、微静脉和毛细血管通透性增高，血液通过内皮细胞间隙和血管基底膜，渗出到血管外。

a. 微血管的损伤。多见于急性传染病，如猪瘟、鸡新城疫、禽流感、巴氏杆菌病；寄生虫病，如球虫病、梨形虫病；中毒病，如磷、苯、砷及农药中毒；应激病、过敏反应、淤血和缺氧等。上述病因可破坏内皮细胞间黏合质合成或使其从凝胶状态转为溶胶状态，使内皮间隙增大。

b. 血小板减少。血小板具有营养内皮细胞和修复受损内皮细胞的功能，病毒感染、白血病、尿毒症等疾病，可使血小板数量减少和性质改变，引起渗出性出血。

c. 凝血因子缺乏。败血症或休克时，大量消耗凝血因子；重症肝炎、肝硬化等，可引起凝血因子合成障碍；维生素 K 缺乏，可导致凝血障碍，发生渗出性出血。

d. 维生素 C 缺乏。维生素 C 主要是合成内皮细胞间黏合质中透明质酸的成分，当维生素 C 缺乏时，合成透明质酸发生障碍，使微血管通透性增强，发生渗出性出血。

(2)局部贫血原因如下。

①小动脉痉挛。受寒冷、惊恐、剧痛刺激和某些化学物质(如肾上腺素、麦角碱)作用，使缩血管神经兴奋性增高，小动脉发生痉挛性收缩，管腔变窄，供血减少而发生贫血。

②动脉受压迫。动物发生生产瘫痪或严重缺钙、缺磷时长期卧地不起，或肿瘤、胎水、腹水、脓肿及绷带结扎压迫小动脉而引起贫血。

③动脉阻塞。动脉内血栓、栓塞、脉管炎及动脉硬化，引起血管腔狭窄和阻塞而发生贫血。

(3)全身贫血原因如下。

①见于各种急、慢性失血，如创伤、器官破裂和产后子宫大出血，以及血吸虫病、肝片吸虫病、犊牛和雏鸡球虫病等；出血性紫癜、胃肠道溃疡等。

②溶血性贫血指红细胞大量破坏发生的贫血。其原因主要有：生物因素，如溶血性链球菌、葡萄球菌、产气荚膜杆菌、钩端螺旋体、梨形虫、锥虫、鞭虫等感染；化学因素，如苯、氯酸钾、酚噻嗪、皂荚、铅、砷、铜等；物理因素，如高温、电离辐射、低渗溶液等；免疫性因素，如异型输血、新生幼驹溶血病、药物免疫性溶血等。这些因素通过不同的作用机理，导致红细胞破坏发生贫血。

③营养不良性贫血指动物饲养管理不当，或处于长期慢性饥饿及营养物质吸收障碍，特别是造血必需的蛋白质、铁、钴、铜、维生素 B_{12} 和叶酸等物质缺乏而引起贫血。

④再生障碍性贫血指由于骨髓造血机能障碍而发生的贫血。多见于苯、苯化合物、重金属盐、氯霉素、磺胺类药物等引起的中毒性疾病；电离辐射、马传染性贫血、牛恶性卡他热、白血病和骨髓瘤等，抑制或破坏骨髓造血机能。

3. 识别标本并能正确描述其病理变化

(1)出血：大动脉出血时，血液鲜红色，血流速度快、血流量大，不易凝固，呈喷射状。大静脉出血，血液暗红色，血流速度较快，血流量大，不易凝固，呈线状。毛细血管出血呈暗红色，易凝固。体腔的出血称积血；大量血液聚集在组织间隙呈肿块样称血肿；皮肤、黏膜、浆膜和实质器官有针尖大或米粒大的点状出血(1mm 以内)，称淤点或出血点；直径在 1～10mm 出血，称淤斑；血液弥散于组织间隙，称出血性浸润；全身广泛性渗出性出血，称出血性素质；脑组织内出血，称溢血。出血发生时间不同，其颜色也不相同，新鲜出血斑点呈鲜红色；陈旧出血点呈暗红色；再稍长呈砖红色。

(2)局部贫血：组织器官因血液少或断绝而体积变小，被膜皱缩，质地变软，色变淡，肺呈灰白色，肝呈褐色，皮肤、黏膜呈苍白色。组织可发生缺氧，代谢机能降低，而温度降低。

注：任意识别并描述出其中两项即可。

4. 识别切片并能正确描述其病理变化

(1)失血性贫血病理变化如下。

①急性失血性贫血时，骨髓造血机能增强，在血液中可见发育各阶段的红细胞，如网织红细胞、大小不等的红细胞、多染和淡染及有核红细胞等。

②慢性失血性贫血时，一般为低色素性贫血，红细胞小，大小不均，形态异常。

(2)溶血性贫血病理变化如下。

红细胞增多，其变化特点是血液总量无变化，红细胞大量破坏，网织出现有核红细胞和淡染红细胞；因溶血，血液中胆红素增多，动物发生黄疸和血红蛋白尿。

（3）营养不良性贫血病理变化如下。其变化特点为病程长，动物消瘦，血液稀薄，血红蛋白含量低，血液中出现大红细胞和小红细胞。

（4）再生障碍性贫血病理变化如下。血清中铁和蛋白质含量增高，骨髓造血组织发生脂肪变性和纤维化。可见肝、脾、淋巴结发生髓外造血现象。

【任务 3】识别血栓形成

根据教师提供的发生血栓的浸渍标本、HE 染色病理组织切片、病例图片及视频，完成以下工作。

（1）说出血栓形成、血栓的含义。

（2）说出血栓形成的原因。

（3）在给出的血栓及血凝块图片中，指出血栓与动物死后血液凝块的区别。

（4）在给出的图片及浸渍标本中，识别标本发生血栓的类型，并描述其具体变化。

➤参考答案

1. 血栓形成、血栓的含义

血栓形成：在活体动物的心脏和血管内，血液成分析出，黏集或凝固形成固形物质的过程，称为血栓的形成。

所形成的固体物质称为血栓。

2. 分析血栓形成的原因

（1）心血管内膜受损：当心血管内膜损伤后，内膜粗糙不平，胶原纤维暴露，抗凝作用消失，激活机体的凝血系统，从而引起血液凝固，形成血栓。创伤、反复静脉注射、心内膜炎等都可以造成心血管内膜损伤。

（2）血流状态改变：在正常情况下，血液在血管内流动分轴流和边流。血小板、血细胞在血管的中央部流动称为轴流。血浆形成边流，血小板与血管壁不接触。当血流状态改变时，轴流和边流的界限消失，血流缓慢形成涡旋，血小板从中央到周边，与血管壁接触形成血栓。

（3）血液的性质改变：血液的凝固性增高，血液中血小板数量增多（大失血、烧伤等）。

血栓形成必须具备上述三个基本条件，同时存在并相互影响，促进血栓形成。

3. 血栓与动物死后血液凝块的区别

血栓表面干燥、粗糙、无光泽，质地较硬、脆，色泽混杂、灰红相间、尾部暗红，与血管壁黏着，具有特殊结构。

动物死后血液凝块表面湿润、平滑、有光泽，质地柔软、有弹性，呈暗红色或上层呈鸡脂样，易与血管壁分离，无特殊组织结构。

4. 识别标本并能正确描述其病理变化

白色血栓：呈灰白色，由血小板、白细胞构成。动脉膜上呈结节状，心瓣膜上呈疣状。

红色血栓：呈暗红色，由血小板、红细胞、纤维蛋白组成，多发生在静脉。

混合血栓：红白相间，由血小板、红细胞、白细胞、纤维蛋白组成。

微血栓：透明血栓，由血小板、纤维蛋白组成。只能在光学显微镜下见到。多见于药物过敏、异型输血、自体中毒。

【任务 4】识别栓塞、梗死

根据教师提供的发生栓塞、梗死的浸渍标本、HE 染色病理组织切片、病例图片及视频，完成以下工作。

(1)能说出栓塞、梗死的含义。

(2)能说出栓塞、梗死的发生原因。

(3)在给出的图片及浸渍标本中分析梗死的类型。

(4)在给出的图片及 HE 染色标本中，指出发生梗死的标本，并描述其具体变化。

➤参考答案

1. 栓塞、梗死的含义

栓塞：循环血流中出现不溶异常物质，随血流运行，阻塞相应血管的过程，称为栓塞。

梗死：局部组织或器官因动脉供血中断，引起组织或细胞的坏死称为梗死。

2. 栓塞、梗死的发生原因

(1)栓塞发生的原因。

①由骨折、手术等造成的脂肪性栓塞。

②静脉注射或静脉破裂造成空气性栓塞。

③由脱落下来的小的血栓而引起，可使局部缺血、梗死。

④组织碎片或细胞团块、组织损伤、坏死组织、恶性肿瘤等形成组织性栓塞。

⑤由细菌团块等形成细菌性栓塞。

⑥由寄生虫成虫或虫卵聚集成团而形成寄生虫性栓塞。

(2)梗死发生的原因：只要致病因素在时间上达到一定的长度，或者在作用强度上达到一定程度，都可导致梗死的发生。

3. 梗死的类型

(1)贫血性梗死(白色梗死)。

多发生在肾、心、脑等组织结构致密、侧支循环不丰富的实质器官。

(2)出血性梗死(红色梗死)。

多发结构疏松，侧支循环丰富的组织器官，如肺、肠，多在动脉阻塞同时，静脉高度淤血，梗死灶为暗红色。

4. 识别标本并能正确描述其病理变化

(1)肾贫血性梗死。梗死灶多为三角形、倒三角形、契形，梗死灶多为灰白色或灰黄色，稍隆起于器官表面，较干燥，硬固，与正常组织交界处形成条充血、出血及白细胞浸润的炎性反应带。

(2)肺出血性梗死。在动脉阻塞同时，静脉高度淤血，梗死灶为暗红色。

【任务 5】识别休克

根据教师提供的发生休克的病例图片及视频，完成以下工作。

(1)说出休克的含义。

(2)说出发生休克的原因。

(3)说出动物发生休克的经过。

▶参考答案

1. 休克的含义

休克指机体在强烈的病理刺激物作用下，突然性改变了机体的平衡状态，引起全身的组织细胞缺氧、物质代谢障碍及生命重要器官受到严重损伤的综合性病理过程。

2. 休克发生的原因

引起休克的原因很多，如严重创伤、大面积烧伤、脱水、感染、过敏、心脏疾病、肝脏疾病、肾脏疾病、肺脏疾病和应激性反应等。按发生原因和发病特点休克分以下几种类型。

(1)低血容量性休克(失血性休克)。临床上常见于大失血、烧伤、严重创伤、长期腹泻、严重呕吐等，使细胞外液减少，有效循环血量下降，回心血量不足，心输出量减少。表现为黏膜苍白、四肢湿冷、心动过速、脉细弱、少尿、血压下降。

(2)感染性休克，指机体感染病原微生物引起的休克。多见于某些革兰氏阴性菌、病毒、霉菌等引起的败血症、脓毒败血症、中毒性肺炎等。病原微生物及其毒素使体内释放生物活性物质，引起微血管扩张，血压下降。

(3)过敏性休克，是由过敏原作用机体后产生的Ⅰ型变态反应。见于药物(如青霉素)、血清制剂或疫苗注射发生的过敏反应。过敏性休克发生快，病情危重，出现呼吸困难、冷汗、可视黏膜苍白或发绀、脉速弱、血压下降、昏迷和抽搐等。

(4)神经性休克，是因剧烈疼痛、惊恐、高位脊髓麻醉或损伤等引起的休克。

(5)心源性休克，是原发性心输出量急剧减少引起的休克。见于大面积急性心肌梗死、急性心肌炎、严重心律失常、急性心包积液和积血等，使心脏功能急剧降低，心输出量减少，引起有效循环血液量和微血管灌入量下降而发生休克。

3. 动物发生休克的经过

根据微循环变化，将休克分为三个阶段。

(1)微循环缺血期(代偿期或缺血、缺氧期)。此期为休克的早期阶段。由于创伤、失血、感染等因素刺激，使交感—肾上腺髓质系统兴奋，儿茶酚胺类物质分泌释放增多，使皮肤、黏膜和腹腔脏器的微血管挛缩，尤其是微动脉和毛细血管前括约肌比微静脉对儿茶酚胺更加敏感，收缩更为强烈，使微循环动脉血液灌流量减少，而处于缺血、缺氧状态。由于儿茶酚胺对脑和心脏的冠状血管表现为舒张作用，使血液流入增多，这样保证了生命器官的血液供应。这些变化有利于血液在体内重新分布。另外，因交感神经系统兴奋，引起醛固酮和抗利尿素分泌增多，使水钠潴留而增加血容量，对休克有代偿意义。临床表现可视黏膜苍白、皮肤湿冷、尿少、血压无明显变化、心跳加强。

(2)微循环淤血期(血管扩张期或淤血性缺氧期)。在微循环缺血期病理变化的基础上，致病原因未能消除，使休克继续发展。上述器官(除心、脑外)缺血、缺氧严重，无氧分解加强，酸性代谢产物增多，酸性环境可使小动脉、微动脉、后微动脉、毛细血管前括约肌对儿茶酚胺的敏感性降低而发生舒张，血液大量流进真毛细血管；而微静脉和小静脉对酸性环境有较大耐受性，对儿茶酚胺的反应仍处于收缩状态。这样，使血液灌入量增多，流出量减少，大量血液淤积在微循环内，此时，回心血量和心输出量明显减少，毛细血管淤血，形成微循环淤血期。

　　毛细血管内流体静压升高，严重缺血、缺氧使酸性代谢产物蓄积，刺激肥大细胞释放组胺等血管活性物质，使毛细血管通透性升高，引起血浆渗出，导致血液浓稠、血流缓慢等，使微循环障碍进一步加重。临床表现为可视黏膜发绀、皮温下降、心跳加快、心肌收缩无力、血压下降、少尿或无尿，精神沉郁或昏迷。

　　（3）微循环凝血期（血管内弥散性凝血期或 DIC 期），即微循环衰竭期。因微循环障碍继续发展，发生严重缺氧和酸中毒，使血管麻痹、扩张，血流缓慢，血浆渗出，血液浓稠。其结果使血管内皮细胞损伤，血小板沉积，激活内源性凝血系统。同时，损伤内皮细胞释放组织凝血因子，启动外源性凝血系统，从而加速血液凝固过程，促进微血栓形成，引起弥散性血管内凝血（DIC）。另外，由于凝血因子的大量消耗和纤溶系统功能增强，发生出血，使休克发展为不可逆阶段。动物出现濒死期症状。

必 备 知 识

【必备的专业知识和技能】

血液循环障碍

　　血液循环是指血液在心血管系统内周而复始的流动过程，是动物有机体维持生命活动的重要保障。动物机体的各个器官、组织从血液获得各种营养物质、水分及氧等，并利用这些物质进行氧化，产生热能，保证机体正常机能；同时把代谢产生的二氧化碳、尿素、尿酸等代谢产物排至血液，分别输送到呼吸器官及排泄器官，排出体外，以保持机体物质代谢的正常进行并维持机体内环境的稳定。另外，通过循环将内分泌腺所分泌的激素输送到全身各部分，以调节机体的生理机能。

　　血液循环发生障碍，可引起器官组织的代谢紊乱、功能失调、甚至形态结构改变，是一类临床常见的基本病理过程。血液循环障碍分全身性和局部性，前者是心脏、血管系统机能紊乱（如心机能紊乱、休克）的结果，后者是由于局部组织和个别器官血液循环障碍而引起的局部血量异常（如充血、贫血）、血管内容物改变（如血栓形成、栓塞）以及血管壁通透性增强或其完整性受到损伤（出血、水肿）等。

一、充血

　　局部组织或器官内小血管扩张，血液量增多的病理现象，称为充血。按发生血管的种类和机理不同，分为动脉性充血和静脉性充血。

　　动脉性充血指局部组织或器官内的小动脉及毛细血管扩张，动脉血液灌流量增多的现象，简称充血。

（一）充血的类型和原因

　　根据充血发生的原因，可将充血分为生理性充血和病理性充血。

　　1. 生理性充血

　　在生理情况下，组织器官功能活动增强，小动脉和毛细血管扩张而引起充血，称生理性充血。如采食后的胃肠道充血，妊娠时的子宫充血，运动后横纹肌充血等。

　　2. 病理性充血

　　在致病因素作用下，引起局部组织器官的充血，称病理性充血。根据发生原因不同可分以下几种。

　　（1）神经性充血，是在致病因素的作用下，通过神经反射引起的充血。大多数充血都与神经调节有关。小动脉收缩与舒张受植物性神经支配，如摩擦、温热、化学物质及病理产物等刺激，抑制了缩血管神经的兴奋性，使小动脉紧张性降低，血液输入量增加。另外，皮肤黏膜受到刺激时，神经冲动传至脊髓的途中直接通过神经元的轴突分枝作用于效应器引起充血，称轴突反射性充血。这种充血发生和结束的时间非常迅速，可在几秒内完成，炎性充血初期属于此种类型充血。

（2）炎性充血，是最常见的一种充血类型。在致炎因子的作用下，局部首先发生轴突反射性充血，而后发炎的组织释放血管活性物质（组织胺、5-羟色胺、激肽、腺苷等），使小动脉和毛细血管扩张并延长充血时间。轴突反射和血管活性物质引起的充血作用，虽有先有后，但二者是不可分割的连续过程。临床所见各种充血变化，属于后一种作用的结果。

（3）侧枝性充血，动脉被血栓、异物、寄生虫等引起堵塞或由肿瘤、脓肿压迫，使动脉闭塞或狭窄，引起血液循环发生障碍，在其周围的血管吻合支则发生扩张、充血，以保证缺血组织血液供应，称侧枝性充血。此类型充血具有代偿作用，对减少组织损伤和恢复功能有重要意义。

（4）贫血后充血，局部组织器官长时间受到压迫，血液输入减少或断绝，血管张力降低而引起贫血，当这种因素解除后，该部小动脉发生反射性扩张，同时周围组织和器官的血压又高于该部血压，使血液重新输入贫血区域血管内，这样发生的充血称贫血后充血。临床上，治疗动物胃肠鼓气时，要注意放气减压速度，以免脑和其他器官急速贫血，动物昏迷和死亡。

（二）病理变化

充血时，因小动脉和毛细血管扩张，输入动脉血管血液量过多，局部组织器官轻度肿胀，体积略大。血液含氧增多，组织器官呈鲜红色。另外，由于血液增多，血流速度加快，提供组织细胞氧和营养物质增多，使物质代谢增强，温度升高，功能活动增强，如黏膜腺体分泌增多等。原来闭合毛细血管开放增多，位于黏膜、皮肤血管明显可见。光学显微镜下可见血管数量增多，小动脉和毛细血管扩张，充满红细胞。

值得一提的是，动物死亡后，血管收缩，死前心衰，死后血液停止流动，死后血液由于重力的原因发生沉降，由于上述原因，充血往往易被掩盖，因此，尸体剖检时，应注意区别和判断。

（三）结局和影响

充血对机体既有利又有弊。首先，充血能使血流加快，血量增多，氧和营养物质也增多，局部组织物质代谢增强；同时，组织细胞再生、白细胞吞噬、抗体形成及病理产物排出等机能活动都能得到改善，是机体防御、适应性反应，因此在临床上利用充血原理，涂擦刺激剂、湿热疗法治疗某些疾病。相反，充血时间过长，导致血管壁紧张性降低，血流缓慢，可继发淤血。另外，脑充血时，因脑内压升高，有时发生脑血管破裂，引起脑出血而产生严重后果。

二、淤血

静脉性淤血，是指静脉血液回流受阻，使毛细血管及小静脉血液量增多的现象，简称淤血。淤血是临床多见的一种病理变化，主要发生在心脏、胸膜和肺脏等。某些疾病过程中，淤血往往是全身血液循环障碍的局部表现。

（一）淤血的原因

引起淤血的局部原因有以下两点。

1. 静脉血管受压迫

这是临床最多见的一种淤血原因。如肿瘤、肿大的淋巴结、脓肿、严重水肿、寄生虫包囊等直接压迫；肠扭转、肠套叠对肠系膜静脉的压迫；妊娠子宫对髂静脉的压迫；治疗外伤和骨折时绷带包扎过紧对肢体静脉的压迫等，均会使局部组织器官发生淤血。

2. 静脉血管阻塞

见于血栓形成、栓塞或静脉炎造成血管壁增厚，使血管腔狭窄或阻塞，引起相应部位淤血。但由于静脉分支较多，只有当静脉分支管腔狭窄或阻塞，不能充分通过侧支循环回流时，才容易发生淤血。

（二）病理变化

淤血组织器官内静脉血液量增多，静脉压升高，代谢产物蓄积，引起血管壁通透性增强，使血浆渗出增多发生水肿，导致淤血组织器官体积肿大。淤血时，由于氧缺乏，引起血液中氧合血红蛋白减少，还原血红蛋白增多，使组织器官呈暗红色或蓝紫色，这种病理变化称发绀，在动物可视黏膜、毛少处或缺乏色素的皮肤上特别明显。长时间淤血，组织器官发生出血；实质细胞萎缩、变性、甚至坏死；结缔组织增生，引起组织器官硬化（称淤血性硬化）。光学显微镜下可见小静脉和毛细血管扩张，充满红细胞，小血管周围间隙及结缔组织间有淡红色水肿液，有时可见出血、细胞萎缩、变性和坏死。

临床上常见肝淤血和肺淤血，其病理变化如下。

1. 肝淤血

肝体积肿大，被膜紧张，重量增加，边缘钝圆，质地硬实，呈紫红色，切面流出多量暗红色的血液。当肝淤血伴发肝细胞脂肪变性时，出现红、黄相间如槟榔状的花纹，称"槟榔肝"。镜检时，可见中央静脉和窦状隙扩张，充满红细胞，附近肝细胞发生萎缩、变性或消失。慢性肝淤血时，肝细胞萎缩，间质增生，使肝脏变硬，称为淤血性肝硬化（图 2-2）。

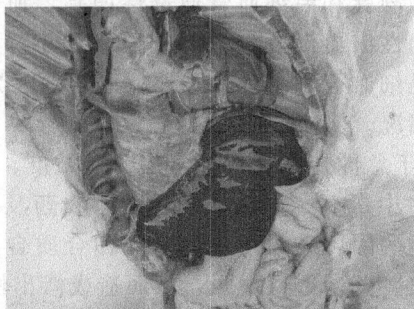

图 2-2　（羊肝）淤血性肝硬化

2. 肺淤血

由于左心功能不全和肺静脉血液回流受阻所致。肺体积肿大，被膜紧张光滑，质地稍硬实，重量增加，切面流出大量暗红色泡沫样液体。镜检肺小静脉和肺泡壁毛细血管扩张，充满大量红细胞，肺泡腔内有淡红色液体和少量红细胞。慢性肺淤血多见于心力衰竭的病例，在肺泡腔内有吞噬红细胞或含铁血黄素的巨噬细胞，故称心力衰竭细胞。长期肺淤血，引起肺间质增生，在肺泡腔和间质内沉积大量含铁血黄素，称肺脏褐色硬化（图 2-3）。

图 2-3 （猪）肺脏褐色硬化

（三）结局和影响

淤血的时间和发生部位及程度不同，其影响也不一样。短时间淤血，只要及时除去病因，淤血可以解除，对机体影响不大；如淤血时间较长，又发生在重要器官内，对动物影响就大，可出现水肿、血栓、实质细胞萎缩、变性、坏死和间质增生。肺淤血严重时，表现为呼吸困难、心功能障碍，甚至窒息死亡。

三、出血

血液流出心脏、血管之外，称出血。血液流出到体外，称外出血；流入组织间隙或体腔内，称内出血。

（一）出血的类型与原因

1. 破裂性出血

破裂性出血指心脏和血管壁破裂引起的出血。破裂性出血可发生于任何血管，多为局限性，很少见于全身性。

破裂性出血见于咬伤、枪伤、挫伤、擦伤、撞击伤等机械性损伤；血管周围的肿瘤、炎症、溃疡、酸、碱等腐蚀作用；心脏或血管本身发生的病变，如心肌梗死、脉管炎、血管硬化、血管瘤、静脉曲张等；剧烈运动或血压突然升高。这些均引起破裂性出血。

2. 渗出性出血

渗出性出血指微动脉、微静脉和毛细血管通透性增高，血液通过内皮细胞间隙和血管基底膜，渗出到血管外。渗出性出血仅发生于毛细血管和小静脉，且常见于全身性。血液（主要指红细胞）能够渗出到毛细血管和小静脉之外，主要是因为血管壁通透性增强所导致。渗出性出血可见于以下几种情况。

（1）微血管的损伤。多见于急性传染病，如猪瘟、新城疫、禽流感、巴氏杆菌病；寄生虫病，如球虫病、梨形虫病；中毒病，如磷、苯、砷、农药及种衣剂等中毒；应激病、过敏反应、淤血和缺氧等。上述病因可破坏内皮细胞间黏合质合成或使其从凝胶状态转为溶胶状态，使内皮间隙增大，血管壁通透性增强，从而造成渗出性出血。

（2）血小板减少。血小板具有营养黏膜内皮细胞和修复受损内皮细胞的功能，对血管壁的完整性和通透性是很重要的。病毒感染、白血病、尿毒症等疾病，可使血小板数量减少并改变性质，引起渗出性出血。

（3）凝血因子缺乏。败血症或休克时，大量消耗凝血因子；重症肝炎、肝硬化等，可引起凝血因子合成障碍；维生素 K 缺乏，使肝脏合成凝血因子 Ⅱ、Ⅶ、Ⅸ、Ⅹ 发生障碍，可导致凝血障碍，发生渗出性出血。

（4）维生素 C 缺乏。维生素 C 主要是合成内皮细胞间黏合质中透明质酸的成分，当维生素 C 缺乏时，合成透明质酸发生障碍，使微血管通透性增强，而发生渗出性出血。

（二）病理变化

病理变化可因血管种类、出血部位、出血原因及组织的不同而异。大动脉出血时，血液鲜红色，血流速度快、血流量大，不易凝固，呈喷射状。大静脉出血，血液暗红色，血流速度较快，血流量大，不易凝固，呈线状。毛细血管出血呈暗红色，易凝固。体腔的出血称积血；大量血液聚集在组织间隙呈肿块样称血肿；皮肤、黏膜、浆膜和实质器官有针尖大或米粒大的点状出血（1mm 以内），称淤点或出血点（图 2-4）；直径在 1～10mm 出血，称淤斑（图 2-5）；血液弥散于组织间隙，称出血性浸润；全身广泛性渗出性出血，称出血性素质；脑组织内出血，称溢血。出血发生时间不同，其颜色亦不相同，新鲜出血斑点呈鲜红色；陈旧出血点呈暗红色，再稍长呈砖红色。

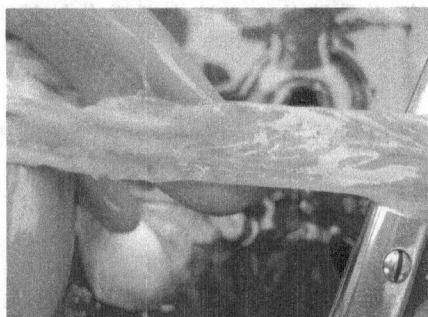

图 2-4　（小鹅瘟肠）出血点

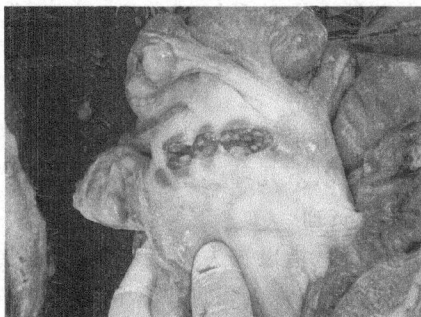

图 2-5　（猪瘟淋巴结出血）淤斑

外出血时，血液常常流出体外，易被观察。如外伤时，在伤口处可见血液流出并形成血凝块；肺及气管出血，血液经消化道被咳出体外，称为咳血或咯血；消化道出血时，血液经口排出体外，称为吐血或呕血；肠道出血，血液随粪便排出体外，称为便血；泌尿道出血时，血液随尿液排出，称为尿血。光学显微镜下可见出血组织的血管外有散在的、聚集的红细胞以及吞噬细胞，后者主要吞噬流出血管之外的红细胞及红细胞溶解后释放的含铁血黄素。

（三）出血对机体的影响

可因血管的种类、出血部位、出血量、出血速度和持续时间不同而异。一般微血管出血，通过反射性引起受损伤血管收缩和血小板凝集可自行止血；组织内出血少时，可被巨噬细胞吞噬后运走，出血灶可被完全吸收而不留痕迹；大的血肿在其周围形成结缔组织包囊而使其局限化；大的血管出血而且出血量大，影响严重；小血管长时间出血，也会产生严重后果；脑、心、肺等重要生命器官的出血，后果严重或危及生命。急性大失血的血液量占血液总量的 20%～25% 时，动物即可发生失血性休克而引起死亡。

四、贫血

贫血根据发生的范围的不同，可以将贫血分为两种：即局部贫血和全身性贫血。

（一）局部贫血

局部器官或组织含血量减少，称局部贫血。

1. 发生原因

（1）小动脉痉挛。受寒冷、惊恐、剧痛刺激和某些化学物质（如肾上腺素、麦角碱）作用，使缩血管神经兴奋性增高，小动脉发生痉挛性收缩，管腔变窄，供血减少而发生贫血。

（2）动脉受压迫。动物发生生产瘫痪或严重缺钙、缺磷时长期卧地不起，或肿瘤、胎水、腹水、脓肿及绷带结扎压迫小动脉而引起贫血。

(3)动脉阻塞。动脉内血栓、栓塞、脉管炎及动脉硬化，引起血管腔狭窄和阻塞而发生贫血。

2.病理变化

组织器官因血液减少或断绝而体积变小，被膜皱缩，质地变软，器官由于没有血液的充盈，而呈现组织器官原有颜色，肺、肾呈灰白色，肝呈褐色，皮肤、黏膜呈苍白色。组织可发生缺氧，代谢机能降低，因而局部温度降低。

3.结局和影响

对机体的影响因贫血程度、时间长短、组织器官不同而异。短时间轻度贫血，消除病因后可完全恢复；而长时间重度贫血，侧支循环又不丰富的器官，因物质代谢障碍和缺氧，细胞则发生萎缩、变性和坏死；脑组织对贫血缺氧耐受性差，血液中断数分钟就可产生不可逆变化，导致严重后果。

(二)全身性贫血

全身性贫血指单位容积内，红细胞数、血红蛋白量或血液的总量少于正常范围。根据发生贫血原因分以下几种类型。

1.失血性贫血

失血性贫血是指以丧失大量红细胞为特征的贫血，分为两种。

(1)急性失血性贫血。见于各种急性大出血，如创伤、器官破裂和产后子宫大出血等。此种贫血只发生全血总量减少，而单位容积内的红细胞数和血红蛋白量仍正常，血色指数不变，称正色素性贫血。因血液总量减少、血压降低，刺激静动脉窦和主动脉弓压力感受器，引起缩血管神经兴奋，儿茶酚胺分泌增多，使肝、脾、肌肉等血管收缩，释放血液进入循环，再加上组织液大量进入血管内，使循环血液量得到改善，但血液被稀释，红细胞数和血红蛋白量降低，血色指数下降。因此，这种贫血又称低色素性贫血。急性贫血时，骨髓造血机能增强，在血液中可见发育各阶段的红细胞，如网织红细胞、大小不等的红细胞、多染和淡染及有核红细胞等。

发生急性失血性贫血的动物，可见所有器官组织颜色变淡，皮肤及可视黏膜呈苍白色，脾萎缩，切面红髓减少。也可见红骨髓再生，甚至将原黄骨髓完全替代。

(2)慢性失血性贫血。见于反复长期失血性疾病，如血吸虫病、肝片吸虫病、犊牛和雏鸡球虫病以及出血性紫癜、胃肠道溃疡等。贫血初期失血量少，可以代偿，贫血症状不明显，以后由于长期反复出血，使铁丧失过多，引起缺铁性贫血。一般为低色素性贫血，红细胞小，且大小不均，形态异常。

发生慢性失血性贫血的动物，可见所有器官和组织色淡(图2-6)，浆膜、黏膜有出血点，血液稀薄，体腔积水，皮下组织水肿，红骨髓再生，脾脏、肝脏、淋巴结出现髓外造血灶。

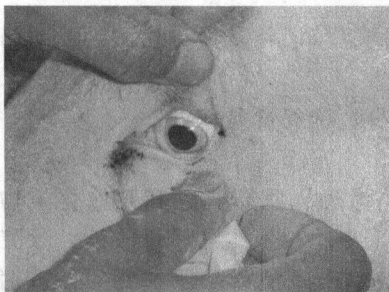

图2-6 (猪因附红细胞体感染)发生贫血时结膜苍白

2. 溶血性贫血

溶血性贫血指红细胞被大量破坏发生的贫血。其原因主要有：生物因素，如溶血性链球菌、葡萄球菌、产气荚膜杆菌、钩端螺旋体、梨形虫、锥虫等感染；化学因素，如苯、氯酸钾、酚噻嗪、皂甙、铅、砷、铜等；物理因素，如高温、电离辐射、低渗溶液等；免疫性因素，如异型输血、新生幼驹溶血病、药物免疫性溶血等。这些因素通过不同的作用机理，导致红细胞被破坏发生贫血。其变化特点是血液总量无变化，红细胞大量破坏，网织红细胞增多，出现异形红细胞(图 2-7)、有核红细胞和淡染红细胞；因溶血，血液中胆红素增多，动物发生黄疸和血红蛋白尿。

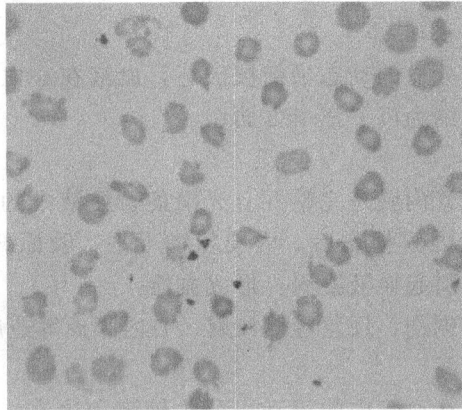

图 2-7　(羊)贫血后出现异形红细胞

溶血性贫血死亡的动物，可见全身黏膜、皮肤黄染，呈黄白色，有出血点。实质器官变性。脾脏肿大，大量含铁血黄素沉着，呈青褐色。肝脏、脾脏出现髓外造血灶。

3. 营养不良性贫血

营养不良性贫血指动物饲养管理不当，或处于长期慢性饥饿及营养物质吸收障碍，特别是造血必需的蛋白质、铁、钴、铜、维生素 B_{12} 和叶酸等物质缺乏而引起的贫血。其变化特点为病程长，动物消瘦，血液稀薄。缺铁性贫血时，外周血液中红细胞的平均体积及平均血红蛋白含量都低于正常值。血清中铁含量下降，红细胞大小不均匀，主要出现小红细胞；维生素 B_{12} 或叶酸缺乏引起的贫血时，红细胞数量减少但血红蛋白含量变化不大，红细胞平均体积增大，主要出现大红细胞。细胞大小不均，常见异形红细胞、网织红细胞及巨幼红细胞。

4. 再生障碍性贫血

再生障碍性贫血指由于骨髓造血机能障碍而发生的贫血。多见于苯、苯化合物、重金属盐、氯霉素、磺胺类药物等引起的中毒性疾病；电离辐射、马传染性贫血、牛恶性卡他热、白血病和骨髓瘤等，抑制或破坏骨髓造血机能。其特点为正常红细胞和网织红细胞呈进行性减少或消失，可见异形红细胞，白细胞和血小板减少，引起皮肤、黏膜出血或感染。血清中铁和蛋白质含量增高，骨髓造血组织发生脂肪变性和纤维化。可见肝、脾、淋巴结发生髓外造血现象。

上述四种贫血中，除再生障碍性贫血外，前三者均可选择适当药物进行缓解或治疗。全身贫血时，红细胞数和血红蛋白含量减少，使氧和二氧化碳运输产生障碍，引起氧的缺乏，使细胞组织发生物质代谢障碍，组织器官萎缩、变性和坏死及酸中毒，神经系统、内分泌系统、心血管系统等功能降低，最后导致动物死亡。

五、血栓形成

在活体的心脏和血管内，血液成分析出，黏集或凝固形成固形物质的过程，称为血栓的形成。所形成的固体物质称为血栓。

在生理状态下，血液中存在的凝血系统与抗凝血系统互相拮抗。血液中的凝血酶原被激活后形成凝血酶，进而促进形成纤维蛋白，沉着在血管内壁。而形成的这些纤维蛋白不断地被纤溶蛋白溶解系统溶解，而凝血酶原又不断地被单核巨噬细胞系统所吞噬，保持着动态平衡。在某些病理条件下，这种平衡被打破，在动物活体组织内便形成血液凝固，即形成血栓。

(一)血栓形成的条件和机理

病理情况下，凝血与抗凝血的动态平衡被破坏，血液在心血管内凝集，形成血栓。血栓形成的条件很多，大致归纳为以下三个方面。

1. 心血管内膜受损

正常生理状态下，心血管内膜是完整并且光滑的，血液中的血小板等不能与内皮下的胶原纤维相接触。当心血管内膜损伤后，内膜粗糙不平，胶原纤维暴露，抗凝作用消失，激活机体的凝血系统，从而引起血液凝固，形成血栓。

心血管内膜受损可见于创伤、反复静脉注射、心内膜炎等造成的心血管内膜损伤。

2. 血流状态改变

正常生理状态下，血液在血管内的流动可分为轴流和边流。血小板、血细胞等有形成分在血管的中央部流动称为轴流。血浆形成边流，可以减少血小板与血管壁接触的机会。但当血流状态改变时，轴流和边流的界限消失，血流缓慢形成涡旋，血小板从中央到周边，与血管壁接触形成血栓。

3. 血液的性质改变

血液中血小板数量增多，血液的凝固性提高，促进血液发生凝固，可能发生血栓。

血液的性质改变可见于大失血、烧伤等。

血栓形成必须具备上述三个基本条件，同时存在并相互影响，促进血栓形成。虽然血栓形成时，三个条件都必须存在，但在某些疾病的某些阶段中所形成的血栓，可存在其中一种或几种起主导作用。

(二)血栓形成过程和血栓类型

1. 血栓的形成过程

在多种原因作用下，使血管内皮发生损伤，使胶原纤维暴露，血小板从轴流到边流附着于损伤的血管内膜上，黏集，形成血小丘，白细胞附着于血小板丘上形成血栓头部。血小板丘逐渐变大，血流变慢并出现涡旋，血小板丘突入血管腔内，形成血小板梁，纤维蛋白在小梁之间形成纤维蛋白网，网罗大量红细胞、白细胞，形成红白相间的血栓体部，血栓形成后沿血管方向延伸，使血管完全阻塞，导致血流停止、凝固，形成血栓尾部。

2. 血栓的类型

在血栓形成过程中，每个阶段血栓具有不同的结构特点，依此，将血栓分为以下三种类型。

白色血栓：呈灰白色，由血小板、白细胞构成。动脉膜上呈结节状，心瓣膜上呈疣状。

红色血栓：呈暗红色，由血小板、红细胞、纤维蛋白组成，多发生在静脉。

混合血栓：红白相间，由血小板、红细胞、白细胞、纤维蛋白组成。

另外，在某些病理条件下，微血管内还可发生微血栓，其特点是：血栓透明，由血小板、纤维蛋白组成，只能在光学显微镜下见到，也被称为透明血栓。多见于药物过敏、异型输血、自体中毒等。

（三）血栓与动物死后血凝块的区别

动物死后，血液在心血管内凝固，红细胞分布均匀，呈一致的暗红色，其表面光滑湿润，柔软富有弹性，与心血管壁很容易分离。当动物缓慢死亡后，红细胞比重较大，沉于血凝块下方，而白细胞、血小板、纤维蛋白等比重较轻，上浮到血凝块的上层，淡黄色，与鸡的脂肪一般，因此将动物死后的血凝块称为鸡脂样血凝块。血栓与动物死后血凝块的区别见表 2-1。

表 2-1 血栓与动物死后血液凝块的区别

区别项目	血栓	动物死后血凝快
表面	干燥、粗糙、无光泽	湿润、平滑、有光泽
质地	较硬、脆	柔软、有弹性
色泽	色泽混杂、灰红相间、尾部暗红	暗红色或在血凝块上层呈鸡脂样
与血管壁的关系	与心血管黏着	易与血管壁分离
组织结构	具有特殊结构	无特殊结构

（四）结局

1. 软化

血栓内纤维蛋白可吸附纤维蛋白溶解酶，使血栓溶解软化，小的血栓会全部被吸收；较大的血栓，部分被软化，残存部分发生机化，或脱落随血流带走成为栓子。

2. 机化和再通

血栓附着处损伤内膜上长出肉芽组织，取代血栓，为机化。机化后血栓发生收缩，使血栓内部或血栓与血管间形成裂缝，被覆内皮细胞，使血流重新通过，此种现象被称为血栓的再通。

3. 钙化

少数不能被溶解吸收又不能发生机化的血栓，可发生钙盐沉着。这种有钙盐沉着的静脉内血栓，被称为静脉石。

（五）对机体的影响

1. 有利影响

发生创伤时，在血管破裂口处形成血栓，可起到止血、防感染的作用，这是有利的一面。

2. 不利影响

阻塞血管，阻断血流，形成栓子，造成栓塞。瓣膜上形成血栓造成闭锁不全，影响心脏功能，心、脑部形成血栓，后果往往很严重。

六、栓塞

循环血液中出现不溶的异常物质，随血流运行，阻塞相应血管的过程，称为栓塞。不溶性物质称为栓子。

（一）种类

根据栓塞发生的原因，可将栓塞分为以下六类。

1. 脂肪性栓塞

脂肪滴进入血流堵塞血管，称为脂肪性栓塞。可发生于骨折、骨手术过程中。

当管状骨骨折或脂肪组织挫伤时，脂滴通过破裂的静脉进入血流而引起器官组织的栓塞。动物的脂肪栓塞常常觉察不到，只有当肺毛细血管堵塞达 2/3 以上才显现症状，并多以死亡告终。

2. 空气性栓塞

空气性可发生于静脉注射或静脉破裂时。

在生理情况下，血液只能溶解少量气体。如果短时间内多量空气进入血液，则不能溶解而成为栓子。如静脉注射时，输液器内空气未排净，或误将空气注入血流。入血的空气进入右心受血流冲击形成无数的小气泡，血液变成泡沫状，不易排出进入肺动脉。狗每千克体重如进入 9mL 气体，即可致死。空气栓塞的特征是：心、动脉、脑、肠系膜出现气泡，尤以心腔内出现泡沫性血液，此特征具有很强的诊断意义。

3. 血栓性栓塞

血栓或其脱落部分随血流运行，阻塞相应的血管，引起的栓塞，称为血栓性栓塞。

静脉脱落的血栓如堵塞肺动脉主干及其较大的分枝，可引起严重后果，甚至突然死亡。较小的栓子，则由于肺动脉与支气管动脉的吻合支丰富，一般虽有呼吸困难、咳嗽等症状，但临床无特殊变化。

4. 组织性栓塞

组织性栓塞可见于脱落的组织碎片或细胞团块、组织损伤、坏死组织、恶性肿瘤。

5. 细菌性栓塞

机体内感染灶的病原菌，可能以单纯菌团的形式或与坏死组织混杂，进入血液循环引起细菌性栓塞。

6. 寄生虫性栓塞

某些寄生虫虫体或虫卵进入循环血液，引起其血管阻塞，称为寄生虫性栓塞，如蛔虫在宿主体内，经由小肠壁的毛细血管进入血液循环，移行过程中，可引起寄生虫性栓塞。

（二）栓子运行途径

一般来说，栓子的运行途径和血流方向一致，栓子随血流运行堵塞比它小的血管。

（1）来自动脉系统：左心、肺静脉的栓子随血流运行到全身各处小动脉停留，引起栓塞。

（2）来自静脉系统、右心的栓子随血流运行到肺静脉的分枝，形成栓塞。

（3）门脉系统的栓子：来自胃、肠、脾静脉的门脉系统的栓子，随血流经肝门，在肝脏的门脉分枝处形成栓塞。

除上述运行规律之外，还有两种情况。第一种是后腔静脉的栓子，在咳嗽或深呼吸时，因胸内压突然升高，使其逆流堵塞肝、肾及股静脉，称为逆行性栓塞。第二种是当心脏卵圆孔没有闭合，大循环静脉系统内的栓子，不经肺而通过开放的卵圆孔直接进入左心及动脉系统；或是经肺内动静脉吻合支而进入动脉，称为反常性栓塞。

七、梗死

局部组织或器官因动脉供血中断，引起组织或细胞的坏死称为梗死。

梗死主要是由于动脉血管受到压迫或阻塞，侧支循环又不能及时建立起来，即可发生梗死。动脉血栓形成、栓塞或持续的痉挛是发生梗死的原因。动脉吻合支少、动脉弹性消失（动脉硬化、动脉纤维素样坏死等）、不能充分建立侧支循环，都是发生梗死的必要条件。

（一）梗死的类型及病理变化

根据梗死区含血量不同可将梗死分为贫血性梗死和出血性梗死两类。

1. 贫血性梗死（白色梗死）

贫血性梗死（白色梗死）多发生在肾、心、脑等组织结构致密、侧支循环不丰富的实质器官。当其动脉分支阻塞时，血液中断，其分支及临近动脉反射性痉挛，将梗死灶内血液挤压出去。随后梗死灶内残存的红细胞溶解消失，使梗死灶多为灰白色或灰黄色，固称白色梗死或贫血性梗死。梗死灶多为三角形、倒三角形、楔形，稍隆起于器官表面，较干燥，硬固，与正常组织交界处形成一条充血、出血及白细胞浸润的炎性反应带。

2. 出血性梗死（红色梗死）

出血性梗死（红色梗死）多发生在结构疏松、侧支循环丰富的组织器官，如肺、肠，多在动脉阻塞的同时，静脉高度淤血，使血液停滞梗死灶内，由于静脉及毛细血管内压升高，毛细血管壁通透性增强，发生渗血，使梗死灶呈暗红色，固称为红色梗死或出血性梗死。梗死灶切面湿润，呈黑红色，与周围组织界限清楚。光学显微镜下可见组织结构模糊，甚至消失，小血管内充满液体，间质水肿出血。

（二）梗死对机体的影响

梗死对机体的影响常与梗死灶的大小、发生部位、有无细菌感染有很大关系。通常情况下，无菌性梗死灶较小，坏死组织可由酶的作用而溶解、吸收。梗死组织的存在，对于周围健康组织来说，无疑存在着异物性刺激，周围组织发生炎性反应，形成"炎性反应带"。坏死组织不断被清除，毛细血管和成纤维细胞向梗死灶内生长，发生机化。

如果梗死灶较大，则由新生的肉芽组织在坏死组织周围形成包囊。梗死灶较小，或发生在不重要的器官组织上，一般无严重影响。但发生在心肌与脑的梗死，即便梗死灶很小，通常也会引起很严重后果，甚至引起动物的急性死亡。

八、休克

休克是微循环血液灌流量急剧降低，重要脏器血液供应不足，细胞功能严重代谢障碍的全身性病理过程。

这种急性循环衰竭的典型临床表现是血压下降、脉搏细速、体表血管收缩、可视黏膜苍白或发绀、皮肤温度下降、四肢厥冷、尿量减少。动物表现迟钝、衰弱、常倒卧，严重的病例可在昏迷中死亡。

（一）微循环

微循环是指小动脉和小静脉之间的微细血管中的血液循环，是循环系统最基本的结构，是血液和组织物质代谢交换的最基本的功能单位。微循环通常由微动脉、后微动脉、毛细血管前括约肌、真毛细血管和微静脉等部分组成（图 2-8）。有的微循环包括动—静脉吻合支。

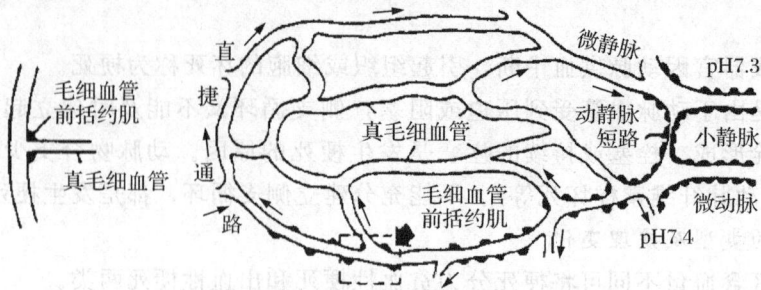

图 2-8　微循环及血液灌流量

微循环毛细血管的血流量不仅取决于心输出量、血容量和血压，而且还取决于微动脉、毛细血管前括约肌和小静脉的舒缩状态，即微循环各部分的阻力。如微循环阻力不变，血压增高时，微循环内血量随之增大。微动脉、后微动脉和微静脉具有丰富的平滑肌，在神经和体液的调节下，可改变血管的舒缩状态。当交感神经兴奋时，血管收缩，阻力增大，血流减少。体液因素可影响微血管壁上的平滑肌包括毛细血管括约肌，局部产生的舒血管物质可进行反馈调节，使毛细血管交替性开放，保证微循环有足够的血液灌流量。

（二）休克的类型和原因

引起休克的原因很多，如严重创伤、大失血、大面积烧伤、脱水、感染、过敏、心脏疾病、肺脏疾病、肝脏疾病、肾脏疾病和应激性反应等。按发生原因和发病特点，可将休克分为以下几种类型。

1. 低血容量性休克（失血性休克）

低血容量性休克（失血性休克）临床上常见于大失血、烧伤、严重创伤、长期腹泻、严重呕吐等，使细胞外液减少，有效循环血量下降，回心血量不足，心输出量减少。表现为黏膜苍白、四肢湿冷、心动过速、脉细弱、少尿、血压下降。

2. 感染性休克

感染性休克指机体感染病原微生物引起的休克，多见于某些革兰氏阴性菌、病毒、霉菌等引起的败血症、脓毒败血症、中毒性肺炎等。病原微生物及其毒素使动物机体内释放生物活性物质，引起微血管扩张，血压下降。

3. 过敏性休克

过敏性休克是由过敏原作用机体后产生的 I 型变态反应，见于药物（如青霉素）、血清制剂或疫苗注射发生的过敏反应。此类休克的特点是发生快，病情危重，出现呼吸困难、冷汗、可视黏膜苍白或发绀、脉速弱、血压下降、昏迷和抽搐等。

4. 神经性休克

神经性休克是指因剧烈疼痛、惊恐、高位脊髓麻醉或损伤等引起的休克。

5. 心源性休克

心源性休克是指原发性心输出量急剧减少引起的休克，见于大面积急性心肌梗死、急性心肌炎、严重心律失常、急性心包积液和积血等，使心脏功能急剧降低，心输出量减少，引起有效循环血液量和微血管灌入量下降而发生休克。

（三）休克分期与微循环变化

微循环是血液和组织间物质交换的基本单位。微循环的血流量不仅取决于心输出量、血容量、有效循环血量和血压，还取决于微动脉、毛细血管前括约肌和小静脉的舒缩状态及体液因素等调节。这些因素使毛细血管交替性开放，保证微循环的血液灌流量。根据微循环变化，将休克分为三期。

1. 微循环缺血期（代偿期或缺血、缺氧期）

此期为休克的早期阶段。由于创伤、失血、感染等因素刺激，使交感—肾上腺髓质系统兴奋，儿茶酚胺类物质分泌释放增多，使皮肤、黏膜和腹腔脏器的微血管痉挛收缩，尤其是微动脉和毛细血管前括约肌比微静脉对儿茶酚胺更加敏感，收缩更为强烈。微循环动脉血液灌流量减少，而处于缺血、缺氧状态。

由于儿茶酚胺对脑和心脏的冠状血管表现为舒张作用，使血液流入增多，这样保证了生命器官的血液供应。这些变化有利于血液在体内重新分布。另外，因交感神经系统兴奋，引起醛固酮和抗利尿素分泌增多，使水钠潴留而增加血容量，对休克有代偿意义。临床表现可视黏膜苍白、皮肤湿冷、尿少、血压无明显变化、心跳加强。

2. 微循环淤血期（血管扩张期或淤血性缺氧期）

在微循环缺血期病理变化的基础上，致病原因未能消除，使休克继续发展。上述器官（除心、脑外）缺血、缺氧严重，无氧分解加强，酸性代谢产物增多，酸性环境可使小动脉、微动脉、后微动脉、毛细血管前括约肌对儿茶酚胺的敏感性降低而发生舒张，血液大量流进真毛细血管；而微静脉和小静脉对酸性环境有较大耐受性，对儿茶酚胺的反应仍处于收缩状态。这样，使血液灌入量增多，流出量减少，大量血液淤积在微循环内，此时，回心血量和心输出量明显减少，毛细血管淤血，形成微循环淤血期。

毛细血管内流体静压升高，严重缺血、缺氧使酸性代谢产物蓄积，刺激肥大细胞释放组胺等血管活性物质，使毛细血管通透性升高，引起血浆渗出，血液浓稠，血流缓慢等，使微循环障碍进一步加重。临床表现为可视黏膜发绀、皮温下降、心跳加快、心肌收缩无力、血压下降、少尿或无尿，精神沉郁或昏迷。

3. 微循环凝血期（血管内弥散性凝血期或 DIC 期）

微循环凝血期（血管内弥散性凝血期或 DIC 期）即微循环衰竭期。因微循环障碍继续发展，发生严重缺氧和酸中毒，使血管麻痹、扩张，血流缓慢，血浆渗出，血液浓稠。其结果使血管内皮细胞损伤，血小板沉积，激活内源性凝血系统。同时损伤内皮细胞释放组织凝血因子，启动外源性凝血系统，从而加速血液凝固过程，促进微血栓形成，引起弥散性血管内凝血（DIC）。另外，由于凝血因子的大量消耗和纤溶系统功能增强，发生出血，使休克发展为不可逆阶段。动物出现濒死期症状。

上述微循环障碍三个时期的变化，是各种类型休克的一般规律，微循环灌流量不足是休克的启动环节，此时，若采取有效措施，可缓解休克的发展。否则，因机体缺血、缺氧和酸中毒，可发展为微循环淤血和弥散性血管内凝血，进而加重缺血、缺氧状态，形成恶性循环，导致组织细胞严重损伤，使全身各器官系统出现严重的病理变化。

【拓展阅读】

无偿献血作为一种公认的无私奉献的行为，其对于个人、家庭、社会、国家的意义更是不言而喻。病人发生外伤性出血、产后大出血、严重烧伤和各种血液病时急需输血来救治，因此，无偿献血就意味着帮助了需要血液的病人，拯救了许多需要献血的病人的生命。无偿献血是无私奉献、救死扶伤的崇高行为，是我国血液事业发展的总方向。献血是爱心奉献的体现，帮助病人解除病痛、抢救他们的生命，其价值是无法用金钱来衡量的。我们要呼吁更多公众加入无偿献血者队伍，鼓励青年群体，特别是团员青年积极参加无偿献血，发挥团员青年无偿献血生力军作用，为挽救他人生命作出贡献。

项目 2　组织细胞的损伤与代偿修复

●●●●●任务资讯单

学习情境 2	病理解剖诊断
项目 2	组织细胞的损伤与代偿修复
资讯方式	教材、教学平台资源、在线开放课资源、网络资源等。
资讯问题	1. 什么是萎缩？萎缩与发育不良有什么区别？ 2. 局部萎缩有哪几种类型？ 3. 各类局部萎缩的发生原因有哪些？ 4. 萎缩的结局和影响是什么？ 5. 什么是变性、颗粒变性、脂肪变性？ 6. 颗粒变性、脂肪变性的发生原因是什么？ 7. 肾脏颗粒变性的病理变化是什么？ 8. 肝脏脂肪变性的病理变化是什么？ 9. 槟榔肝、虎斑心各是怎样的病理变化？ 10. 什么是坏死？ 11. 坏死发生的原因是什么？ 12. 坏死的病理组织学特征是什么？ 13. 什么是代偿？ 14. 代偿的表现形式有哪些？ 15. 什么是再生？ 16. 完全再生与不完全再生的区别是什么？ 17. 不同组织的再生能力有何不同？ 18. 组织再生能力的影响因素有哪些？ 19. 什么是创伤愈合？ 20. 创伤愈合的经过有哪几步？ 21. 什么是肉芽组织？ 22. 肉芽组织的形成过程是怎样的？ 23. 不同类型创伤愈合的特点是什么样的？ 24. 什么是机化？什么是包囊形成？ 25. 机化与包囊形成的经过是怎样的？ 26. 什么是钙化？钙化的原因及类型有哪些？
资讯引导	1. 陆桂平. 动物病理. 北京：中国农业出版社，2001 2. 于洋等. 动物病理. 北京：中国农业大学出版社，2011 3. 张鸿等. 宠物病理. 北京：中国农业出版社，2016 4. 姜八一. 动物病理. 北京：中国农业出版社，2019 5. 於敏等. 动物病理. 北京：中国农业出版社，2019 6. 於敏等. 动物病理. 北京：中国农业出版社，2022 7. 中国知网

案例单

学习情境 2	病理解剖诊断	学时	40
项目 2	组织细胞的损伤与代偿修复		
序号	案例内容	案例分析	

| 1.1 | 曾被评选为 2009 年感动中国人物的陈玉蓉,割肝救子,被称为"暴走妈妈"。因儿子患有先天性肝脏功能不全疾病,随病情不断加重,肝脏已严重硬化,急需要肝移植救治。妈妈决定用自己的肝脏挽救儿子的生命,但由于妈妈患有重度脂肪肝而不适合捐献肝脏。后来,妈妈在短短 7 个多月的时间里,疾步行走锻炼,严格控制饮食,最终,恢复了肝脏的健康。2009 年 11 月 3 日,这对母子在武汉同济医院顺利地进行了肝脏移植手术。

在上述案例中,妈妈的肝脏发生脂肪肝,为什么不能进行肝移植?脂肪肝是什么,有什么危害,属于一种什么样的损伤? | 脂肪肝是指由于各种原因引起肝细胞内脂肪堆积过多的一种病变。当肝细胞内脂肪堆积超过 5%,或者组织学上每单位面积见 1/3 以上肝细胞脂肪变性时,称为脂肪肝。

引起脂肪肝发生的原因主要有肥胖症、饮酒、糖尿病、高脂血症、慢性肝损伤、接触工业毒物及特殊药物等。脂肪肝发生机理主要有脂蛋白分离、脂蛋白合成障碍、脂肪酸氧化障碍、中性脂肪生成过多和输出障碍等。

脂肪变性本身属于一种可逆性变化,当病因消除后,物质代谢可逐渐恢复正常,细胞结构能完全恢复。但严重的脂肪肝可出现肝细胞坏死。肝细胞在坏死以后,正常的肝细胞会再生,但是已经坏死变成脂肪化的肝细胞,有可能会被纤维瘢痕组织代替,称为肝纤维化。进一步发展,可以形成假小叶,即肝硬化。 | |

工作任务单

学习情境 2	病理解剖诊断
项目 2	组织细胞的损伤与代偿修复

【任务 1】识别萎缩
根据教师提供的发生萎缩的浸渍标本、HE 染色病理组织切片、病例图片及视频,完成以下工作。
(1)说出萎缩的含义。
(2)说出萎缩的类型。
(3)说出萎缩的发生原因。
(4)在给出的图片及浸渍标本中,指出发生萎缩的标本,并描述其具体变化。
(5)在给出的图片及 HE 染色标本中,指出发生萎缩的标本,并描述其具体变化。

►参考答案

1. 萎缩的含义

在致病因素的作用下，发育成熟的器官和组织，出现体积缩小和机能减退的变化称为萎缩。

2. 萎缩的类型

(1)全身萎缩：长期缺乏营养物质，可导致机体发生全身性萎缩。

(2)局部萎缩：局部发生血液循环障碍及物质代谢障碍，可导致相应的组织器官发生萎缩。

3. 局部萎缩发生的原因

(1)神经性萎缩：因外周神经损伤，神经失去其营养调节作用，引起相应部位和肢体的肌肉萎缩。如颜面神经麻痹引起面部肌肉萎缩，脊髓灰质炎则引起腿部肌肉萎缩。

(2)压迫性萎缩：器官和组织受机械性、肿瘤、寄生虫等因素压迫，使局部组织发生萎缩。如脾脓肿和肝包虫等使实质细胞发生萎缩。

(3)废用性萎缩：由于各器官和组织长期运动障碍引起的萎缩。如骨折后的肢体长期固定引起的肌肉萎缩。

4. 识别标本并能正确描述其病理变化。

(1)脂肪组织萎缩：全身脂肪耗尽，呈黄红色，半透明呈胶冻样，称浆液萎缩或胶样萎缩。

(2)肌肉组织萎缩：肌肉变薄，肌纤维变细，质地硬实。

(3)肝萎缩：体积小，边缘锐利，色深呈现深灰褐色，质地硬实，切面内陷。

(4)肾萎缩：体积小，皮质薄，色深，质地硬实。

(5)脾萎缩：体积小，边缘锐，被膜增厚，呈青灰色，切面干燥，含血少，红髓少，小梁变粗、多。

注：任意识别并描述出其中两项即可。

5. 识别切片并能正确描述其病理变化。

(1)肌肉组织萎缩：胞浆少，核染色深，横纹明显，肌间有组织细胞浸润。

(2)肝萎缩：肝小叶变小，间质增宽，胞浆内有棕褐色颗粒，又称褐色萎缩。

(3)肾萎缩：光学显微镜下，囊壁轻度透明变性，小管上皮变薄，腔大，且变性、坏死、脱落、间质水肿。

(4)脾萎缩：镜检，脾小体萎缩，红髓中细胞成分少，残存少量淋巴细胞。

注：任意识别并描述出其中两项即可。

【任务2】识别变性

根据教师提供的发生颗粒变性、脂肪变性的浸渍标本、HE染色病理组织切片、病例图片及视频，完成以下工作。

(1)说出颗粒变性、脂肪变性的含义。

(2)分析颗粒变性、脂肪变性的发生原因。

(3)在给出的图片及浸渍标本中，指出发生颗粒变性、脂肪变性的标本，并描述其具体变化。

(4)在给出的图片及 HE 染色标本中，指出发生颗粒变性、脂肪变性的标本，并描述其具体变化。

▶参考答案

1. 颗粒变性、脂肪变性的含义

在变性细胞的胞浆内，出现微细蛋白质颗粒的变性，即为颗粒变性。

在变性细胞的胞浆内，出现大小不一的脂肪滴的一种变性，即为脂肪变性。

2. 颗粒变性、脂肪变性发生的原因

(1)颗粒变性。颗粒变性常见于发热、缺氧、中毒和急性感染过程。其机理目前还不十分清楚，一般认为是致病因素作用于细胞内线粒体、氧化酶系统，使之遭到破坏而引起细胞物质代谢障碍，导致酸性产物在细胞内蓄积，胞浆嗜水性加强；同时，缺氧引起细胞膜的损伤，使细胞胶体平衡和水盐平衡发生紊乱，细胞内钠离子含量增多，进一步导致胞浆的嗜水性加强，摄入水分增多，从而引起线粒体肿胀、碎裂等变化，胞浆内出现粗细不等的颗粒。

(2)脂肪变性。

①缺氧、中毒时：细胞内物质代谢发生障碍，线粒体中的脂蛋白发生分解和细胞结构破坏，结构脂蛋白崩解，细胞浆中出现脂肪滴(脂肪显现)。

②饥饿时：机体需利用脂肪供能，从脂库中动员大量脂肪进入血液，其中大部分分解成脂肪酸进入肝脏，超过了肝脏将其氧化、利用和合成脂蛋白的能力，因而甘油三酯在肝细胞内蓄积，造成脂肪变性。

③脂蛋白合成障碍：如合成磷脂必需的物质缺乏(胆碱、蛋氨酸的甲基、胰腺的抗脂肝因子等)，影响磷脂和脂蛋白的形成，可以造成脂肪在肝细胞内蓄积而发生脂肪变性。

④脂肪酸的氧化障碍：如中毒、缺氧时，肝细胞内脂肪酸氧化过程受影响，引起中性脂肪在肝细胞内蓄积。

3. 识别标本并能正确描述其病理变化

(1)肾脏颗粒变性：眼观肾脏体积肿大，重量增加，被膜紧张，质地脆弱，边缘钝圆，切面突起，切缘外翻，颜色变淡，呈灰色或黄白色，混浊无光，似煮肉样。

(2)肝脏脂肪变性：眼观肝脏体积肿大，被膜紧张，呈黄褐色或土黄色，质地脆弱易碎，边缘钝圆，切面隆起，切缘外翻，组织结构模糊不清，有油腻感。伴有淤血时，切面呈现红黄相间的花纹，称槟榔肝。

(3)心脂肪变性：眼观，心肌呈灰黄色，浑浊，心室扩张，质地松软脆弱，在心内膜或心外膜可见灰黄色条纹或斑点，与正常红色的心肌交错排列，呈虎皮状花纹，故称虎斑心。

(4)肾脏脂肪变性：眼观，肾脏稍肿大，呈淡黄色，质地脆弱，切面皮质与髓质界线清楚，皮质增宽，可见灰黄色条纹。

注：任意识别并描述出其中两项即可。

4. 识别切片并能正确描述其病理变化

(1)肾脏颗粒变性：细胞体积肿大，细胞浆内出现大量淡红色颗粒。肾小管上皮细胞肿大，充满蛋白质颗粒，肾小管管腔狭窄或闭锁。

(2)肝脏脂肪变性：光学显微镜下，变性细胞的包浆内出现大小不一的空泡(脂肪滴)肝脂肪变性，因发生原因不同，肝细胞脂肪变性的部位也不同。如中毒引起的脂肪变性，多见于肝小叶周边细胞发生；淤血引起的脂肪变性，多见于肝小叶中心区细胞发生。

（3）心脂肪变性：光学显微镜下，可见脂肪滴呈串珠样排列在心肌纤维之间，其横纹不清。

（4）肾脏脂肪变性：光学显微镜下，肾上管上皮细胞肿大，脂肪滴大部分集中在细胞基底部，细胞刷状缘消失，胞核呈现不同程度的退变。

注：任意识别并描述出其中两项即可。

【任务 3】识别坏死

根据教师提供的发生坏死的浸渍标本、HE 染色病理组织切片、病例图片及视频完成以下工作。

（1）说出坏死的含义。

（2）说出坏死的发生原因。

（3）在给出的图片及浸渍标本中，指出发生坏死的标本，并分析不同类型坏死发生的眼观病理变化。

（4）在给出的图片及 HE 染色标本中，分析发生坏死时，组织器官光学显微镜下病理变化。

➤参考答案

1. 坏死的含义

动物体内局部组织、细胞的病理性死亡称为坏死。

2. 坏死发生的原因

任何致病因素只要对机体作用达到一定强度和时间，都能使组织细胞发生损伤，引起其物质代谢完全停止而发生坏死。常见原因有局部组织缺血、物理因素、化学因素、生物因素、变态反应和缺乏某些必需的营养物质等。细胞坏死的原因是：在一定细胞器上进行的，只要任何一个环节发生障碍，细胞内的代谢就会完全停止，其结果导致细胞的死亡。

3. 识别标本并能正确描述其病理变化

（1）凝固性坏死：心脏和肾脏的贫血性梗死，组织干燥坚实，无光泽呈灰白色；动物白肌病引起肌肉凝固性坏死呈灰白色石蜡样，称蜡样坏死；结核、鼻疽结节发生干酪样坏死；脂肪坏死是一种比较特殊的凝固性坏死，常见胰腺炎，胰脂酶、蛋白酶逸出并被激活，使脂肪组织发生坏死。坏死的脂肪组织呈枯白不透明、较硬的斑块或结节。

（2）液化性坏死：坏死组织受蛋白分解酶的作用而变成液状。如组织发生的化脓性炎，就是常见的一种。

（3）干性坏疽：常见于体表、四肢末梢部位。一般由于动脉阻塞或皮肤长期受压迫使血液循环障碍，导致皮肤坏死，水分易蒸发，病变部位干涸皱缩，呈黑褐色，与健康组织间界限分明，可从正常组织分离脱落下来。如久病而卧引起的褥疮，慢性猪丹毒引起背部皮肤坏死及冻伤引起四肢下部、耳尖、尾尖的皮肤坏死。

（4）湿性坏疽：常见于与外界相通的内脏器官。由于坏死组织水分含量多，在腐败菌的作用下发生分解液化。如肺坏疽、腐败性子宫内膜炎等。坏死部呈灰色、绿色或污黑色。

有恶臭味，与正常组织界限不清。腐败菌产生的毒素和一些有毒的分解产物常引起动物全身性中毒。

（5）气性坏疽：是湿性坏疽的特殊类型，大多由于深部开放性创伤感染了恶性水肿杆菌、产气荚膜杆菌及腐败弧菌等厌氧性细菌，引起坏死组织分解并产生大量的气体，使坏死组织呈蜂窝状、污秽暗棕色，用手压之有捻发音。气性坏疽发展迅速，毒性吸收快，后果严重。

注：任意识别并描述出其中两项即可。

4. 发生坏死时，组织器官光学显微镜下病理变化

（1）细胞核的变化：是细胞坏死的主要标志。

核浓缩：细胞核体积变小，核膜皱缩、染色深。

核崩解：核染色质崩解成小碎块，分散在细胞浆中。

核溶解：开始核染色变淡，仅见核膜轮廓，以后完全消失。

（2）细胞浆变化：细胞浆中微细结构破坏（如横纹肌横纹消失），胞浆呈粉红色颗粒状。

（3）间质变化：基质解聚，胶原肿胀、崩解、断裂、液化，致使坏死细胞与间质融合为一片模糊的、无结构的颗粒状红染物质。

注：任意识别并描述出其中两项即可。

【任务 4】识别代偿

根据教师提供的发生代偿的浸渍标本、HE 染色病理组织切片、病例图片及视频，完成以下工作。

（1）说出代偿的含义。

（2）说出代偿的表现形式。

（3）在给出的图片及浸渍标本中，指出发生代偿的标本，并分析不同类型代偿的具体表现。

▶参考答案

1. 代偿的含义

在疾病过程中，某些器官的结构遭到破坏，功能及代谢发生障碍，机体通过调整其代谢、机能的结构而进行代替、补偿所建立的平衡的过程称代偿。

2. 代偿的表现形式

代偿是机体重要抗损伤反应，有三种表现形式：机能代偿、结构代偿、代谢性代偿。

3. 不同类型代偿的具体表现

（1）机能代偿：是机体最基本的代偿方式。常见成对器官或局部组织机能障碍时，呈现健侧器官和损伤组织周围的健康组织机能增强，进行补偿。如肾小球肾炎时，损伤的肾小球滤过机能降低，而其他健康的肾小球会增强滤过机能进行补偿。

（2）结构代偿：代偿器官在机能增强的基础上，同时出现其形态结构的变化。主要表现为肥大与增生，前者是指细胞体积的增大，后者是指细胞数目的增多。如生理性肥大和病理性肥大中的真性肥大，皆属于结构性代偿；而假性肥大则是间质增生引起，无代偿作用。如一侧肾功能丧失，另一侧肾的肥大；在食道狭窄前方食道壁增厚等。

(3)代谢性代偿：指某种物质代谢障碍或缺乏，引起机体需要不足，可由其他物质加强代谢或异生来代偿。如缺氧时糖的氧化代谢受阻则糖酵解加强来补偿供能。而糖供能不足时，体内脂肪加强分解，补偿能量缺乏。再严重时，脂肪或蛋白质通过糖异生作用而进行补偿。

【任务5】识别再生

根据教师提供的发生再生的病例图片及视频，完成以下工作。

(1)说出再生的含义。

(2)说出再生的不同类型，并辨别不同类型之间的区别。

(3)分析不同组织的再生能力。

(4)分析组织再生能力的影响因素。

➤参考答案

1. 再生的含义

组织器官的一部分遭受损伤后，由损伤部位周围健康组织细胞分裂、增生来修复损伤组织的过程，称再生。

2. 说出再生的不同类型，并辨别不同类型之间的区别

(1)完全再生：再生后的细胞和组织在机能和结构上与原损伤组织完全相同。

(2)不完全再生：再生后的组织机能、形态与原来的组织不完全相同，主要是由结缔组织来修复。

3. 分析不同组织的再生能力

(1)再生力较强的组织：机体内经常需要不断更新的组织，分化程度低的组织再生力强，如结缔组织、小血管、血细胞、表皮、黏膜、骨、肝细胞及某些腺上皮等。一般均可完全再生。

(2)再生力较弱的组织：平滑肌、横纹肌再生力较弱，心肌再生能力更弱，这些组织损伤后，基本由结缔组织再生修复。

(3)无再生能力的组织：动物的神经细胞缺乏再生能力，其受损后主要通过神经胶质细胞增生来修复。

4. 分析组织再生能力的影响因素

组织再生力强弱除因其本身再生的能力外，还有一些因素对其产生影响。如机体营养不良，缺乏必需的蛋白质时，再生缓慢或停止。局部血液循环状况良好时，组织不但具有清除有害因子、抑制感染的作用，而且能获得足够营养，有利于组织的再生。病变组织的再生能力降低，感染或异物存在可延缓组织再生。除此之外，组织再生还受年龄、组织分化程度及损伤程度等的影响。

【任务6】识别创伤愈合

根据教师提供的发生修复病例图片及视频，完成以下工作。

(1)说出创伤愈合、肉芽组织的含义。

(2)说出创伤愈合的经过。

(3)说出肉芽组织的形成过程。

(4)说出创伤愈合的不同类型，并辨别不同类型之间的特点。

▶参考答案

1. 创伤愈合、肉芽组织的含义

(1)创伤愈合：动物体由于创伤引起组织的损伤或缺损，由该处组织再生进行修复的过程称创伤愈合。

(2)肉芽组织：组织损伤后，由新生的毛细血管和成纤维细胞增殖所形成的幼稚结缔组织。

2. 创伤愈合的经过

(1)出血和渗出：出血及血液凝固对黏合创口及保护创面有一定作用，渗出的液体和白细胞主要能清除细菌、异物和坏死组织，有净化创腔作用。

(2)创口收缩：可利于创口密着、缩小创面和肉芽组织增生。

(3)肉芽组织生长和瘢痕形成。

(4)表皮再生，创伤最后完全修复。

3. 肉芽组织的形成过程

组织损伤后，周围间质中的纤维细胞，转变为成纤维细胞，然后分裂增殖并产生胶原纤维。同时，损伤组织周围毛细血管内皮细胞，出芽增殖，形成实心的内皮细胞条索。在血流冲击下，逐渐出现管腔，形成新的毛细血管，并相互沟通成网状。新生的毛细血管向器官表面呈弓形生长，与新生的成纤维细胞共同构成幼嫩、鲜红、湿润的颗粒状肉芽组织。在创伤愈合过程中，肉芽组织有抗感染及保护创面，机化血凝块、坏死组织及其他异物，填补创面缺损及连接断裂组织的重要作用。

4. 创伤愈合的不同类型

(1)第一期愈合：多见于组织损伤小、创缘整齐、创面平整、无感染的新鲜创，消除阶段不明显。特点是愈合时间短(1～2周)，疤痕小，呈线状。

(2)第二期愈合：组织损伤大、缺损严重、创缘不整齐、创面不平整、创口多开、组织坏死多、有感染，清除阶段明显。特点是愈合时间长，疤痕大，有机能障碍。

此外还有痂皮下愈合。

创伤愈合虽然为两种类型，但因感染程度和处置是否适当，可相互转化。

【任务 7】识别病理产物的改造

根据教师提供的发生病理改造的病例图片及视频，完成以下工作。

(1)说出机化、包囊形成、钙化的含义。

(2)说出机化、包囊形成的经过。

(3)分析钙化的原因，总结钙化的类型。

▶参考答案

1. 钙化的含义

钙化：指血液和组织液中溶解状态的钙盐，以固体状态沉积在病理产物或异物中的现象。

2. 机化、包囊形成的经过

(1)机化的经过：坏死组织、病理产物或异物，不能被溶解吸收或腐离脱落，逐渐被新生的肉芽组织所取代。

（2）包囊形成的经过：坏死组织、病理产物或异物，未能被机化者，新生的结缔组织将其逐渐包围。

3. 分析钙化的原因，总结钙化的类型

（1）营养不良性钙化：钙盐沉积在坏死组织、病理产物、寄生虫或其他异物中，称为营养不良性钙化。其特点是血钙不高。

（2）转移性钙化：钙、磷代谢紊乱或局部组织 pH 改变，使钙沉积在健康组织中的病理过程称转移性钙化。

必 备 知 识

【必备的专业知识和技能】

组织损伤与代偿修复

在前面的认识疾病任务中，已经陈述过疾病的本质就是损伤与抗损伤的斗争过程。疾病的本身就是致病因素与机体的防御机能相互作用、相互斗争而进行的综合病理过程。

本章所讲述的萎缩、变性、坏死就是具体阐明机体损伤后，细胞组织发生的代谢、机能和形态变化而导致的损伤过程，而代偿、肥大、再生、组织创伤的愈合，则是机体对致病因素进行抗损伤过程，即防御性的修复。

一、萎缩

在致病因素的作用下，发育成熟的器官和组织，出现体积缩小和机能减退的变化称为萎缩。

萎缩与发育不良的区别：发育不良与萎缩有本质的不同。发育不良是指器官和组织未发育到正常大小，而导致体积缩小；而萎缩是指已经发育到正常大小的器官组织的体积重新变小。

萎缩的基本病理变化是细胞体积缩小和细胞数目减少。

（一）萎缩的类型与原因

萎缩可以分为生理性萎缩和病理性萎缩两种类型。

生理性萎缩与年龄有关，有些器官随年龄增长而机能减退，体积缩小，称为生理性萎缩。如动物的胸腺、乳腺、子宫的萎缩，禽类的法氏囊的萎缩等。

病理性萎缩是由于致病因素引起的萎缩。原因很多，有的可引起全身性萎缩，有的可引起局部萎缩。

1. 全身性萎缩

长期缺乏营养物质，可导致机体发生全身性萎缩。如长期饥饿或慢性消化不良，可造成营养物质供给不足和消化吸收障碍。慢性消耗性疾病亦可引起全身性萎缩。如结核、鼻疽、恶性肿瘤、寄生虫等使体内营养物质特别是蛋白质过度消耗，使机体消瘦和贫血，从而导致动物各组织器官发生萎缩。发生全身性萎缩时，各组织有一定的规律性，首先从脂肪组织开始，其次为肌肉、脾、肝、肾、淋巴结、胃、肠等器官，再次是心肌、肾上腺、垂体、甲状腺，最后是脑组织萎缩。

2. 局部萎缩

局部发生血液循环障碍及物质代谢障碍，可导致相应的组织器官发生萎缩。根据其发生的原因可分为以下几种类型。

（1）神经性萎缩。因外周神经损伤，神经失去其营养调节作用，引起相应部位和肢体的肌肉萎缩。如颜面神经麻痹引起面部肌肉萎缩，脊髓灰质炎则引起腿部肌肉萎缩。

（2）压迫性萎缩。器官和组织受机械性、肿瘤、寄生虫等因素压迫，使局部组织发生萎缩。如脾脓肿、肾结石、肝包虫等使实质细胞发生萎缩。

（3）废用性萎缩。由于各器官和组织长期运动障碍引起的萎缩。如骨折后的肢体长期固定引起的肌肉萎缩。

（4）内分泌性萎缩。由于内分泌机能下降而引起相应组织器官的萎缩。如当脑垂体机能低下，所分泌的促甲状腺素、促肾上腺素、促性腺激素减少时，则可引起甲状腺、肾上腺、性腺等器官的萎缩。

（二）病理变化

1. 全身性萎缩的病理变化

全身性萎缩，临床上主要表现是动物精神萎靡不振，行动迟缓，严重贫血，消瘦，有的全身水肿，动物抵抗力下降，易感染疾病，各组织器官体积缩小。

（1）脂肪组织萎缩：全身脂肪耗尽，呈黄红色，半透明呈胶冻样，称浆液萎缩或胶样萎缩。

（2）肌肉组织萎缩：肌肉变薄，肌纤维变细，色变淡，质地硬实，胞浆少，核染色深，横纹明显，肌间有组织细胞浸润。

（3）肝萎缩：体积缩小，边缘锐利，色深呈现深灰褐色，质地硬实，切面内陷。光学显微镜下可见肝小叶缩小，间质增宽，胞浆内有棕褐色的脂褐素颗粒。该颗粒的出现可使发生萎缩的肝脏眼观呈灰褐色，因此又称褐色萎缩。

（4）肾萎缩：体积缩小，皮质薄，色深，质地硬实。光学显微镜下，囊壁轻度透明变性，小管上皮细胞体积缩小，胞浆内有棕褐色的脂褐素颗粒，管壁变薄，腔变大，且变性、坏死、脱落、间质水肿。

（5）脾萎缩：体积缩小，边缘锐薄，被膜增厚，呈青灰色，切面干燥，含血少，小梁变粗、变多。光学显微镜下可见脾小体萎缩，红髓中细胞成分少，白髓缩小，减数甚至消失，仅残存少量淋巴细胞。

2. 局部性萎缩的病理变化

眼观，可见萎缩的器官体积变小，重量变轻，色泽变深，质地变硬，被膜皱缩或增厚，切面内陷，边缘变薄，间质增生。有腔的器官萎缩时，腔增大，壁变薄。

镜检，实质细胞体积缩小，胞浆浓染，核深染，细胞数量减少，间质发生结缔组织或脂肪增生，细胞核呈现密集现象。心、肝、肾萎缩时，在细胞核附近有脂褐素沉着，故称褐色萎缩。

（三）结局及影响

萎缩是一种可复性变化，如能及时消除病因，萎缩的细胞可恢复原状。发生萎缩的器官，萎缩程度轻微的可引起功能障碍；严重时，萎缩变化成为不可逆病理过程，导致细胞坏死。

二、变性

在致病因素作用下，由于组织物质代谢障碍而发生物理、化学性质的改变，在细胞和间质内出现异常物质或正常物质明显增多的变化时称为变性。

发生变性的原因很多，种类很多，如颗粒变性、脂肪变性、淀粉样变性、黏液样变性等，其中颗粒变性、脂肪变性在临床中最为常见。

（一）颗粒变性

在变性细胞的胞浆内，出现微细蛋白质颗粒的变性，称为颗粒变性。

由于颗粒变性主要发生于心、肝、肾等实质脏器，故也称实质变性，是一种常见的轻度的细胞变性。

1. 原因及机理

颗粒变性常见于发热、缺氧、中毒和急性感染过程，多出现在急性病例中。其机理目前还不十分清楚，一般主要认为是致病因素作用于细胞内线粒体、氧化酶系统，使三羧酸循环和氧化磷酸化发生障碍，ATP生成减少，使之遭到破坏而引起细胞物质代谢障碍，导致酸性产物在细胞内蓄积，胞浆嗜水性加强；同时，缺氧引起细胞膜的损伤，使细胞胶体平衡和水盐平衡发生紊乱，细胞内钠离子含量增多，进一步导致胞浆的嗜水性加强，摄入水分增多，从而引起线粒体肿胀、碎裂等变化，胞浆内出现粗细不等的蛋白质小颗粒。

2. 病理变化

发生颗粒变性的器官，眼观体积肿大，包膜紧张，颜色变淡，表面失去光泽呈混浊状，似煮肉样外观，边缘钝圆，质地脆弱，切面外翻，结构模糊。镜检细胞肿大，胞浆内有数量不等的微细颗粒，胞核淡染。

肝脏发生颗粒变性时，肝细胞肿胀，胞浆浑浊，充满淡红色颗粒状物。严重时，颗粒多而粗大，使整个细胞显著肿大，互相挤压，可使肝细胞索之间的毛细血管呈闭锁状态。眼观可见肝脏呈灰黄色。

肾脏发生颗粒变性时，病变主要发生在肾小管上皮细胞。细胞肿大，边缘不整齐，胞浆浑浊，充满蛋白性颗粒，胞浆隐约可见。由于细胞肿大，使肾小管管腔狭窄、不规则，甚至完全闭锁。由于肾脏发生颗粒变性时，体积肿大，表面浑浊，失去原有光泽，呈煮肉样外观，因而也被称为混浊肿胀，简称浊肿。

心肌发生颗粒变性时，主要表现为心肌纤维肿胀变粗，横纹消失，肌原纤维不清楚，原纤维之间出现微细的蛋白颗粒。

发生颗粒变性的器官和组织，其生理机能降低。但颗粒变性是细胞一种轻度的变性，具有可逆性，当病因及时消除后即可复原。如病因继续作用，可发展为脂肪变性甚至坏死。

（二）脂肪变性

脂肪变性是指在变性细胞的胞浆内，出现大小不一的脂肪滴的一种变性。引起脂肪变性的原因和颗粒变性相同，并常与颗粒变性先后或同时发生在同一器官。

1. 原因及机理

脂肪变性常见于严重的感染、长期贫血、缺氧、饥饿、营养不良及中毒等。其发生机理如下。

（1）结构脂肪破坏。多见于缺氧、中毒时，细胞内物质代谢发生障碍，线粒体中的脂蛋白发生分解和细胞结构破坏，结构脂蛋白崩解，细胞浆中出现脂肪滴（脂肪显现）。

（2）中性脂肪合成过多。可见于饥饿时，机体需利用脂肪供能，从脂库中动员大量脂肪进入血液，其中大部分分解成脂肪酸进入肝脏，超过了肝脏将其氧化、利用和合成脂蛋白的能力，因而甘油三酯在肝细胞内蓄积，造成脂肪变性。

（3）脂蛋白合成障碍。如合成磷脂必需的物质缺乏（胆碱、蛋氨酸的甲基、胰腺的抗脂肝因子等），影响磷脂和脂蛋白的形成，可以造成脂肪在肝细胞内蓄积而发生脂肪变性。

（4）脂肪酸的氧化障碍。如中毒、缺氧时，肝细胞内脂肪酸氧化过程受影响，引起中性脂肪在肝细胞内蓄积。

2. 病理变化

（1）肝脏脂肪变性。眼观，肝脏体积肿大，呈灰黄或土黄色，肝脏边缘钝圆，切面隆起，切口外翻，结构模糊不清，质地脆弱，表面有油腻感。伴有淤血时，切面呈现红黄相间、类似槟榔样的花纹，故称槟榔肝。光学显微镜下，变性细胞的包浆内出现大小不一的空泡（脂肪滴）。

肝脂肪变性，因发生原因不同，肝细胞脂肪变性的部位也不同。如中毒引起的脂肪变性，多见于肝小叶周边细胞发生，称为周边脂肪化（图 2-9）；如淤血引起的脂肪变性，多见于肝小叶中心区细胞发生，称为中心脂肪化；严重变性时，脂肪变性分布于整个肝小叶，使肝小叶完全失去原有结构，与一般脂肪组织相似，因此称为脂肪肝。

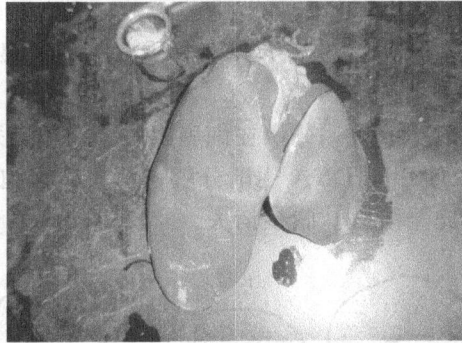

图 2-9　（鹅霍乱）肝脏周边脂肪变性

（2）心脂肪变性。眼观，心肌呈灰黄色，浑浊，心室扩张，质地松软脆弱，在心内膜或心外膜可见灰黄色条纹或斑点，与正常红色的心肌交错排列，呈虎皮状花纹，故称虎斑心。光学显微镜下，可见脂肪滴呈串珠样排列在心肌纤维之间，其横纹不清。

（3）肾脏脂肪变性。眼观，肾脏稍肿大，呈淡黄色，质地脆弱，切面皮质与髓质界线清楚，皮质增宽，可见灰黄色条纹。光学显微镜下，肾小管上皮细胞肿大，脂肪滴大部分集中在细胞基底部，细胞刷状缘消失，胞核呈现不同程度的退变。

脂肪变性也是一种可逆的变化，病因消除后，细胞的功能和结构通常仍可恢复正常。严重的脂肪变性可发展为坏死。

三、坏死

动物体内局部组织、细胞的病理性死亡称为坏死。所指的局部组织，可以是一些细胞、个别器官或整个机体。坏死的实质是局部组织代谢完全停止，是一种不可逆的变化。除少数迅速发挥作用的致病因子能立即引起组织坏死外，大多数坏死是逐渐发生的，是组织细胞先发生代谢障碍，引起萎缩或变性后，严重时才发生坏死，故称渐进性坏死。急性坏死没有变性阶段。

（一）坏死发生的原因

任何致病因素只要对机体作用达到一定强度和时间，都能使组织细胞发生损伤，引起其物质代谢完全停止而发生坏死。常见原因有局部组织缺血、物理因素、化学因素、生物因素、变态反应和缺乏某些必需的营养物质等。细胞坏死的原因是：在一定细胞器上进行的，只要任何一个环节发生障碍，细胞内的代谢就会完全停止，其结果导致细胞的死亡。如局部缺血时，可引起细胞内缺氧，使细胞有氧呼吸、氧化磷酸化及线粒体合成能量障碍，能量不足使细胞膜上钠泵失灵，细胞膜通透性增高。这样引起细胞内水、电解质紊乱及酸度的增高，破坏了线粒体，粗面内质网合成蛋白质，因溶酶体中各种水解酶释放又加重细胞器的破坏。上述一系列变化轻微时，可认为是变性阶段。严重时代谢完全停止，即为坏死。

（二）病理变化

组织坏死的早期，肉眼难以辨认。一般情况，坏死组织缺乏光泽、浑浊、失去原有弹性，组织结构不清，质地脆弱，组织切断后回缩不良或组织发生溶解液化。光学显微镜下，坏死组织有以下特征。

1. 细胞核的变化

这是在光学显微镜下判断细胞坏死的主要标志，包括三种形态的变化（见图 2-10 细胞核坏死模式图）。

核浓缩：由于细胞核失水，使核汁减少，染色质浓缩、聚集成团，嗜碱性增强，核膜皱缩，整个细胞核体积变小，染色深。

核崩解：核染色质崩解成小碎块，分散在细胞浆中，核膜破裂。

核溶解：由于 DNA 酶的作用，DNA 逐渐分解、消失，细胞核嗜碱性逐渐减弱，核染色变淡，仅见核膜轮廓，并完全溶解，胞核消失。

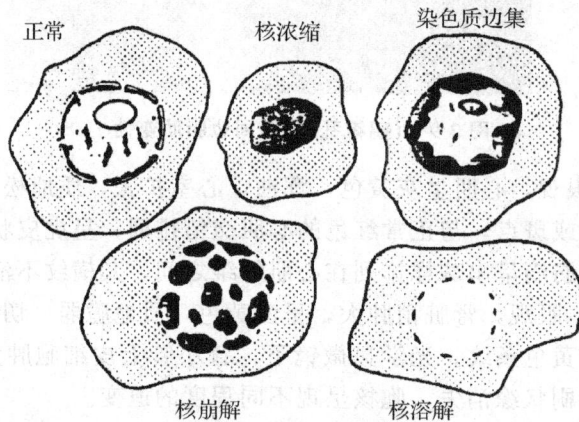

图 2-10　细胞核坏死模式图

2. 细胞浆变化

通常情况，细胞死亡后，胞浆首先发生变化。胞浆内的糖原和核糖核酸减少，对伊红的着色增加。最后，细胞破裂，轮廓完全消失，变成一片红染的颗粒状物质。细胞浆中微细结构被破坏（如横纹肌横纹消失），胞浆呈粉红色颗粒状。

3. 间质变化

组织细胞坏死初期，间质常无变化，随后由于各种酶类物质的作用，基质解聚，胶原肿胀、崩解、断裂、液化，致使坏死细胞与间质融合为一片模糊的、无结构的颗粒状红染物质。

（三）坏死类型

由于坏死的发生原因、条件以及坏死组织本身的结构、发生坏死的经过等都不尽相同，坏死组织的形态变化也不同，可将坏死大致分为以下三种类型。

1. 凝固性坏死

坏死组织受凝固酶的作用发生凝固，形成灰白或灰黄色、干燥、坚实无光泽的凝固体。坏死组织早期由于周围组织液的进入常常发生肿胀，稍凸出于器官表面。随后组织变得较干燥、坚实，切面坏死区常略呈锥形，界限清楚，呈灰白色。时间较久后，变为灰黄色，无光泽，坏死区周围有暗红色的充血、出血反应区。(图 2-11)

如心脏和肾脏发生贫血性梗死，组织干燥坚实、无光泽，呈灰白色；动物白肌病引起肌肉凝固性坏死，肌肉呈灰白色石蜡样，称蜡样坏死；结核、鼻疽结节发生干酪样坏死；脂肪坏死是一种比较特殊的凝固性坏死，常见胰腺炎，胰脂酶、蛋白酶逸出并被激活，使脂肪组织发生坏死。坏死的脂肪组织呈乳白不透明、较硬的斑块或结节。

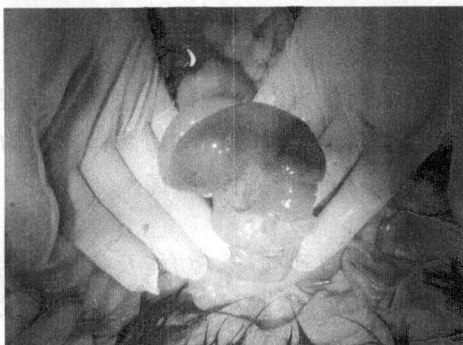

图 2-11　(肠套叠)发生套叠部肠壁坏死，周围造成出血

2. 液化性坏死

坏死组织受蛋白分解酶的作用而变成液状。如组织发生的化脓性炎，就是常见的一种。在化脓病灶内有多量的嗜中性粒细胞浸润，坏死崩解后，可释放出大量蛋白分解酶，将坏死组织分解、液化形成脓汁。

3. 坏疽

组织坏死后，受外界环境的影响和腐败细菌的感染而呈现的一种特殊坏死形式。坏死组织外观上呈灰褐色或黑色并有恶臭。按其原因及病理变化又分为三种坏疽。

①干性坏疽。常见于体表、四肢末梢部位。一般由于动脉阻塞或皮肤长期受压迫使血液循环障碍，导致皮肤坏死，水分易蒸发，病变部位干涸皱缩，呈黑褐色，与健康组织间界限分明，可从正常组织分离脱落下来。如久病而卧引起的褥疮，慢性猪丹毒引起背部皮肤坏死及冻伤引起四肢下部、耳尖、尾尖的皮肤坏死。

②湿性坏疽。常见于与外界相通的内脏器官。由于坏死组织水分含量多，在腐败菌的作用下发生分解液化。如肺坏疽、腐败性子宫内膜炎等。坏死部呈灰色、绿色或污黑色。有恶臭味，与正常组织界限不清。腐败菌产生的毒素和一些有毒的分解产物常引起动物全身性中毒。

③气性坏疽。气性坏疽是湿性坏疽的特殊类型，大多由于深部开放性创伤感染了恶性水肿杆菌、产气荚膜杆菌及腐败弧菌等厌氧性细菌，引起坏死组织分解并产生大量的气体。坏死组织呈蜂窝状、污秽暗棕色，手指按压可有捻发音。气性坏疽发展迅速，毒性吸收快，后果严重。

(四)坏死的结局

发生坏死的组织本身已不能康复，成为机体内异物，机体通过各种方式将其消除。

1. 溶解吸收

小范围的坏死组织可被蛋白分解酶分解成更小的碎片或完全溶解，液化组织由淋巴管或小血管吸收，碎片由巨噬细胞吞噬消化。

2. 分离脱落

较大坏死灶，其周围发生炎性反应，使坏死组织与健康组织分离脱落。留下的组织缺损，浅的称糜烂，深的称溃疡。

3. 机化和包囊形成

坏死组织范围大、不能被溶解吸收和分离脱落时，可被新生肉芽组织取代，称为机化。未被机化的坏死组织，在其周围形成结缔组织包囊将其局限化，称为包囊形成。

四、代偿与修复

对立与统一是事物发展的基本规律。疾病的发生、发展也存在着损伤与抗损伤斗争过程的对立统一。当机体遭受各种病因侵害时，机体组织器官呈现代谢、机能和形态结构的损伤变化；而机体通过各种途径动员和组织体内一切防御抵抗力量做出抗损伤反应，以维持机体的正常代谢及机能活动，修复损伤的组织器官。

（一）代偿

在疾病过程中，某些器官的结构遭到破坏，功能及代谢发生障碍，机体通过调整其代谢、机能和结构而进行代替、补偿所重新建立平衡的过程称为代偿。代偿是机体重要抗损伤反应，有三种表现形式。

1. 机能代偿

机能代偿是机体最基本的代偿方式。常见成对器官或局部组织机能障碍时，呈现健侧器官和损伤组织周围的健康组织机能增强，进行补偿。如肾小球肾炎时，损伤的肾小球滤过机能降低，而其他健康的肾小球会增强滤过机能进行补偿。

2. 结构代偿

代偿器官在机能增强的基础上，同时出现其形态结构的变化。主要表现为肥大与增生，前者是指细胞体积的增大，后者是指细胞数目的增多。如生理性肥大以及病理性肥大中的真性肥大，皆属于结构性代偿。而假性肥大则是间质增生引起，无代偿作用。如一侧肾机能丧失，另一侧肾的肥大；在食道狭窄前方食道壁增厚等。

3. 代谢性代偿

代谢性代偿指某种物质代谢障碍或缺乏，引起机体需要不足，可由其他物质加强代谢或异生来代偿。如缺氧时糖的氧化代谢受阻，则通过糖酵解加强来补偿供能。而糖供能不足时，体内脂肪加强分解，补偿能量缺乏。再严重时，脂肪或蛋白质通过糖异生作用而进行补偿。

代偿是有限度的，超过一定限度时，机体尽管发挥最大的代偿能力也不能达到新的平衡与协调，就会发生代偿失调，即失代偿，如心衰和肾衰等。

（二）修复

修复指机体对受损组织的修补，即组织损伤后的重建和改建过程，主要包括组织的再生和创伤愈合。

1. 再生

组织器官的一部分遭受损伤后，由损伤部位周围健康组织细胞分裂、增生来修复损伤组织的过程，称为再生。再生可分为生理性再生和病理性再生。

①生理性再生。生理性再生为维护机体正常生理机能需要而发生的再生。在正常生命活动中，某些器官、组织的上皮细胞及血液中的红细胞、白细胞等，总是不断地衰老和死亡，又不断地被相应组织再生的新细胞所补充。新生的细胞在形态与机能方面与衰亡前的细胞相同，实际上是组织内经常保持的一种"新陈代谢"，维护各器官所固有的形态和机能，从而保证正常生命活动的进行。

②病理性再生。病理性再生有两种形式：完全再生与不完全再生。

完全再生是指再生后的细胞和组织在机能和结构上与原损伤组织完全相同。

不完全再生是指再生后的组织机能、形态与原来的组织不完全相同，主要是由结缔组织来修复。

③各种组织的再生力。由于组织的种类不同，其再生能力不一样，分化程度低的组织，再生能力往往比较强。根据再生能力的强弱，分为三种。

a. 再生能力较强的组织：机体内经常需要不断更新的组织，分化程度低的组织再生力强，如结缔组织、小血管、血细胞、表皮、黏膜、骨、肝细胞及某些腺上皮等。一般均可完全再生。

b. 再生能力较弱的组织：平滑肌、横纹肌再生能力较弱，心肌再生能力更弱，这些组织损伤后，基本由结缔组织再生修复。

c. 无再生能力的组织：动物的神经细胞缺乏再生能力，其受损后主要通过神经胶质细胞增生来修复。

因组织再生力不同，故各种组织再生方式也不相同。毛细血管多以出芽的方式再生。血细胞的再生一方面通过红骨髓中不同发育阶段的血细胞分裂增殖能力增强而产生新的血细胞，另一方面通过黄骨髓转变为红骨髓以及肝、肾等器官出现髓外造血灶完成再生。结缔组织以成纤维细胞分裂增殖形成胶原纤维，最后变成成熟的结缔组织形成瘢痕。上皮组织、肌肉组织以细胞分裂增殖的方式再生。骨组织的再生力较强，可由骨内外膜细胞分裂、增生成原始骨细胞，再分化为成骨细胞，因为成骨细胞在类骨组织中分泌碱性磷酸酶，使类骨组织外环境变为碱性，钙盐沉着后变为骨组织。骨髓内新生的血管长入新形成的骨中，由破骨细胞将钙化的骨质溶解吸收后而形成骨髓腔；软骨组织小的损伤由成软骨细胞增殖形成软骨细胞，与软骨基质完成修复，大的损伤由结缔组织修复。肝细胞再生力也很强，如仅有少量的肝细胞坏死时，可完全再生；如严重坏死时，其周围残留的健康肝细胞分裂增生。骨骼肌损伤后，其再生依肌膜是否完整或肌纤维是否完全断裂而有差异。此外，心肌细胞没有再生能力，一旦死亡后，通常由结缔组织修复而形成瘢痕。成熟的神经细胞和中枢神经系统的神经纤维无再生能力，受损之后只能由神经胶质细胞进行修补，形成角质瘢痕。

④影响再生的因素。组织再生力强弱除因其本身再生的能力外，还有一些因素对其产生影响。如机体营养不良，缺乏必需的蛋白质时，再生缓慢或停止。局部血液循环状况良好时，组织不但具有清除有害因子、抑制感染的作用，而且能获得足够营养，有利于组织的再生。病变组织的再生能力降低，感染或异物存在可延缓组织再生。除此之外，组织再生还受年龄、组织分化程度及损伤程度等的影响。

2. 创伤愈合

动物体由于创伤引起组织的损伤或缺损，由该处组织再生进行修复的过程称为创伤愈合。不同组织创伤愈合的形式有所不同，但愈合的过程基本一致，以皮肤和软组织为例。

①皮肤和软组织创伤愈合的基本过程如下。

一是出血和渗出，出血及血液凝固对黏合创口及保护创面有一定作用，渗出的液体和白细胞主要能清除细菌、异物和坏死组织，有净化创腔作用。

二是创口收缩，有利于创口密着、缩小创面和肉芽组织增生。

三是肉芽组织生长和瘢痕形成。细胞组织损伤后，损伤周围间质中的纤维细胞，转变为成纤维细胞，然后分裂增殖并产生胶原纤维。同时，损伤组织周围毛细血管内皮细胞，以出芽方式增生，形成实心的内皮细胞条索。在血流冲击下，逐渐出现管腔，形成新的毛细血管，并相互沟通成网状。新生的毛细血管向器官表面呈弓形生长，与新生的成纤维细胞共同构成幼嫩、鲜红、湿润的颗粒状肉芽组织。由于肉芽组织较稚嫩，触之易出血。在创伤愈合过程中，肉芽组织有抗感染及保护创面，机化血凝块、坏死组织及其他异物，填补创面缺损及连接断裂组织的重要作用。

光学显微镜下可见肉芽组织由丰富的毛细血管和大量成纤维细胞构成。其间有嗜中性白细胞、单核细胞、淋巴细胞和浆细胞等，填满创腔后经一段时间，成纤维细胞开始产生胶原纤维，最后变成瘢痕组织。

四是表皮再生，创伤最后完全修复。

②创伤愈合类型和特点。

创伤愈合是指创伤造成的组织缺损，通过该处组织再生进行修补的过程。根据损伤程度不同及有无感染，创伤愈合可分为两种类型：第一期愈合与第二期愈合。

第一期愈合多见于组织损伤小、创缘整齐、创面平整、无感染的新鲜创，消除阶段不明显。特点是愈合时间短(1～2周)，疤痕小，呈线状。

第二期愈合则组织损伤大、缺损严重、创缘不整齐、创面不平整、创口多开、组织坏死多、有感染，清除阶段明显。特点是愈合时间长，疤痕大，有机能障碍。

此外，还有痂皮下愈合。

创伤愈合虽然分为两种类型，但因感染程度和处置是否适当，可相互转化，临床处理时要注意。

(三)病理产物改造

病理产物的改造是机体对损伤后组织产生的病理产物或进入机体内的异物，通过各种方式进行无害处理的过程。

病理产物改造有的内容前面已经介绍了，本节着重介绍机化、包囊形成和钙化等。

1. 机化与包囊形成

坏死组织、病理产物或异物，被新生的肉芽组织所取代的过程称为机化。未能被机化者，结缔组织将其包围，此过程称为包囊形成。无论是机化还是包囊形成，都使机体免受坏死组织、病理产物及异物所产生的不良刺激。

2. 钙化

钙化指血液和组织液中溶解状态的钙盐，以固体状态沉积在病理产物或异物中的现象。

①营养不良性钙化。钙盐沉积在坏死组织、病理产物、寄生虫或其他异物中，称为营养不良性钙化。其特点是血钙不高。

②转移性钙化。钙、磷代谢紊乱或局部组织 pH 改变，使钙沉积在健康组织中的病理过程，称为转移性钙化。

钙化能使不被吸收和不易机化的病理物质变成稳定的固体结构，封闭了有害物质损伤机体的可能性。但钙化作为机体的一个异物，其机械性刺激作用往往使其周围形成组织包囊。

【拓展阅读】

"暴走妈妈"陈玉蓉，一位无助的母亲，为了挽救孩子的生命，疾步行走。那种绝望中的坚定，那种辛酸苦楚，那种相信奇迹会出现的坚定母爱，存在于我们的日常生活之中，植根于我们最深层的意识与情感里。爱母孝母自古以来是中国传统文化的一部分。正如党的二十大报告指出："中华优秀传统文化源远流长、博大精深，是中华文明的智慧结晶，其中蕴含"的"民为邦本、天人合一、自强不息、厚德载物、讲信修睦、亲仁善邻"，亘古传承。母亲的这份爱不分高低贵贱，不被多元的价值观割裂。母爱本身就质朴又持久，浸润在每一个普通人心里。作为儿女，我们要有感恩之心，我们有义务用寸草之心回报春晖之恩。

项目 3　炎症

●●●●● **任务资讯单**

学习情境 2	病理解剖诊断
项目 3	炎症
资讯方式	教材、教学平台资源、在线开放课资源、网络资源等。
资讯问题	1. 什么是炎症？ 2. 炎症的基本病理变化及局部临床表现都有哪些？ 3. 渗出液与漏出液的区别有哪些？ 4. 发生炎症时，白细胞的游出过程是什么？ 5. 嗜中性粒细胞、嗜酸性粒细胞、单核细胞、巨噬细胞、淋巴细胞的特点是什么？它们出现的意义是什么？ 6. 什么是卡他性炎、蜂窝织炎？ 7. 根据渗出物的不同，渗出性炎症有哪些类型？ 8. 固膜性炎与浮膜性炎的区别是什么？ 9. 肺的纤维素性炎症的发生经过是怎样的？ 10. 特异性增生性炎症的组织结构特点是什么？
资讯引导	1. 陆桂平. 动物病理. 北京：中国农业出版社，2001 2. 于洋等. 动物病理. 北京：中国农业大学出版社，2011 3. 张鸿等. 宠物病理. 北京：中国农业出版社，2016 4. 姜八一. 动物病理. 北京：中国农业出版社，2019 5. 於敏等. 动物病理. 北京：中国农业出版社，2019 6. 於敏等. 动物病理. 北京：中国农业出版社，2022 7. 中国知网

●●●●● **案例单**

学习情境 2	病理解剖诊断		学时	40
项目 3	炎症			
序号	案例内容		案例分析	
1.1	奶牛乳房炎，是牛场常发疾病之一，主要是由于病原菌的侵入，以及造成感染的各种诱因诱发，如饲养管理不当、饲养环境卫生差、挤乳方法不正确以及激素失调、体质等其他疾病诱发。不同的病原微生物所引起的临床症状有所差异，但基本症状是患病乳房有不同程度的充血（红）、增大（肿）、发硬、温热（热）和疼痛（痛），泌乳减少或停止（机能障碍）。 　　根据上述案例，请同学们分析炎症的临床表现、基本病理变化。		乳汁最初无显著变化，以后因炎症波及乳腺的分泌部，乳汁变稀薄，且有絮状物或凝块，有时可见脓汁和血液。当实质排泄管及间质受波及时，乳腺可发生坏死；当皮下组织及腺间结缔组织被侵害时，则呈蜂窝织性乳房炎。该种乳房炎与坏死性乳房炎是乳房炎中最严重的两种类型。 　　患区奶牛乳房组织弹性减低、僵硬，泌乳量减少，泌乳时乳汁不同程度地发黄和变厚，有时有凝乳块，乳房肿大。有些患布氏杆菌病的母牛，乳房很大，而没有泌乳能力。	

●●●●● **工作任务单**

学习情境 2	病理解剖诊断
项目 3	炎症

【任务 1】认识炎症

（1）说出炎症的含义。

（2）根据教师所提供的病例图片，说出炎症的基本病理变化及局部临床表现都有哪些。

（3）辨别渗出液与漏出液的区别。

（4）说出白细胞的游出过程。

（5）在教师提供的各类炎性细胞的图片、切片中，识别嗜中性粒细胞、嗜酸性粒细胞、单核细胞、巨噬细胞、淋巴细胞，并说出上述炎性细胞的意义。

➤参考答案

1. 炎症的含义

炎症是机体对各种致炎因子引起的损伤所发生的一种以防御为主的反应。

2. 炎症的基本病理变化及局部临床表现

炎症的基本病理变化为变质性变化、渗出性变化和增生性变化。

炎症的局部临床表现有红、肿、热、痛、机能障碍。

3. 如表 2-2 所示，渗出液与漏出液的区别。

表 2-2　渗出液与漏出液的区别

	渗出液	漏出液
蛋白量	蛋白含量超过 4%	蛋白含量低于 3%
密度	密度大，在 1.018 以上	密度小，在 1.015 以下
细胞量	有多量嗜中性粒细胞和红细胞	有少量或无嗜中性粒细胞，无红细胞
透明度	浑浊	透明
颜色	黄色或白色，红黄色	淡黄色
凝固性	在体外或尸体内凝固	不凝固
与炎症关系	与炎症有关	与炎症无关

4. 白细胞的游出过程

(1)附壁：因微循环障碍，血流变慢，微血管中细胞开始从轴流转入边流，在炎症介质的作用下，白细胞附于血管壁上，称为白细胞附壁。

(2)游出：白细胞由血管内皮细胞间隙，以胞浆伸出，然后胞体一部分以伪足形式伸入血管内皮细胞之间，穿过内皮细胞和基底膜而到达血管外。

(3)趋化：炎区存在某些吸引白细胞的化学物质称为趋化因子。趋化因子的浓度，从炎区边缘至炎区中心呈梯度增高，因此白细胞才沿着这一梯度向炎区移动。

(4)吞噬：游走到炎区的各种白细胞在炎区内能吞噬细菌、异物及病理产物或有直接杀灭细菌的作用。

5. 识别嗜中性粒细胞、嗜酸性粒细胞、嗜碱性粒细胞、单核细胞、淋巴细胞，并说出上述炎性细胞的意义

(1)嗜中性粒细胞：多见于急性炎症和化脓性炎症，在外周血液和炎灶内嗜中性白细胞增多。

(2)嗜酸性粒细胞：多见于寄生虫病和某些变态反应性炎。

(3)嗜碱性粒细胞：直接参与Ⅰ型超敏反应。

(4)单核细胞：见于急性炎症的后期、慢性炎症、结核性炎、鼻疽性炎、病毒感染、寄生虫感染、放线菌病及曲霉菌病灶中。

(5)淋巴细胞：多见于慢性炎症和病毒性疾病。

【任务 2】识别炎症的类型

根据教师提供的发生各种炎症的组织器官的浸渍标本、各类炎症的组织切片、图片，完成以下工作。

(1)说出卡他性炎、蜂窝织炎的含义。

(2)根据渗出物的种类不同，说出渗出性炎症的类型。

(3)辨别固膜性炎与浮膜性炎的区别。

(4)说出肺的纤维素性炎症的发生经过及特征。

(5)说出特异性增生性炎症的组织结构。

▶参考答案

1. 卡他性炎、蜂窝织炎的含义

(1)卡他性炎：发生在黏膜上的以黏液增多为主的一种渗出性炎症。

(2)蜂窝织炎：指皮下和肌间疏松结缔组织产生的弥漫性化脓性炎。

2. 渗出性炎症的类型

根据渗出物的成分、性质不同，将其分为浆液性炎、纤维素性炎、卡他性炎、出血性炎和腐败性炎。

3. 固膜性炎与浮膜性炎的区别

渗出的纤维蛋白、白细胞及脱落黏膜上皮凝固在黏膜表面形成灰白色的膜状物，称为"假膜"，这种"假膜"易脱落的炎症称为浮膜性炎。有的假膜与黏膜坏死灶牢固凝集不易剥离，这种炎症称为固膜性炎，如强行剥离，可将黏膜组织损伤。

4. 肺的纤维素性炎症的发生经过及特征

按纤维素性肺炎发展过程可分四期，各期变化的实质是一个连续发展过程的不同发展阶段。

(1)充血水肿期：特征是肺泡壁毛细血管充血和肺泡内充满浆液。眼观可见肺体积增大，呈鲜红色，质地变实，切面可挤压出多量血样泡沫液体。切取一小块肺组织放入水中，呈半浮半沉状态。镜检，肺泡壁毛细血管高度扩张充血，肺泡内有大量浆液和少量白细胞、红细胞和巨噬细胞。

(2)红色肝变期：眼观病变部位肿胀，呈暗红色，质地坚实如肝，切面干燥呈颗粒状，肺间质增宽，取一小块病变组织投入水中则完全下沉。镜检，肺泡壁毛细血管显著扩张充血，支气管与肺泡内充满大量交织成网的纤维蛋白、红细胞、少量的白细胞、脱落的上皮细胞。间质炎性水肿，淋巴管扩张。

(3)灰色肝变期：特征是肺泡壁毛细血管充血减退、肺泡内有大量纤维蛋白和白细胞。红细胞溶解。眼观，病变组织肿胀，呈灰白色或黄白色，质硬如肝，切面干燥，呈颗粒状，病变组织投入水中完全下沉。镜检，肺泡内有大量网状纤维蛋白和嗜中性细胞，肺泡壁毛细血管充血消退。

(4)消散期：特征是肺泡腔内白细胞、纤维蛋白崩解、自溶及肺泡上皮再生。眼观，病变部位呈灰黄色，质地变软，切面湿润，挤压可流出脓样浑浊液体。镜检，肺泡壁毛细血管扩张消退，肺泡内嗜中性白细胞变性、坏死或崩解，纤维素发生溶解液化，由淋巴管吸收带走，肺泡腔又恢复通气。肺泡上皮有不同程度增生，有时由于吸收不全发生机化而形成肉样变。

5. 特异性增生性炎症的组织结构

光学显微镜下，通常可见三层结构，即结节中心为坏死或钙化，外层由上皮样细胞和多核巨细胞构成的特异性肉芽组织，最外层是由成纤维细胞和淋巴细胞等构成的普通肉芽组织。

【任务3】识别常见的炎症

根据教师提供的发生各种炎症的组织器官的浸渍标本、各类炎症的组织切片、图片，说出病变的名称，并描述该器官的眼观及光学显微镜下病理变化。

（1）仔猪水肿病；（2）猪流行性感冒；（3）猪传染性胸膜肺炎；（4）鸡大肠杆菌感染；（5）鸡大肠杆菌感染；（6）猪丹毒。

▶参考答案

识别标本并能正确描述其病理变化。

（1）仔猪水肿病：胃肠黏膜发生浆液性炎症，肿胀明显，变平，呈半透明状。

（2）猪流行性感冒：支气管发生卡他性炎症，支气管内充满泡沫状黏液，肺门淋巴结肿大。

（3）猪传染性胸膜肺炎：肺膜上有大量纤维素渗出，肺充血、质地变实，心包膜与肺黏连，发生纤维素性心包炎。

（4）鸡大肠杆菌感染：病鸡腹腔内有黄白色干酪样渗出物，肝脏呈紫红色，肝脏表面有大量纤维素附着，形成假膜。

（5）鸡大肠杆菌感染：病鸡腹部皮肤可发生蜂窝织炎，病变见于腹中线与大腿之间，皮肤发红、破溃。

（6）猪丹毒：背部皮肤坏死、脱落，形成油脂样肉芽组织表面。急性型猪丹毒，胃黏膜发生出血性炎症，在胃底部和幽门部严重出血。

注：任意识别并描述出其中四项即可。

必 备 知 识

【必备的专业知识和技能】

炎症

炎症是机体对各种致炎因子引起的损伤所发生的一种以防御为主的反应。炎症是最常见的而又十分重要的一种基本病理变化，它贯穿于各种疾病发生、发展的全过程，是许多炎症性疾病的病理变化基础，是认识和正确诊断各种疾病的重要基础理论。

在临床中，炎症的局部临床表现为红、肿、热、痛和机能障碍。能够引起组织细胞发生这些变化，主要基于组织细胞的损伤性变化，如微血管扩张、血流量增大、血管壁通透性升高、血浆外渗、白细胞游出，引发充血、淤血、水肿，从而表现为红、肿、热、痛和机能障碍。在炎症过程中，虽然有充血、水肿、白细胞游出等现象，但此过程更有利于对机体的坏死组织、病理代谢产物的清除，使机体组织细胞得到修复。因此，正确掌握炎症的发生、发展规律，研究炎症本质，才能更好地做好动物疾病的防治工作。

一、炎症发生的原因

引起炎症的原因很多。凡是能够引起机体发生炎症的因素，都可成为致炎因子。一般可将致炎因子分为外源性、内源性两大类。

（一）外源性致炎因子

1. 生物性致炎因子

如细菌、病毒、螺旋体、立克次氏体、霉菌和寄生虫及其毒性产物等。该类致炎因子不仅可以使受侵害部位发生炎症反应，且常常因其不断产生各种毒素而引发邻近组织发生炎症，有些病原甚至还可以侵入血液循环及淋巴循环，从而引起更为严重的全身性感染。

2. 化学性致炎因子

如强酸、强碱、各种毒气、松节油、外源性毒素以及体内代谢产物等，都可能引起局部组织炎症反应。

3. 物理性致炎因子

如高温引起的烧伤、烫伤，低温引起的冻伤，放射线、紫外线等，都可引起局部组织发生炎症反应。

4. 机械致炎因子

如创伤、挫伤、扭伤、撕裂伤等引起的局部组织炎症。

上述各种致炎因子，在一定条件和强度下，均可引起炎症。

（二）内源性致炎因子

内源性致炎因子是机体内部产生的具有致炎作用的因子。内源性致炎因子主要包括细胞坏死分解产物，如各种胺类、肽类及溶酶体类等；某些代谢产物如胆酸盐、尿素和抗原抗体复合物等；体内分泌物如汗液、皮脂腺等都有致炎或促进炎症发展的作用。致炎因子虽是引起炎症发生的必需条件，但是，致炎因子作用机体后，炎症能否发生，反应程度如何，除取决于致炎因子的种类、性质、数量、毒力外，还与作用的部位及机体的机能状态有关。如机体在麻醉衰竭时及免疫能力降低的情况下，炎症的反应就往往减弱，而且表现损伤部久治不愈；另外，在一定强度致炎因子的作用下，尤其在机体抵抗力又很强时，炎症反应表现就很激烈。

二、炎症介质

在致炎因子的作用下，由局部组织细胞或体液中产生、释放并参与炎症反应和有致炎作用的化学活性物质称为炎症介质。炎症介质在炎症的发生、发展上起着重要的作用。根据其来源，分为细胞源性和血浆源性两大类。

（一）细胞源性炎症介质

当各种致炎因子直接或间接作用于各种细胞（组织细胞、白细胞、血小板、巨噬细胞等）时，细胞便生成或释放细胞源性炎症介质。

1. 组胺、5-羟色胺（5-HT）

（1）组胺，存在于肥大细胞、嗜碱性细胞、血小板中，且以与肝素、蛋白质相结合呈复合物的形式存在，由于肺、胃、肠及皮肤组织的小血管周围分布有较多的肥大细胞，在各种刺激因素的作用下，使组胺释放。常见的刺激因素有物理、化学性刺激：如创伤、辐射、细菌毒素、蛇毒、蜂毒等；抗原抗体结合反应：机体产生大量IgE并可吸附于肥大细胞和嗜碱性白细胞膜上的IgE的Fc受体上，这些抗体再与相应的抗原相结合，则可引起组胺的释放。

组胺有舒张小血管、增高微血管壁通透性、收缩平滑肌、吸引嗜酸性白细胞和致痒作用，后期却能抑制炎症。

（2）5-羟色胺（5-HT），存在于肥大细胞、血小板和肠道嗜银细胞内，机体遭受致炎因子作用时，可见5-HT生成、释放增多。其主要引起炎症局部血管通透性增高，在低浓度时有致痛作用。

2. 过敏性嗜酸性白细胞趋化因子（ECF）、血小板活化因子（RAF）

（1）过敏性嗜酸性白细胞趋化因子（ECF），由肥大细胞释放。其作用是吸引嗜酸性白细胞向炎区聚集，吞噬细菌和免疫复合物。

(2)血小板活化因子(RAF)，主要由肺和腹腔巨噬细胞及肥大细胞合成。主要作用是增强血小板黏集和释放血管活性物质，促使白细胞向血管内皮黏附，吸引嗜中性白细胞向血小板活化因子方向趋化。其致水肿作用比组胺强 100 倍。

3. 前列腺素和白细胞三烯

(1)前列腺素(PG)，主要由嗜中性白细胞、单核细胞和巨噬细胞在吞噬活动中产生。其作用是舒张小血管和增强微血管通透性，促成炎性水肿；对白细胞有趋化作用；增加痛觉感受器对疼痛刺激的敏感性而致痛和诱发机体发热。

(2)白细胞三烯(LT)，主要产生于嗜中性白细胞、巨噬细胞和肥大细胞，是重要的炎症介质。其作用是促进白细胞趋化，增强血管通透性，致痛和增加溶酶体酶的释放，从而具有促炎作用。此外，白细胞三烯还有参与机体免疫调节的功效。

4. 溶酶体成分

溶酶体存在于各种细胞的细胞浆中的胞浆小体。溶酶体内含有 40 余种酶类和非酶性成分。作为炎症介质可将其分为酶性介质和非酶性介质。主要作用是扩张血管和增强微血管通透性，增强白细胞粘附和游走能力，促使组织细胞的崩解。

5. 淋巴因子

淋巴因子是指致敏的 T 淋巴细胞再次与对应性抗原接触时，所释放的一系列具有生物活性物质的总称，如作用于巨噬细胞、粒细胞等的淋巴因子。它们的作用是对巨噬细胞移动抑制、活化和趋化；对白细胞移动抑制和趋化；引起皮肤血管通透性增强，促进白细胞、单核细胞聚集并引起细胞肿胀破裂，从而杀灭靶细胞。另外，近年来发现单核细胞和巨噬细胞，也能产生细胞毒因子、淋巴细胞激活因子及纤维细胞增殖因子等。它们主要是增强嗜中性白细胞和巨噬细胞的趋化，促进 T 和 B 淋巴细胞分裂、增殖及抗体生成，促进成纤维细胞增生和胶原形成。

(二)血浆源性炎症介质

在致炎因子作用下，血浆内的凝血、纤溶、激肽和补体系统等可同时或先后被激活，这些系统的部分活化产物，属于血浆源性炎症介质。

1. 纤维蛋白肽和纤维蛋白降解物

(1)纤维蛋白肽，是凝血过程的中间产物，其作用是促进白细胞趋化和增强血管壁通透性。因其转变成纤维蛋白，阻塞淋巴管和血管，增加血液循环障碍，同时有防止炎性刺激物扩散，从而使炎症局限化。

(2)纤维蛋白降解物，是纤维蛋白原在水解时形成多种可溶性多肽碎片的总称，具有增强血管通透性和吸引白细胞的作用。

2. 激肽

激肽主要包括缓激肽、舒血管肽或胰肽，是由激肽原酶作用于激肽原而产生的。主要的作用有扩张小血管；增强微血管通透性，促进水肿形成；致痛作用以及对白细胞的不同作用(白细胞膜上具有特异性激肽受体，激肽释放酶具有促进白细胞游走的作用，而激肽可抑制白细胞的趋化性)。

3. 补体系统

补体系统是血清中一组具有酶活性的糖蛋白。当致炎因子侵入时，补体系统可以通过常路(经典途径)和旁路两条途径被激活。常路激活途径的激活物主要是抗原抗体复合物、纤溶酶等。旁路激活途径的激活物，主要是菌体细胞壁脂多糖、病毒和部分抗原抗体复合物等。

　　总之，在炎症过程中，各种炎症介质作用不同，有些炎症介质致炎作用的环节相同，故起着协同作用，但其作用的重点和作用时期却各有不同。有些介质在炎症初期以血管活性胺和激肽作用为主，而在后期则以前列腺素、淋巴因子和溶酶体成分作用为主。

三、炎症基本病理变化

　　任何一种炎症，无论其发生的原因、作用部位及表现形式有何不同，基本病理变化是一致的，即变质性变化、渗出性变化和增生性变化。

(一)变质性变化

　　炎区局部细胞、组织发生变性、坏死，同时其代谢和功能也发生障碍的变化称为变质性变化。它的发生是致炎因子对组织细胞的直接损伤和炎症过程中造成局部组织循环障碍、代谢紊乱及理化性质的改变，最终导致组织细胞形态结构发生变化。变质组织的主要特征有以下几点。

　　1. 物质代谢改变

　　炎区内变质组织的代谢特点是分解代谢加强，氧化不全产物堆积。在炎区中心，由于血液循环障碍及组织细胞损伤严重，氧化酶活性降低，无氧酵解为主，故氧化不全产物增多；炎区周围组织充血，代谢亢进，细胞内氧化酶的活性增强，耗氧量增多，发生供氧不足，使炎区组织氧化代谢障碍。

　　(1)糖代谢变化。炎区内白细胞的游出及吞噬活动都需要消耗能量。炎区中心由于各种组织氧化酶活性降低，则需要利用糖的无氧酵解提供能量，当炎区内有大量白细胞游出及吞噬炎性颗粒时，糖原的无氧酵解更加明显。因此，炎区内糖代谢的中间产物乳酸、丙酮酸大量堆积，糖原减少。

　　(2)脂肪代谢变化。炎区中心糖原耗尽，能量来源则依靠中性脂肪分解，于是炎区内脂肪酸和酮体产生增加。

　　(3)蛋白质代谢变化。炎区内组织细胞崩解，游出血管的白细胞死亡，都会释放出蛋白水解酶，使蛋白质分解加强，因此，在炎区内可有大量蛋白、蛋白胨、多肽、游离脂肪酸、腺苷等物质蓄积。

　　2. 理化性质改变

　　(1)酸碱度改变。由于炎区内无氧分解增强，导致各种酸性物质增多。在炎症初期产生的酸性产物可被血流不断带走或被血浆和组织液中碱贮中和，不会出现酸中毒现象。随着炎症的发展，酸性产物大量堆积，局部组织内碱贮耗尽，引起局部组织发生酸中毒。一般在炎区中心酸中毒明显。局部组织酸中毒程度与炎症的性质有关，如急性化脓性炎症时，酸中毒最明显，炎区中心 pH 可达 5.6 左右，而慢性炎症酸中毒现象就不明显。

　　(2)渗透压改变。由于炎区内氢离子浓度升高，使盐类解离增强；组织细胞崩解，细胞内钾离子和蛋白质释放增多；以及炎区分解代谢加强，使糖、脂肪、蛋白质分解成小分子微粒；同时，炎区毛细血管通透性增强，使血浆蛋白渗出增多。上述诸因素使炎区的晶体渗透压和胶体渗透压升高，从而引起炎性水肿。

　　3. 组织细胞形态变化

　　在炎区组织发生物质代谢和理化性质改变的基础上，组织细胞的形态也发生性质改变。主要表现是组织细胞变性和坏死，这种形态变化在炎区中心最突出，实质器官(心、肝、肾、脑)发生炎症时，变质性变化最明显。

（二）渗出性变化

在炎区内由于血管壁通透性增强，血管内的液体、蛋白质和白细胞会透过血管壁进入间质、浆膜腔、黏膜或体表，这个过程就叫做渗出性变化，主要有炎区局部微循环反应、血浆渗出和白细胞游出。

1. 微循环反应

在致炎因子作用局部组织时，反射性地引起缩血管神经兴奋，体液（炎区儿茶酚胺、白三烯）参与下，引起局部微动脉、后微动脉和毛细血管前括约肌发生收缩，使血管发生短暂性痉挛，然后发生扩张，血流量增加，流速加快，呈现动脉性充血，即炎性充血。炎性充血初期一般认为是局部刺激通过轴突反射引起小动脉扩张所致。轴突反射引起的动脉性充血发生迅速，但持续时间短。炎症过程中持续较长时间的充血，主要是由于炎区组织产生的组胺、前列腺素及激肽作用，使微血管发生舒张。由于动脉充血，炎区的氧和营养物质供给充足，其代谢增强，使局部组织变红和温度升高。由于炎症发展和炎症刺激物的持续作用，持久的炎症充血则转变成炎症的淤血过程。这一变化主要是因为炎症局部产生的炎症介质和酸性产物堆积，酸性环境下，炎症介质使微动脉、后微动脉和毛细血管前括约肌发生松弛，引起过度扩张，而微静脉在酸性环境中的耐受性较大，仍保持一定紧张度，导致微循环中血流阻力增大引起血液在毛细血管内淤积，血流变慢，而发生淤血。这就加重了局部缺氧和酸性产物的继续增加，使毛细血管内皮肿胀及血管通透性增强，引起血浆外渗，血液浓稠，红细胞聚集和白细胞边集、黏附，导致血栓形成，血流完全停止。

2. 血浆渗出

血浆渗出是渗出的主要变化，指在炎症时，血液中的液体、血浆蛋白透过毛细血管壁进入组织间隙，形成炎症局部水肿的过程。血浆成分的渗出与微静脉和毛细血管通透性增强有关，微血管淤血、血管内流体静压升高及炎区组织渗透压升高，也是导致渗出的因素。微静脉和毛细血管的直接损伤主要是致炎因子、炎症介质和免疫复合物的作用引起的。渗出液的成分根据炎症的发展与血管的损伤程度而有差异，炎性水肿液称为渗出液，非炎性水肿液称为漏出液。二者在成分、性质等方面存在着较大差异。渗出液和漏出液的区别可参见前面的表 2-2。检查水肿液的性质，有助于诊断是否有炎症发生。

微血管和毛细血管通透性增强的主要发生机理，是各种致炎因子可使血管内皮细胞变性、坏死、脱落或基膜纤维液化、断裂和免疫复合物与靶细胞结合时，产生膜攻击复合体，破坏细胞膜的类脂质，使细胞膜穿孔；某些病原体毒素中含有透明质酸酶，能分解血管基膜，此外，内皮细胞间质中的透明质酸或氢离子浓度升高也使间质中钙离子解离，二者都会导致内皮细胞从凝胶状态转为溶胶状态；组胺、5-HT、缓激肽等炎症介质，可使血管内皮细胞的收缩蛋白质发生收缩，使内皮细胞皱缩，细胞间出现裂隙；炎症时可见内皮细胞吞饮活跃，在胞浆中吞饮小泡增多、融合，形成贯穿胞浆的孔道，大分子物质即可通过孔道渗出到血管外。

另外，炎区组织渗透压升高，炎区内酸性物质堆积，氢离子浓度升高，增大电解质的解离度，同时细胞崩解释放钾离子、磷酸根离子，使晶体渗透压升高；崩解细胞释放的蛋白质及血浆蛋白渗出，使胶体渗透压也升高，导致炎区渗透压也升高，又促使血管内液体渗出。

3. 白细胞游出

白细胞游出是指在炎症时，大量白细胞穿过血管壁，向炎区移行并聚集的过程。游出的白细胞聚集在组织间隙，称为白细胞浸润（炎性细胞浸润）（图 2-12）。

　　白细胞游出过程是因微循环障碍，血流变慢，微血管中细胞开始从轴流转入边流，在炎症介质的作用下，白细胞黏附血管壁上（称为白细胞附壁）。继之，白细胞由血管内皮细胞间隙，以胞浆伸出，然后胞体一部分以伪足形式伸入血管内皮细胞之间，穿过内皮细胞和基底膜而到达血管外。白细胞一旦游出血管外，就再也不能返回到血管之内。

　　白细胞游出并向炎区集中的机理，主要是化学激动作用和趋化性两种功能的结果。前者是指白细胞在化学趋动因子（白细胞三烯）作用下，无一定方向的随机运动性增强，而加强了白细胞的运动机能；后者指炎区存在某些吸引白细胞的化学物质称为趋化因子，而趋化因子的浓度，从炎区边缘至炎区中心呈梯度升高，因此白细胞才沿着这一梯度向炎区移动。

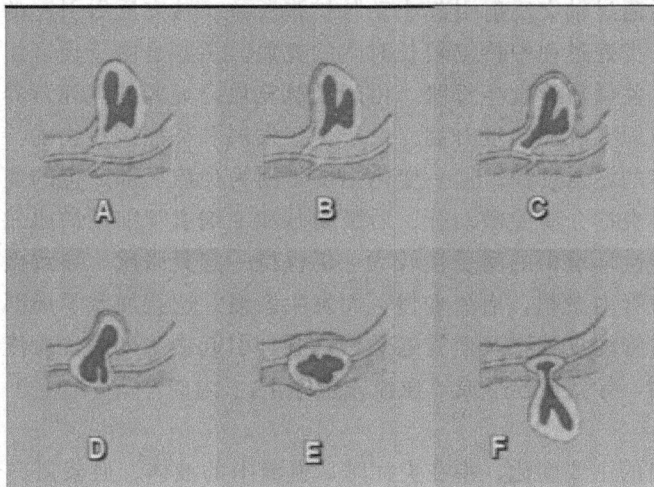

A—B. 附壁的白细胞向血管壁两个内皮细胞之间伸出伪足；C—E. 白细胞核随白细胞的
　变形，以变形运动向血管壁两个内皮细胞之间伸入，穿透血管壁；F. 已经游出血管壁
　的白细胞

图 2-12　（白细胞游出过程）白细胞浸润示意图

　4. 白细胞的种类与意义

　　游走到炎区的各种白细胞在炎区内能吞噬细菌、异物及病理产物或有直接杀灭细菌的作用，白细胞的种类如图 2-13 所示。一般在炎区最早出现的是嗜中性白细胞，然后是嗜酸性白细胞和单核细胞，淋巴细胞游出最慢。不同的炎症，则有不同的白细胞游出增多。如急性炎症的初期和化脓性炎症时，在外周血液和炎灶内嗜中性白细胞增多；嗜酸性白细胞多见于寄生虫病和某些变态反应性炎症；嗜碱性白细胞是直接参与I型变态反应的细胞，在慢性炎症过程中释放肝素，有助于阻止纤维蛋白的凝集，并有利于渗出物的吸收，对促进慢性炎症愈合有重要意义；肥大细胞是由嗜碱性白细胞随机进入组织或由间叶细胞演变而来，常黏附于血管外膜，炎症早期可释放组胺，使血管壁通透性增强（肥大细胞还能合成黏多糖前身物，对帮助炎症组织的修复具有积极意义）；单核细胞来源于骨髓干细胞，以后由血液进入组织，停留于血管周围形成巨噬细胞（称为单核—巨噬细胞系统），在炎症过程中，巨噬细胞多见于急性炎症晚期、结核和鼻疽性炎、病毒性肝炎及原虫感染，吞噬较大的病原体、异物、组织碎片甚至整个衰变的红细胞或白细胞；淋巴细胞主要见于慢性炎症、炎症恢复期或病毒感染及迟发型变态反应；浆细胞主要出现于慢性炎症病灶内。

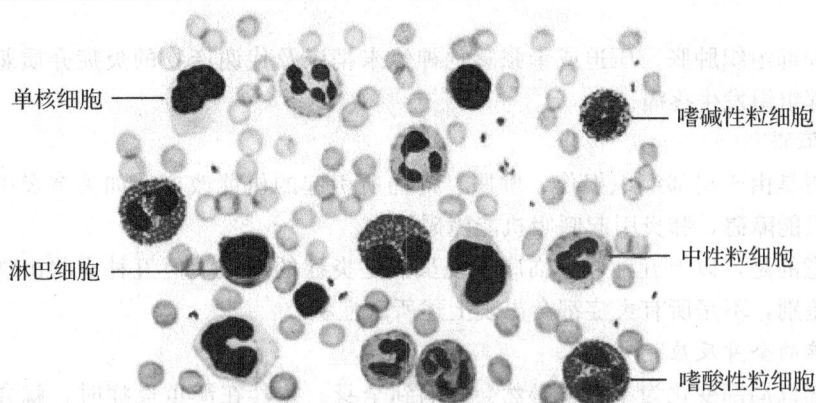

图 2-13　白细胞种类

（三）增生性变化

增生性变化指在致炎因子和某些病理产物的刺激下，炎灶内出现巨噬细胞、血管内皮细胞、外膜细胞及成纤维细胞发生增生，使损伤组织得到修复的过程。炎症时，自始至终就存在增生性变化，但因炎症的性质和经过不同，其增生性变化也不一样。一般在炎症初期和急性炎症时，增生性变化轻微，而变质性变化和渗出性变化明显，而在炎症后期或慢性炎症时，增生性变化明显。也有少数的急性炎症可呈现明显的增生性变化，如急性肾小球肾炎时，肾小球毛细血管内皮细胞、血管间质细胞和肾小球囊脏层细胞增生明显。

炎症初期，血管外膜细胞、血窦的淋巴窦内皮细胞、神经胶质细胞等增生活化后与血液中的单核细胞一起参与防御吞噬活动。炎症晚期或慢性炎症时，成纤维细胞和毛细血管内皮细胞增生，并与浸润的淋巴细胞、浆细胞、巨噬细胞和少量嗜中性白细胞形成肉芽组织，对损伤组织进行修复。

总之，凡是炎症，都具备变质、渗出、增生三种基本病理变化，三者之间相互依存又相互制约，亦可相互转化。但一般急性炎症或炎症的早期以变质性和渗出性变化为主，而晚期或慢性炎症则以增生性变化为主。三种变化集中体现了机体的损伤与抗损伤的斗争过程，也体现了炎症是以防御为主的变化。

四、炎症的局部临床表现与全身反应

（一）炎症的局部临床表现

炎症过程由于受致炎因子和炎症介质的作用，局部组织发生了血流动力学和流变学的改变，使炎症的局部呈现红、肿、热、痛和机能障碍等一系列变化。

1. 红

在炎症初期，由于炎性充血，组织内动脉血增多，局部呈鲜红色；后期由于发生淤血，组织内静脉血增多，局部呈暗红色。

2. 肿

炎症初期，由于局部发生充血、渗出液增多形成炎性水肿；炎症后期则是组织细胞增生的结果。

3. 热

热是由于局部发生炎性充血，局部代谢机能增强，产热增多，使局部温度升高。

4. 痛

痛是因局部组织肿胀，压迫或牵张感觉神经末梢以及代谢产物的炎症介质刺激局部感受器，引起局部组织发生疼痛。

5. 机能障碍

机能障碍是由于局部组织损伤、肿胀、疼痛所引起的机能改变。如关节炎引起跛行，肠炎引起消化机能障碍，肺炎引起呼吸机能障碍等。

值得注意的是，以上五种局部临床表现虽然是炎症的特点，但五种症状出现的原因和时机有一定的差别，不是所有炎症都会出现上述所有症状。

（二）炎症的全身反应

炎症虽然以局部变化为主，但必然会影响到全身。尤其在严重炎症时，就会出现比较明显的全身反应。炎症时，常见的全身反应有四种。

1. 发热

临床表现为体温升高。由于受内外致炎因子的作用，炎区内产生外源性和内源性致热源，使体温调节中枢机能改变，引起机体体温升高。

2. 血液中白细胞变化

任何炎症的发生，均能引起外周血液中白细胞的增多。急性炎症或炎症初期，嗜中性白细胞增多明显，并可能出现核左移现象，这是机体防御力很强或还有一定防御力的表现。如果外周血白细胞数和白细胞分类比例恢复正常，这是炎症痊愈的标准。若出现白细胞总数减少或突然减少，或出现核右移现象，则证明机体防御能力低下或处于衰竭状态，对动物机体来说是预后不良的象征。因此，临床上检查外周血液中白细胞变化，对疾病的诊断和预后有重要意义。

3. 单核巨噬细胞系统变化

在炎症过程中特别是生物性致炎因素引起的炎症，单核巨噬细胞系统增生，吞噬机能增强，抗体形成增多，表现炎区相应的淋巴结肿大。急性炎症时，淋巴结肿大充血，淋巴窦扩张，其中含有嗜中性白细胞和巨噬细胞；慢性炎症可见淋巴结中的淋巴细胞和网状细胞增生；若全身严重感染，全身淋巴结肿大，甚至脾也肿大。

4. 实质器官变性

由于致炎因子和病理产物作用，以及发热时物质代谢障碍，使实质器官（心、肝、肾等）的实质细胞发生变性和坏死等变化，导致相应的机能障碍。

五、炎症的类型及其特征

炎症的种类很多，分类方法也有所不同。根据发生部位，可分为脑炎、肠炎、关节炎等；根据炎症发生的临床经过，可将炎症分为急性炎症、亚急性炎症、慢性炎症；病理学分类是根据炎症病理变化，将其分为变质性炎、渗出性炎和增生性炎。

（一）变质性炎

变质性炎指发炎的组织细胞以变性、坏死为主，渗出、增生较轻微的一种炎症。变质性炎多发生于心、肝、肾等实质器官，故又称实质性炎，常由各种毒物中毒、重症传染病和过敏反应等引起。

1. 一般病理变化

病变器官体积肿大，质地脆弱，边缘钝圆，切口外翻，呈灰白、灰黄或土黄色，实质细胞发生颗粒变性、水泡变性、脂肪变性及坏死变化。有轻度水肿、充血和不同程度的白细胞浸润及间质细胞增生现象。

2. 器官病理变化

(1)心肌变质性炎。可见心脏扩张，在心内膜或心外膜上呈灰白或灰黄色条纹或斑块，似煮肉样或呈虎斑心变化。心肌纤维发生颗粒变性、脂肪变性或坏死。间质有过度充血、水肿和炎性细胞浸润，病程长时，肌间结缔组织增生。如恶性口蹄疫和中毒时的心肌病变。

(2)肝脏变质性炎。多发生于急性马传染性贫血、猪副伤寒、牛副伤寒、禽霍乱、鸭病毒性肝炎、鸭瘟、兔球虫病、鸡盲肠肝炎及各种病毒引起的中毒性肝炎等。眼观肝体积肿大、质地脆弱，呈灰黄或黄褐色。镜检可见肝细胞变性、坏死，间质轻度充血和炎性细胞浸润。

(3)肾脏变质性炎。肾肿大，呈灰黄或黄褐色，质地脆弱。镜检可见肾小管上皮细胞发生变性、坏死，间质轻度充血、水肿的炎性细胞浸润，肾小管血管内皮细胞、间质细胞和肾小球囊脏层细胞轻度增生。见于链球菌、猪丹毒、马鼻疽、猪瘟、沙门氏菌感染、鸡新城疫、马传染性贫血、弓形虫病及中毒等。

3. 结局

变质性炎多为急性炎症，其实质细胞损伤的程度可以直接影响到最后的结局。炎症损伤较轻微时，病因消除后可完全修复。如果损伤较为严重或者发生在重要器官上，往往会造成严重后果，甚至死亡。有时也可以转为慢性炎症，迁延不愈。

(二)渗出性炎

渗出性炎指炎区以渗出变化为主，变质和增生变化表现轻微的一类炎症。根据渗出物的成分、性质不同，将其分为浆液性炎、纤维素性炎、卡他性炎、化脓性炎、出血性炎和腐败性炎。

1. 浆液性炎

浆液性炎是以渗出大量浆液为主的炎症。浆液中含有 3‰~5‰ 的蛋白质和少量的白细胞、脱落的上皮细胞。渗出液初期呈淡黄色、稀薄透明液体，以后变浑浊。在体外或尸体内凝固成半透明的胶冻样。

(1)体腔发生浆液性炎。发炎的浆膜血管充血、淤血，浆膜粗糙，失去固有光泽，在浆膜腔内积留多量淡黄色透明或稍浑浊的液体。

(2)皮肤发生浆液性炎。浆液积于表皮棘细胞之间或真皮乳头层，在皮肤局部形成丘疹样结节或水泡。上述病变多见口蹄疫、猪水疱病、烧伤、冻伤。

(3)黏膜的浆液性炎。可见黏膜充血、潮红、肿胀，渗出的浆液常混同黏液可从黏膜表面流出(图 2-14)。如感冒时流的鼻液等。

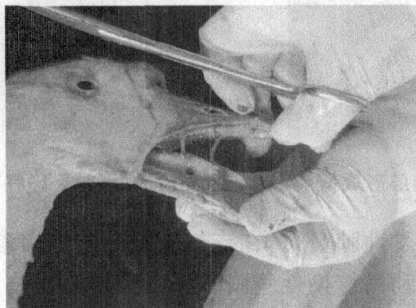

图 2-14　(鹅霍乱)口腔内有黏液渗出

(4)皮下、肌间及黏膜下层等疏松结缔组织发生浆液性炎。发炎组织局部肿胀、指压出现凹陷,切开可见流出淡黄色液体或呈黄色半透明胶冻样,故称胶样浸润。

(5)肺脏浆液性炎(炎性肺水肿)。眼观,肺体积肿大,重量增加,被膜紧张、湿润、光亮,肺小叶间质增宽。镜检肺泡腔内有多量浆液,混有白细胞和脱落的上皮细胞,间质可见水肿。支原体肺炎和支气管肺炎初期及纤维素性肺炎的充血水肿期,均属浆液性肺炎。

2. 纤维素性炎

纤维素性炎指炎性渗出物中含有大量纤维素为特征的炎症,常发生在浆膜、黏膜和肺脏等部位,多见于某些传染病和升汞中毒等。

(1)浆膜纤维素性炎。可见浆膜表面被覆一层灰白色或灰黄色纤维蛋白膜样物(图 2-15),将其剥脱后,见浆膜肿胀、粗糙、充血、出血。浆膜腔内积有多量灰黄色纤维蛋白网状凝块和浑浊渗出液。心外膜渗出的纤维素由于心脏搏动而形成绒毛状,故有"绒毛心"之称。

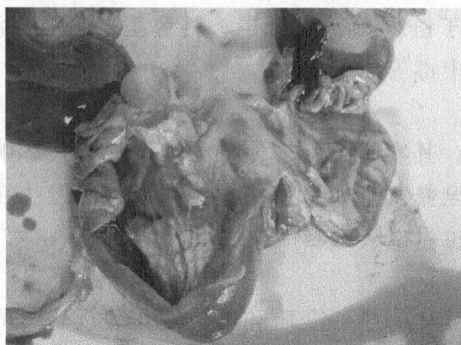

图 2-15   (羊附红细胞体感染)心内膜纤维素渗出

(2)黏膜纤维素性炎。炎症时,渗出的纤维蛋白、白细胞及脱落黏膜上皮凝固在黏膜表面形成灰白色的膜状物,称为"假膜"(图 2-16、图 2-17),故黏膜纤维素性炎也称假膜性炎。这种"假膜"易脱落的称浮膜性炎。如纤维素性胃肠炎和牛病毒性腹泻等,脱落的假膜常呈黄白色管状物随粪便排出。有的假膜与黏膜坏死灶牢固凝集不易剥离的称固膜性炎,如强行剥离,可将黏膜组织损伤。如猪副伤寒在大肠黏膜表面发生弥漫性纤维素性坏死性肠炎。慢性猪瘟在盲肠、结肠,尤其是在回盲瓣处发生局灶性纤维素性坏死肠炎,即扣状肿,是慢性猪瘟典型的病变。鸭瘟时,在食道黏膜上皮发生固膜性炎。

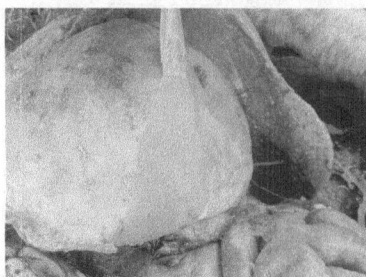

图 2-16   (猪瘟)胃浆膜层形成假膜

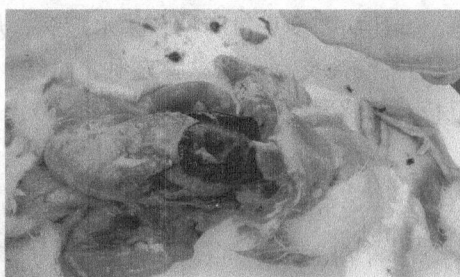

图 2-17   (小鹅大肠杆菌感染)肝纤维素假膜

(3)肺的纤维素性炎(纤维素性肺炎)。在支气管和肺泡腔内渗出大量纤维蛋白和不同细胞的炎症,见于猪肺疫、牛肺疫和马传染性胸膜肺炎、犬瘟热、鸡和兔的出血性败血症等疾病。炎症通常侵犯一个大叶、一侧肺或全肺,故又称大叶性肺炎。由于肺泡内渗出物不同和间质发生明显水肿，肺体积增大变硬，外观呈大理石样病变。按纤维素性肺炎发展过程可将其分为四期，但各期变化实质是一个连续发展过程的不同发展阶段。

第一阶段为充血水肿期。特征是肺泡壁毛细血管充血和肺泡内充满浆液。眼观可见肺体积增大，呈鲜红色，质地变实，切面可挤压出多量血样泡沫液体，切取一小块肺组织放入水中，呈半浮半沉状态。镜检，肺泡壁毛细血管高度扩张充血，肺泡内有大量浆液和少量白细胞、红细胞和巨噬细胞（图 2-18）。

第二阶段为红色肝变期。眼观病变部位肿胀，呈暗红色，质地坚实如肝，切面干燥呈颗粒状，肺间质增宽，取一小块病变组织投入水中则完全下沉。镜检，肺泡壁毛细血管显著扩张充血。支气管与肺泡内充满大量交织成网的纤维蛋白、红细胞、少量的白细胞、脱落的上皮细胞，间质炎性水肿，淋巴管扩张（图 2-19）。

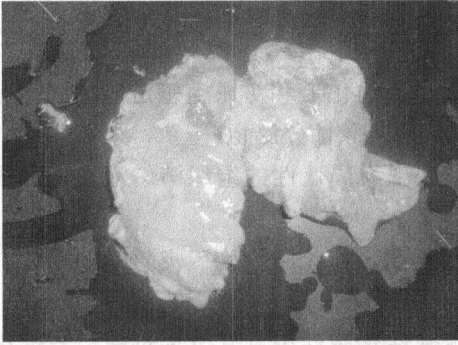

图 2-18　（鹅霍乱）肺高度水肿、充血　　图 2-19　（山羊链球菌感染）肺发生充血、淤血，间质增宽

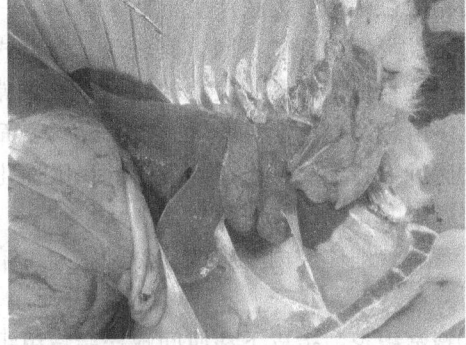

第三阶段为灰色肝变期。特征是肺泡壁毛细血管充血减退，肺泡内有大量纤维蛋白和白细胞。红细胞溶解。眼观，病变组织肿胀，呈灰白色或黄白色，质硬如肝，切面干燥，呈颗粒状，取一小块病变组织投入水中完全下沉。镜检，肺泡内有大量网状纤维蛋白和嗜中性白细胞，肺泡壁毛细血管充血消退。

第四阶段为消散期。特征是肺泡腔内白细胞、纤维蛋白崩解、自溶及肺泡上皮再生。眼观，病变部位呈灰黄色，质地变软，切面湿润，挤压可流出脓样浑浊液体。镜检，肺泡壁毛细血管扩张消退，肺泡内嗜中性白细胞变性、坏死或崩解，纤维素发生溶解液化，由淋巴管吸收带走，肺泡腔又恢复通气。肺泡上皮有不同程度增生，有时由于吸收不全发生机化而形成肉样变。

纤维素性肺炎的四期变化，不是每个病例都可以看到，因为患病动物在肝变期即可死亡。但在光学显微镜下可见不同肺泡内，有较明显的四期病变特点。

3. 卡他性炎

卡他性炎是发生在黏膜层以黏液增多为主的一种渗出性炎症，见于胃肠道、呼吸道和泌尿生殖道黏膜等。卡他性炎按其病理过程分为急性卡他性炎和慢性卡他性炎。急性卡他性炎按其渗出物不同又分为浆液性、黏液性和脓性卡他，它们是急性卡他性炎发展中的不同阶段。

（1）急性卡他性炎病理变化。黏膜上皮坏死脱落，固有层小动脉和毛细血管充血、水肿和炎性细胞浸润、杯状细胞增多，分泌增强，炎症初期以浆液渗出为主，继之黏液大量分泌，之后由于细胞和脱落上皮细胞增多，黏膜表面潮红、肿胀，有散在出血点或出血。

（2）慢性卡他性炎病理变化。根据组织的变化可分为萎缩性卡他和肥厚性卡他。萎缩性卡他，黏膜腺体、肌层萎缩，黏膜变薄，表面平坦；肥厚性卡他，黏膜显著肥厚，腺体增殖，黏膜下结缔组织增生即炎性细胞浸润。渗出液变为黄白色、黏稠，为脓性卡他。

4. 化脓性炎

化脓性炎指渗出物中含有大量嗜中性白细胞和伴有不同程度的组织坏死液化形成脓汁的炎症。其原因主要是感染葡萄球菌、链球菌、棒状杆菌、绿脓杆菌和大肠杆菌等。脓汁由渗出液、嗜中性白细胞、脓细胞和组织崩解产物组成。

脓液的性状常与动物的种类及病原体种类相关。链球菌和葡萄球菌感染时，其脓汁呈灰白或黄白色及金黄色；绿脓杆菌和棒状杆菌感染，则脓汁为黄绿色；腐败菌感染化脓常呈灰黑色并有恶臭气味；脓汁呈灰红色，则是化脓性炎伴有出血引起。另外，各种动物种类不同，坏死组织的含量和脱水程度也不同，脓汁的性状也有差异，如犬的脓汁稀如水样，牛的脓汁则呈黏稠颗粒状，禽类脓汁呈干酪样。

化脓性炎发生部位不同，其表现病理形式不同。

①脓性卡他，即黏膜发生的化脓性炎，常见于呼吸道、消化道和泌尿生殖道的黏膜。脓性卡他多由急性卡他性炎发展而来，黏膜表面有较多的灰白色脓性分泌物。

②脓肿，指在局部组织内发生的局限性化脓性炎，表现为局灶性的组织溶解液化，形成有一定界限的化脓灶，即脓包。

③蓄脓，即体腔内发生的化脓性炎，并有大量脓汁蓄积，如化脓性胸膜炎、牛创伤性心包炎。

④蜂窝织炎，指皮下和肌间疏松结缔组织产生的弥漫性化脓性炎。其发展迅速，与健康组织无明显界限。

5. 出血性炎

出血性炎指炎灶渗出物中含有大量红细胞的一种炎症。它与其他类型炎症合并发生，因为在许多炎症性疾病过程中，由于血管严重损伤，通透性增大，均可呈现出血性炎变化。如浆液出血性炎病变组织可见出血点、出血斑或弥漫性出血，新鲜出血呈鲜红色，陈旧性出血呈暗红或砖红色。

6. 腐败性炎(坏疽性炎)

腐败性炎指发炎组织感染了腐败细菌，引起组织炎性渗出物腐败分解为特征的炎症。多发生于肺、肠、子宫及四肢下部等组织器官。发炎组织坏死、溶解、腐败、结构模糊、污秽不洁，呈现灰绿色或污黑色，并产生恶臭味。

上述各种炎症的病变特点和渗出物性质既有区别，但其间又有联系，往往是同一炎症的不同发展阶段。如浆液性炎往往是卡他性炎、纤维素性炎和化脓性炎的初期变化，即使是同一个炎症病灶，往往中心为化脓性炎或坏死性炎，其外围可为纤维素渗出，再外围则为浆液性炎。因此，必须仔细观察，才能做出正确诊断。

(三)增生性炎

以细胞和结缔组织大量增生为主，而变质和渗出性变化较轻微的炎症，多为慢性炎症。根据其特征增生性炎分为以下两种类型。

1. 普通增生性炎

普通增生性炎是由无特异性病原体引起相同组织的增生，而不形成特殊病理组织结构的炎症，根据增生组织的不同可分为急性增生性炎和慢性增生性炎两种。

①急性增生性炎，主要是以细胞增生为主。如急性或亚急性肾小球炎，肾小球毛细血管内皮细胞和球囊上皮细胞显著增生。猪副伤寒时，肝小叶内网状细胞增生，形成针尖大灰白色的副伤寒结节。某些传染病引起的病毒性脑炎，神经胶质细胞增生形成胶质细胞结节。淋巴结和脾脏发生急性增生性炎时，可见淋巴小结及脾小体肿大。

②慢性增生性炎，是以结缔组织的成纤维细胞、血管内皮细胞和巨噬细胞增生，形成普通肉芽组织，并以淋巴细胞、浆细胞和组织细胞浸润为特征的炎症。慢性增生性炎主要是间质增生，故称间质性炎。如慢性间质性肾炎、慢性间质性肝炎（图 2-20）、慢性关节周围炎等。

图 2-20　（猪感染蛔虫时）慢性间质性肝炎

发生慢性增生性炎组织器官，大多呈现体积缩小，质地变实，间质增宽，机能降低。

2. 特异性增生性炎

特异性增生性炎是由某些特异性病原体作用于机体后引起特殊性细胞增生形成界限明显的结节或肿胀物，又称传染性肉芽肿。如结核杆菌、鼻疽杆菌、放线菌和血吸虫病等引起的增生结节。而由缝合线或其他异物引起的增生结节叫异物性肉芽肿。典型传染性肉芽肿是由结核、鼻疽等病发生的增生性结节。眼观，在肺脏和淋巴结等部位形成粟粒至豆粒大、灰白色半透明坚实的结节。光学显微镜下，通常可见三层结构，即结节中心为坏死或钙化，外层由上皮样细胞和多核巨细胞构成的特异性肉芽组织，最外层是由成纤维细胞和淋巴细胞等构成的普通肉芽组织。

增生性炎是机体防御增强的表现，也是机体对损伤组织进行修复的表现形式。但由于慢性增生和特异性增生，最终导致组织细胞结构和功能改变，使组织器官的机能降低。

项目 4　肿瘤

●●●●● **任务资讯单**

学习情境 2	病理解剖诊断
项目 4	肿瘤
资讯方式	教材、教学平台资源、在线开放课资源、网络资源等。
资讯问题	1. 什么是肿瘤？ 2. 良性肿瘤的命名原则是什么？ 3. 良性肿瘤与恶性肿瘤的区别是什么？

资讯引导	1. 陆桂平．动物病理．北京：中国农业出版社，2001 2. 于洋等．动物病理．北京：中国农业大学出版社，2011 3. 张鸿等．宠物病理．北京：中国农业出版社，2016 4. 姜八一．动物病理．北京：中国农业出版社，2019 5. 於敏等．动物病理．北京：中国农业出版社，2019 6. 於敏等．动物病理．北京：中国农业出版社，2022 7. 中国知网

●●●●● **案例单**

学习情境 2	病理解剖诊断	学时	20
项目 4	肿瘤		

序号	案例内容	案例分析
1.1	瘊子，有些同学可能见过，更有的同学也许自己就长过。对于"瘊子"所带来的危害或者影响，同学们可说出一二。 在这里，我们透过现象看本质，大家可以分析肿瘤对人及动物的影响，总结肿瘤的特点，发生原因，分析良性肿瘤与恶性肿瘤的区别。	肿瘤是机体在各种致病因素作用下，局部组织细胞异常增生而形成的新生物（组织团块或细胞群）。 大家常常见到的"瘊子"，是由人类乳头瘤病毒引起的一种皮肤表面赘生物，绝大部分属于良性肿瘤的。

●●●●● **工作任务单**

学习情境 2	病理解剖诊断
项目 4	肿瘤

【任务】识别肿瘤

根据教师提供的发生肿瘤的组织器官的浸渍标本、肿瘤的组织切片、图片完成以下工作。

(1)说出肿瘤的含义。

(2)说出良性肿瘤的命名原则。

(3)辨别良性肿瘤与恶性肿瘤的区别。

➤参考答案

1. 肿瘤的含义

肿瘤是机体在各种致病因素作用下，局部组织细胞异常增生而形成的新生物（组织团块或细胞群）。

2. 良性肿瘤的命名原则

(1)在其来源组织名称后再加一个"瘤"字，如纤维组织发生的纤维瘤，脂肪组织发生的脂肪瘤等。

（2）也有的根据肿瘤的形态特点命名，如乳头状瘤。

（3）还可以加上肿瘤的部位来命名，如皮肤乳头状瘤。

3. 良性肿瘤与恶性肿瘤的区别

良性肿瘤与恶性肿瘤的区别如表 2-3 所示。

表 2-3　良性肿瘤与恶性肿瘤的区别

	良性肿瘤	恶性肿瘤
外形	多呈结节状或乳头状	形状多样
分化程度	分化较好，异型性小，与来源组织形态相似，核分裂象少或无	分化不好，异型性明显，与来源组织差别大，核分裂象多，可见病理性核分裂象
生长速度	缓慢	迅速
生长方式	多呈膨胀性生长，周围常有完整包膜，有时停止生长	多呈浸润性生长，一般无包膜，与周围组织分界不清，相对无止境地生长
转移	不转移	常有转移
复发	手术摘除后通常不复发	手术摘除后常常复发
对机体的影响	影响较小，主要对局部起到压迫和阻塞作用，但如果发生在脑、脊髓等生命重要器官往往造成严重后果	影响较大，除对局部起到压迫和阻塞作用外，可破坏组织，引起出血和合并感染，晚期病例呈恶病质状态，常以死亡告终

必　备　知　识

【必备的专业知识和技能】

肿瘤

肿瘤是机体在各种致瘤因素作用下，局部组织细胞异常增生而形成的新生物（组织团块或细胞群）。

肿瘤细胞是从正常细胞转化而来的。肿瘤细胞形成以后，它就具有异常的形态、代谢方式和机能。肿瘤细胞生长旺盛，呈现与整个机体不协调的无止境生长。由于肿瘤细胞失去分化成熟的能力，因而其具有幼稚型甚至胚胎型细胞的性状（不成熟性或异型性）。

肿瘤的病因包括内因及外因两个方面。外因指来自动物周围环境中各种可能的致瘤因素，如化学因素、物理因素、生物性因素及各种慢性刺激。内因则泛指机体抗肿瘤能力降低或各种有利于外界致瘤因素发挥作用的机体内在因素。引起肿瘤发生的因素十分复杂，同一类肿瘤在不同机体、不同器官，由不同因素引起；而同一致瘤因素可以由不同途径引起机体发生不同部位的肿瘤。此外，在同一环境中，只有少数动物发生肿瘤，这说明外因与内因有密切关系。

此外，霉菌毒素中的黄曲霉毒素、亚硝胺类化学物质、放射性物质等物理作用都是引起肿瘤发生的外界因素。

一、肿瘤的生物学特性

（一）一般形态

肿瘤外形多种多样，一般有结节状、分叶状、息肉状、乳头状、菜花状、蕈状、囊状及弥漫状等。肿瘤的形态与肿瘤发生的部位、组织来源及生长方式有关。生长在皮肤和黏膜表面的肿瘤，常向表面突起呈息肉状、乳头状或菜花状等；如为恶性肿瘤，因生长迅速而致供血不足，易发生坏死脱落而呈现溃疡状；生长在深部组织的肿瘤常呈结节状、分叶状或囊状；一般在实质器官内部生长的恶性肿瘤多呈树根状或蟹足状，向周围伸展。

肿瘤的表面一般呈灰白色，脂肪瘤呈黄色，黑色素瘤呈黑色、灰黑色，纤维瘤呈灰白色，平滑肌瘤呈灰红色，富于血液的肿瘤呈暗红色，胶原纤维成分多一些的肿瘤多呈灰白色。

一般情况是良性肿瘤生长缓慢，有的可以长得很大。恶性肿瘤生长迅速，可在短期内形成明显肿块，但巨大的恶性肿瘤不多见。

肿瘤的硬度与肿瘤的种类及其实质与间质的比例有关。骨瘤与软骨瘤质地坚硬，纤维瘤质地硬实，脂肪瘤一般较软。肿瘤组织中，纤维结缔组织多时，质地较硬；而细胞成分多时，则较软。

肿瘤的数目多少不一，主要与肿瘤的性质与生长时间有关。大多数良性肿瘤为单发，但如生长较久，可能出现多个大小不等的结节状肿瘤。恶性肿瘤初期常为一个，转移后在许多器官组织出现，呈多发性肿瘤。

（二）组织结构

肿瘤的实质是肿瘤细胞。机体的任何组织都可发生肿瘤，因此肿瘤的实质细胞也是多种多样的。由同一组织发生的肿瘤，分化成熟程度高的肿瘤细胞与正常组织细胞相似，这类肿瘤多表现为良性。相反，有的肿瘤细胞分化程度很低，与其来源组织很不相似，这类肿瘤多表现为恶性。

肿瘤的间质构成肿瘤支架，起着支持和营养实质细胞的作用。间质一般由结缔组织与血管组成。间质中见有大量淋巴细胞浸润，一般认为是机体免疫反应的一种表现。

（三）物质代谢特点

肿瘤组织比正常组织代谢旺盛，尤其是恶性肿瘤更明显。

1. 核酸的代谢

肿瘤细胞中，核酸代谢异常，表现为 DNA 和 RNA 的合成能力增强。

2. 蛋白质代谢

蛋白质合成及分解代谢都加强，合成代谢超过分解代谢，甚至会夺取正常组织的蛋白质。

3. 酶的动态

酶的活性改变较为复杂。

4. 糖代谢

即使在充分供氧的条件下，也主要是以糖酵解而获得能量。糖酵解产生一些中间产物可被肿瘤细胞用来合成蛋白质、核酸和脂类，有利于肿瘤细胞的增长和肿瘤的增长。在糖酵解过程中，有大量乳酸产生，氢离子浓度升高，常发生酸中毒。

（四）肿瘤的生长与扩散

1. 肿瘤的生长

与正常组织相比，肿瘤生长速度是非常快的，但不同的肿瘤，其生长速度有极大的差异，这主要取决于肿瘤细胞的分化成熟程度。分化程度高的良性肿瘤生长缓慢，分化程度低的恶性肿瘤生长较快，并且由于血液及营养供应相对不足而容易发生坏死、溃疡及出血等继发变化。肿瘤的生长方式有三种。

（1）膨胀性生长，是大多数良性肿瘤的生长方式。随着肿瘤体积逐渐增大，将肿瘤组织不断向四周推挤，肿瘤呈结节状，但不侵入邻近正常组织内，因此与周围组织分界清楚，并多具有一层结缔组织包膜（图 2-21）。

（2）浸润性生长，是大多数恶性肿瘤的生长方式。肿瘤向邻近组织浸润、延伸，像树根一样侵入周围组织的间隙、淋巴管或血管内，与邻近正常组织紧密交错，连接在一起而无明显界限，通常无包膜。

（3）外生性生长，发生在体表、体腔表面或自然管道表面的肿瘤，常向表面生长，形成突起如乳头状、息肉状、覃状或菜花状肿物。这种生长方式称为外生性生长。良性肿瘤和恶性肿瘤都可呈外生性生长，但恶性肿瘤在外生性生长的同时，其基底部也呈浸润性生长。

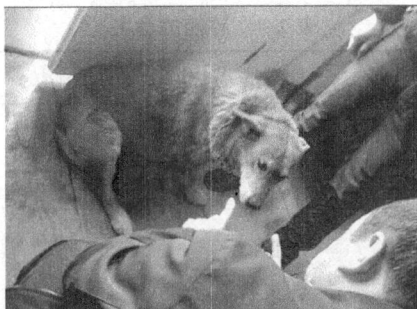

图 2-21　犬乳腺瘤

2. 肿瘤的扩散

肿瘤的扩散有直接蔓延和转移两种形式。

（1）直接蔓延。直接蔓延是瘤细胞连续不断地沿着组织间隙、淋巴管、血管或神经侵入淋巴管、血管或体腔，通过体液被带到远离的其他组织内继续生长，形成与原发瘤同样类型的肿瘤。良性肿瘤常以膨胀性生长而增大，而恶性肿瘤多有向周围组织直接浸润生长的性质，恶性肿瘤细胞沿着组织间隙或器官表面前进而进行直接蔓延。

（2）转移。转移是许多恶性肿瘤的主要特征之一，良性肿瘤一般不发生转移。恶性肿瘤细胞从原发部位侵入淋巴管、血管或浆膜腔，随血液、淋巴液流到其他地方或落入到其他脏器表面并继续增殖，形成新的肿瘤，这一过程称为转移。

通过淋巴管转移称为淋巴道转移，并伴有淋巴结肿大变硬，癌瘤通常以这种方式进行转移。通过血管转移叫血道转移，瘤细胞侵入血管后，可随血流到达其他地方，形成转移瘤，这是肉瘤常见的转移途径。还有一些肿瘤细胞的转移像种子一样在异位生长，称之为种植性转移。如内脏的肿瘤在侵入体腔浆膜时，常引起炎性反应，导致浆膜腔积液。癌细胞往往随同纤维蛋白或其他渗出物落入浆膜腔或被带进积液中，如同种子一般在浆膜面上着床、增生，形成转移瘤。

（五）肿瘤对机体的影响

肿瘤的局部影响主要是对正常器官的压迫与阻塞，破坏正常器官的结构机能，恶性肿瘤破坏血管引起出血、坏死和感染。恶性肿瘤晚期由于压迫或侵犯神经可引起疼痛。

由于肿瘤的代谢产物、坏死分解产物被吸收后常引起动物发热，大多数恶性肿瘤的后期都可出现动物体严重消瘦、贫血和衰竭，这种表现称为恶病质。恶病质的产生是综合性的，肿瘤迅速生长消耗和夺取大量营养物质；肿瘤代谢产物对机体的毒害作用，引起出血和感染等。

二、肿瘤的命名与分类

（一）良性肿瘤与恶性肿瘤的特征

根据肿瘤的特征以及对机体的影响，可将肿瘤分为良性肿瘤与恶性肿瘤。先将二者的特征归纳如前面的表 2-3。

通过对肿瘤上述特点的了解，可以分辨良性肿瘤与恶性肿瘤的区别，能够为正确诊断与治疗肿瘤性疾病提供一定的依据。

（二）肿瘤的命名

肿瘤种类繁多，主要根据良性、恶性来命名，此外，还要结合其发生部位、组织来源、形态特点。肿瘤的命名如表 2-4 所示。

表 2-4　肿瘤的命名

组织来源	良性肿瘤	恶性肿瘤
上皮组织		
鳞状上皮	乳头状瘤	鳞状细胞瘤
		基底细胞瘤
腺上皮	腺瘤	腺瘤
移行上皮	乳头状瘤	移行上皮癌
间叶组织		
纤维结缔组织	纤维瘤	纤维肉瘤
黏液结缔组织	黏液瘤	黏液肉瘤
脂肪组织	脂肪瘤	脂肪肉瘤
骨组织	骨瘤	骨肉瘤
软骨组织	软骨瘤	软骨肉瘤
肌肉组织		
平滑肌	平滑肌瘤	平滑肌肉瘤
横纹肌	横纹肌瘤	横纹肌肉瘤
淋巴造血组织		
淋巴组织	淋巴瘤	淋巴肉瘤（恶性淋巴瘤）
造血组织		白血病
脉管组织		
血管	血管瘤	血管肉瘤
淋巴管	淋巴管瘤	淋巴管肉瘤
间皮组织	间皮细胞瘤	恶性间皮细胞瘤
神经组织		
交感神经节	节细胞神经瘤	神经母细胞瘤
室管膜上皮	室管膜瘤	室管膜母细胞瘤
胶质细胞	神经胶质瘤	多形性胶质母细胞瘤（大脑）
		髓母细胞瘤（小脑）
神经鞘细胞	神经鞘瘤	恶性神经鞘瘤

续表

组织来源	良性肿瘤	恶性肿瘤
其他		
黑色素细胞	纤维瘤	恶性黑色素瘤
生殖细胞	黏液瘤	精原细胞瘤(睾丸)
	脂肪瘤	无性细胞瘤(卵巢)
三个胚叶细胞	骨瘤	恶性畸胎瘤
多种组织	间皮细胞瘤	恶性混合瘤、癌肉瘤

1. 良性肿瘤的命名

良性肿瘤命名是在其来源组织名称后再加一个"瘤"字。如纤维组织发生的纤维瘤，脂肪组织发生的脂肪瘤等；也有的根据肿瘤的形态特点命名，如乳头状瘤，还可以加上肿瘤的部位来命名，如皮肤乳头状瘤。

2. 恶性肿瘤的命名

恶性肿瘤命名可有以下几种情况。

(1)由上皮组织发生的恶性肿瘤统称为"癌"。为了表明癌的发生部位，在癌字前面冠以发生器官和组织名称，如食管癌、肝癌、肠癌等。

(2)凡是来自间叶组织，如肌肉组织、结缔组织、脂肪组织、软骨组织、骨组织、淋巴组织等恶性肿瘤都称为"肉瘤"。命名时在肉瘤前冠以发生组织名称，如淋巴肉瘤、纤维肉瘤、脂肪肉瘤等。

(3)来自未成熟的胚胎或神经组织的恶性肿瘤，称为母细胞瘤，如肾母细胞瘤、髓母细胞瘤、神经母细胞瘤等。

(4)对成分复杂或组织来源有争论的恶性肿瘤，在肿瘤名称前加"恶性"二字，如恶性畸胎瘤、恶性黑色素瘤等。

(5)沿用习惯名称或以人名命名，如黑色素瘤、白血病、马立克氏病等。

(三)肿瘤的分类

依据肿瘤对机体影响的不同，可将肿瘤分为良性和恶性两大类。

良性肿瘤一般对机体影响小，易于治疗；恶性肿瘤危害较大，治疗措施复杂，效果不好。因此正确区别良性肿瘤与恶性肿瘤，对于诊断和治疗具有重要意义。

家畜常见的良性肿瘤有乳头状瘤(常发部位是皮肤和黏膜，如口、咽、皮肤、舌、食道、胃、肠、膀胱，牛的皮肤乳头状瘤尤为多见)，纤维瘤(常发部位是结缔组织丰富的组织，如皮肤、黏膜、肌膜、骨膜和腱等)和脂肪瘤(主要见于脂肪组织)等。

恶性肿瘤常见有纤维肉瘤(来自纤维结缔组织)、淋巴肉瘤(来自淋巴组织，发生于淋巴结或组织的淋巴滤泡部位)、恶性黑色素瘤和鳞状细胞癌(发生于皮肤及黏膜的鳞状上皮)、鸡的卵巢癌和白血病等。

三、肿瘤的病因学

我们把凡是能够引起肿瘤发生的原因统称为致瘤因素。肿瘤的病因十分复杂，但肿瘤的发生原因与其他疾病一样，也可以从外部原因与内部原因来考虑。引起肿瘤发生的原因中，外部原因占有很重要的一席之地，主要包括生物性致瘤因素、化学性致瘤因素、物理性致瘤因素等。内部原因是指所有与肿瘤发生有关的动物有机体的相关因素，包括机体抗肿瘤的能力下降等。

（一）外部致瘤因素

1. 生物性致瘤因素

（1）病毒。病毒在动物肿瘤的发生中具有很重要的作用，其致瘤作用是最先在动物身上得到证实的。目前已有资料表明，动物有 30 多种恶性肿瘤和一些良性肿瘤是由病毒引起的。

（2）寄生虫。有些肿瘤的发生，与寄生虫病的发生有着很大的联系。如人的肝胆管细胞癌，被证实与华支睾吸虫密切相关。

2. 化学性致瘤因素

具有致瘤作用的化学物质很常见，如天然或合成的多环碳氢化合物、苯类化合物、亚硝胺类、霉菌毒素、植物致瘤因素以及砷、铬、镍、镉、铅、锌、镁、锡等。其中尤以亚硝胺类、霉菌毒素和植物致瘤因素对畜禽出现肿瘤性疾病影响最大。

3. 物理性致瘤因素

物理性致瘤因素主要包括电离辐射（如 X 射线、镭、铀、锶、碘等放射性元素）。日光紫外线、纤维性物质以及热辐射等。

4. 慢性刺激及其他因素

有人认为，慢性机械性刺激和炎性刺激，与肿瘤的发生有着密切的关系。

（二）内部致瘤因素

1. 年龄

肿瘤的发生与年龄有着密切的联系。一般多发生在老龄动物，推测为年龄越大，与外界致瘤因素接触时间越长，同时老龄的动物机体对突变细胞的免疫监视作用也会减弱。

2. 性别

动物的某些肿瘤还具有明显的性别差异性，这主要跟激素有一定的关系。主要包括两个方面：一是固有的性激素与肿瘤的常发器官有明显的相关性；二是内分泌相关，当动物内分泌紊乱，则某些肿瘤易发器官相对地较易发生肿瘤。

3. 种类和品种

肿瘤的发生率与畜禽的种类有明显的差异性，不同种类和品种的动物，肿瘤性疾病的发生率亦不相同。

4. 遗传因素

遗传因素并不是致瘤本身的遗传，而是在不同程度上，决定宿主对致瘤因素的敏感性。机体对致瘤因素的遗传易感性或倾向性称为肿瘤素质。

5. 免疫机能

在肿瘤发生时，肿瘤组织及其周围的淋巴细胞浸润及局部淋巴结的网状内皮细胞增生，这是预后良好的标志。恶性肿瘤的晚期，免疫机能常常明显下降。

●●●●● **作业单**

学习情境 2	病理解剖诊断
作业完成方式	书面报告。
作业题 1	选择一例与炎症相关的病例报告，说明报告中病例的具体发生原因、病理变化、影响与结局。

作业解答	（如空位不足，请另附纸张）
作业题 2	历年执业兽医师资格考试真题。
作业解答	59.“槟榔肝”的发生是由于（　　）(2010) A. 肝淤血伴随肝细胞坏死　　　　B. 肝淤血伴随胆色素沉着 C. 肝淤血伴随淀粉样物质沉着　　D. 慢性肝淤血伴随肝细胞脂肪变性 E. 慢性肝淤血伴随肝细胞颗粒变性 64. 鳞状细胞癌的癌细胞来源于（　　）(2010、2015) A. 上皮组织　　　　　　　　　　B. 神经组织 C. 脂肪组织　　　　　　　　　　D. 纤维组织 E. 肌肉组织 70. 动物易发生贫血性梗死的器官是（　　）(2012) A. 心　　　　　　　　　　　　　B. 肝 C. 肺　　　　　　　　　　　　　D. 胰 E. 胃 77. 发生鸡大肠杆菌病时，在心包膜表面形成的一层灰白色假膜属于 （　　）(2012) A. 浮膜性炎　　　　　　　　　　B. 固膜性炎 C. 变质性炎　　　　　　　　　　D. 增生性炎 E. 以上都不是 78. 奶牛发生慢性结核病，形成的结核结节属于（　　）(2012) A. 变质性炎　　　　　　　　　　B. 渗出性炎 C. 增生性炎　　　　　　　　　　D. 坏死性炎 E. 以上都不是 82. 炎症的本质是（　　）(2012) A. 组织变性坏死　　　　　　　　B. 机体防御性反应 C. 机体过敏性反应　　　　　　　D. 机体炎性反应 E. 机体免疫性反应 62. 左心功能不全常引起（　　）(2013) A. 肾水肿　　　　　　　　　　　B. 肝水肿 C. 脑水肿　　　　　　　　　　　D. 皮肤水肿 E. 肺水肿 79. 一只猴子若患过敏性皮肤病，其体内显著增多的炎性细胞是（　　） (2014) A. 单核细胞　　　　　　　　　　B. 淋巴细胞 C. 中性粒细胞　　　　　　　　　D. 嗜酸性粒细胞 E. 嗜碱性粒细胞

<table>
<tr><td rowspan="20">作业解答</td><td>

57. 从静脉注入空气所形成的空气性栓子主要栓塞的器官是（　　）(2015)

A. 大脑　　　　　　　　　B. 心脏

C. 肾脏　　　　　　　　　D. 肝脏

E. 脾脏

54. 血液弥漫性分布于组织间隙，使出血组织呈现大片暗红色的病变称为（　　）(2016)

A. 出血性素质　　　　　　B. 溢血

C. 点状出血　　　　　　　D. 出血性浸润

E. 斑状出血

54. 来自门静脉的栓子主要栓塞在（　　）(2017)

A. 心　　　　　　　　　　B. 肝

C. 脾　　　　　　　　　　D. 肺

E. 肾

58. 渗出性炎症时，炎灶局部最先渗出的蛋白成分是（　　）(2017)

A. 血红蛋白　　　　　　　B. 白蛋白

C. α-球蛋白　　　　　　　D. β-球蛋白

E. γ-球蛋白

53. "心力衰竭细胞"出现在（　　）(2018)

A. 心脏　　　　　　　　　B. 肝脏

C. 脾脏　　　　　　　　　D. 肺脏

E. 肾脏

54. 再生能力较弱的细胞是（　　）(2018)

A. 肠黏膜上皮细胞　　　　B. 肾小管上皮细胞

C. 肝细胞　　　　　　　　D. 成纤维细胞

E. 心肌细胞

56. 肉芽组织是一种幼稚结缔组织，其中富含（　　）(2019)

A. 炎性细胞和胶原纤维　　B. 新生毛细血管和成纤维细胞

C. 网状纤维和胶原纤维　　D. 胶原纤维和纤维细胞

E. 成纤维细胞和纤维细胞

61. 下列由细胞释放的炎症介质是（　　）(2019)

A. 激肽系统　　　　　　　B. 补体系统

C. 单核因子　　　　　　　D. 凝血系统

E. 纤溶系统

62. 犬细小病毒导致的心肌出血病变称为（　　）(2019)

A. 心肌炎　　　　　　　　B. 心内膜炎

C. 心包炎　　　　　　　　D. 绒毛心

E. 虎斑心

63. 卡他性炎发生在（　　）(2019)

A. 黏膜　　　　　　　　　B. 腱膜

C. 肌膜　　　　　　　　　D. 筋膜

E. 滑膜

</td></tr>
</table>

作业解答	29. 发生萎缩的细胞（　　）(2020) A. 功能无变化　　　　　B. 形态不可恢复 C. 功能丧失　　　　　　D. 功能降低 E. 代谢停止 43. 高动力型休克的特点是（　　）(2020) A. 高排高灌　　　　　　B. 低排高阻 C. 高排高阻　　　　　　D. 低排低阻 E. 高排低阻			
作业评价	班级		第　　组	组长签字	
	学号		姓名		
	教师签字		教师评分		日期	
	评语：				

● ● ● ● ● **学习反馈单**

学习情境 2	病理解剖诊断
评价内容	评价方式及标准。
知识目标 达成度	评价方式：学生自评、组内评价、教师评价。 评价标准：(40％) 　1. 能描述发生血液循环障碍、组织损伤、代偿、修复、炎症病变器官以及肿瘤的原因。(5％) 　2. 能描述发生血液循环障碍、组织损伤、代偿、修复、炎症病变器官以及肿瘤的机理。(5％) 　3. 能描述发生血液循环障碍、组织损伤、代偿、修复、炎症病变器官以及肿瘤的解剖学变化与组织学变化。(10％) 　4. 能描述发生血液循环障碍、组织损伤、代偿、修复、炎症病变器官以及肿瘤的结局与影响。(10％) 　5. 历年执业兽医师资格考试真题答案(10％)。 　D、A、A、A、D、B、E、D、B、D、B、B、D、E、B、A、A、A、D、E

技能目标 达成度	评价方式：学生自评、组内评价、教师评价。 评价标准：（30%） 1. 能准确辨别发生血液循环障碍、组织损伤、代偿、修复、炎症病变器官以及肿瘤的解剖学变化与组织学变化。（15%） 2. 能运用病理知识对动物疾病进行初步诊断。（15%）
素养目标 达成度	评价方式：学生自评、组内评价、教师评价。 评价标准：（30%） 1. 通过课前预习，培养学生的自主学习能力。（7%） 2. 通过小组内对案例分析结果的展示，找到不足，自我提升，强化团体合作习惯和严肃认真的工作作风，同时增强集体荣誉感。（7%） 3. 通过对病理组织大体标本的观察，了解动物疾病的特点，深化学农爱农、关爱生命的意识。（8%） 4. 通过了解"暴走妈妈"陈玉蓉的感人事件，分析脂肪肝的危害，同时体会母爱的伟大，懂得感恩，弘扬中华民族传统美德。（8%）
反馈及改进	
针对学习目标达成情况，提出改进建议和意见。	

学习情境 2 线上练习

学习情境 3
病理生理诊断

●●●● **学习任务单**

学习情境 3	病理生理诊断	学　时	20
布置任务			
学习目标	【知识目标】 　1. 能描述动物发生水肿、脱水、酸中毒、缺氧、发热、黄疸、败血症的原因。 　2. 能描述动物发生水肿、脱水、酸中毒、缺氧、发热、黄疸、败血症的机理。 　3. 能描述动物发生水肿、脱水、酸中毒、缺氧、发热、黄疸、败血症的临床表现、解剖学变化与组织学变化。 　4. 能描述动物发生水肿、脱水、酸中毒、缺氧、发热、黄疸、败血症的病理过程。 　5. 能描述动物发生水肿、脱水、酸中毒、缺氧、发热、黄疸、败血症的结局与影响。 【技能目标】 　1. 能准确辨别动物发生水肿、脱水、酸中毒、缺氧、发热、黄疸、败血症的临床表现、解剖学变化与组织学变化。 　2. 能运用病理知识对动物疾病进行初步诊断。 　3. 能运用脱水发生的原因与机理，对脱水进行正确的补液。 【素养目标】 　1. 通过课前预习，培养学生的自主学习能力。 　2. 通过小组内对案例分析结果的展示，找到不足，自我提升，强化团体合作习惯和严肃认真的工作作风，同时增强集体荣誉感。 　3. 通过对病理组织大体标本的观察，了解动物疾病的特点，深化学农爱农、关爱生命的意识。 　4. 通过了解国际共产主义战士白求恩的伟大事迹中，分析败血症的危害，加强同学们对学习成果的交流、沟通，增强时代感和吸引力、坚定马克思主义信仰。		

任务描述	1. 说出水肿、脱水、酸中毒、缺氧、发热、黄疸、败血症的含义。 2. 说出水肿、脱水、酸中毒、缺氧、黄疸、败血症的类型。 3. 说出水肿、脱水、酸中毒、缺氧、发热、黄疸、败血症的发生原因。 4. 识别出发生水肿、脱水的组织器官。 5. 识别出发生酸中毒、缺氧、发热、黄疸、败血症的动物个体。 6. 说出水肿、脱水、酸中毒、缺氧、发热、黄疸、败血症的病理过程。
提供资料	1. 资讯单。 2. 教材。 3. 在线开放课程：上智慧树网站查找动物病理课程（黑龙江职业学院）。
对学生 要求	1. 前程课程：动物解剖生理、动物微生物及免疫。 2. 按任务资讯单内容，认真准备资讯问题，预习课程内容。 3. 以小组为单位完成学习任务，充分发挥团结协作精神。 4. 按各项工作任务的具体要求，认真设计及实施工作方案。 5. 严格遵守相关实验室管理制度，爱护实验设备用具等，避免安全事故发生。 6. 严格遵守动物剖检、检验等技术的操作规程，避免散播病原。

项目 1　水肿

●●●● 任务资讯单

学习情境 3	病理生理诊断
项目 1	水肿
资讯方式	教材、教学平台资源、在线开放课资源、网络资源等。
资讯问题	1. 什么是水肿？ 2. 引起水肿发生的原因有哪些？ 3. 引起水肿发生的机理有哪些？ 4. 皮肤及皮下组织水肿有哪些病理变化？ 5. 肺水肿有哪些病理变化？ 6. 黏膜水肿有哪些病理变化？ 7. 水肿对机体的影响有哪些？
资讯引导	1. 陆桂平. 动物病理. 北京：中国农业出版社，2001 2. 于洋等. 动物病理. 北京：中国农业大学出版社，2011 3. 张鸿等. 宠物病理. 北京：中国农业出版社，2016 4. 姜八一. 动物病理. 北京：中国农业出版社，2019 5. 於敏等. 动物病理. 北京：中国农业出版社，2019 6. 於敏等. 动物病理. 北京：中国农业出版社，2022 7. 中国知网

●●●● 案例单

学习情境 3	病理生理诊断	学时	20
项目 1	水肿		

序号	案例内容	案例分析
1.1	我们的同学来自全国各地，有的路途很遥远，可能要坐很长时间的火车。那么，同学们有没有观察过，在我们长途跋涉坐了很久的火车之后，发现自己的脚"大了一号"、腿"粗了一圈"？其实，这些都是由于血液循环障碍，导致了腿部、双脚的皮下发生了浮肿，也就是水肿。 　　根据上述现象，请大家总结水肿的概念，发生原因，解释水肿发生的病理变化。	水肿是指体液在组织间隙和浆膜腔内蓄积过多。 　　坐了很长时间火车，同学们的双腿长时间处于下垂体位，静脉压升高，从而使毛细血管流体静压升高，毛细血管动脉端滤出力量增大，血浆滤出量增多；又因流体静压升高，形成的组织间液从静脉端回流时受到阻碍，组织液大量蓄积，从而引起双腿部皮肤发生水肿，也称"浮肿"。 　　同学们水肿的双腿皮肤肿胀呈苍白色，弹性降低，质如面团，有指压痕。

●●●● 工作任务单

学习情境 3	病理生理诊断
项目 1	水肿

【任务】识别水肿

根据教师提供的发生水肿的组织器官的浸渍标本、水肿的组织切片、图片，完成以下工作。

(1)说出水肿的含义。

(2)说出水肿的原因及分类。

(3)说出水肿发生的机理。

(4)根据教师所提供的病例图片，说出病变的名称，并描述该器官的眼观及光学显微镜下病理变化。

➤参考答案

1. 水肿的含义

体液在组织间隙和浆膜腔内蓄积过多，称为水肿。

2. 水肿的原因及分类

(1)心性水肿：发生于心功能不全(心力衰竭)，左心衰竭时引起肺水肿；右心衰竭时引起全身性水肿。临床上患病动物的前胸、腹下和四肢部位发生明显水肿。

（2）肾性水肿：指肾炎和肾衰时引起全身性水肿。其特点在机体疏松部位出现明显的水肿，如眼睑、阴囊和腹部皮下。

（3）肝性水肿：由肝脏疾病引起的全身性水肿，常见肝硬变时发生的腹水。

（4）营养不良性水肿：常发生在慢性传染病、严重寄生虫病、恶性肿瘤、慢性胃肠疾病及饲料里长期缺乏蛋白性营养物质等。机体蛋白质缺乏，造成低蛋白血症，引起血浆胶体渗透压降低而发生水肿。

（5）淤血性水肿：见于各种性质的淤血。可引起局部或全身组织、器官发生水肿。

（6）炎性水肿：指各种渗出性炎症，引起局部组织发生水肿。炎性水肿液叫渗出液，非炎性水肿液叫漏出液。识别它们的区别对临床治疗水肿性疾病有实际意义。

3. 水肿发生的机理

（1）血管内外体液交换障碍。

①毛细血管壁通透性增强。

②血浆胶体渗透压降低。

③组织间液渗透压升高。

④毛细血管内流体静压升高。

⑤淋巴回流受阻。

（2）水、钠潴留。

①肾小球滤过机能降低。

②肾小管重吸收机能增强。

4. 识别标本并能正确描述其病理变化

（1）皮肤及皮下组织水肿：皮肤肿胀呈苍白色，弹性降低，质如面团、有指压痕，切开有液体流出，皮下组织呈胶冻样。镜检皮下组织间隙有大量淡红色液体，组织疏松而间隙增宽。胶原纤维肿胀或崩解。结缔组织细胞、肌细胞、腺上皮细胞肿大，胞浆内出现水泡，甚至坏死。

（2）黏膜水肿：黏膜肿胀增厚呈半透明胶冻样，触之有波动感，如仔猪水肿病时胃黏膜水肿。

（3）浆膜腔水肿（积水）：体腔里水肿液增多，液体混浊呈黄白或红黄色，其中还可出现絮状纤维蛋白，浆膜面有时粗糙和充血、出血变化。

（4）肺水肿：肺体积肿大，重量增加，被膜湿润光亮，肺小叶间质增宽、膈叶下缘有3～5cm 厚，切面流有泡沫样液体。镜检可见肺泡壁增宽，毛细血管高度扩张，肺泡腔内有多量淡红的浆液，其中有少量脱落上皮细胞。

注：任意识别并描述出其中两项即可。

必 备 知 识

【必备的专业知识和技能】

水肿

水是组成动物机体的重要成分之一，是维持动物生命活动的重要物质。它广泛分布在细胞内外，构成体液。体液占动物体重的60%～70%，其中50%的水与蛋白质、多糖及磷脂结合成胶态，形成结合水，构成细胞内液。其余20%的水存在细胞外，以游离状态存在，形成自由水，构成细胞外液（组织间液约占 15%，血浆占 5%）。脑脊液、消化液、尿液、汗液等也属于细胞外液，由于它们量少，并具有其他特殊性，所以在讨论细胞外液变化时，一般不涉及。

　　细胞内液与细胞外液之间不断进行交换，保持着体液的相对平衡。细胞通过细胞外液的交换而获取氧和营养物质，并接受其中活性物质的影响，其代谢产物或分泌的活性物质，又通过细胞外液来运送和排出。因此，细胞外液已成为沟通组织细胞之间和机体与外界环境之间的介质，亦是构成细胞生存的内环境。机体通过神经内分泌系统及组织器官的调节功能，使体内水和电解质保持动态平衡，即使体液的容量、分布、组成及理化特性如电解质浓度、渗透压和 pH 等维持在一定范围内，维持机体内环境的平衡状态，参与物质代谢、体温调节和润滑组织的重要作用，所以水也是动物生命活动的重要物质基础。在疾病过程中，水代谢发生障碍时，使机体内的水出现增多或减少。而水肿与脱水，则是水代谢障碍的具体表现形式。

　　如果体液在组织间隙和浆膜腔内蓄积过多，称为水肿。水肿发生部位不同，可有不同的名称，如浆膜腔内的水肿，称积水或积液；皮下水肿称浮肿；细胞内液体增多时，称细胞水肿或称水中毒。

一、水肿发生原因与机理

　　在生理状态下，毛细血管动脉端滤出压大于回流压，而静脉端的滤出压小于回流压，所以血浆中的水分、小分子化合物及无机盐离子等通过动脉端滤出，生成组织间液。而组织间液和细胞代谢产物又不断地通过静脉端和毛细淋巴管回流到血管内，从而使组织间液的形成与回流维持在正常状态（图 3-1）。

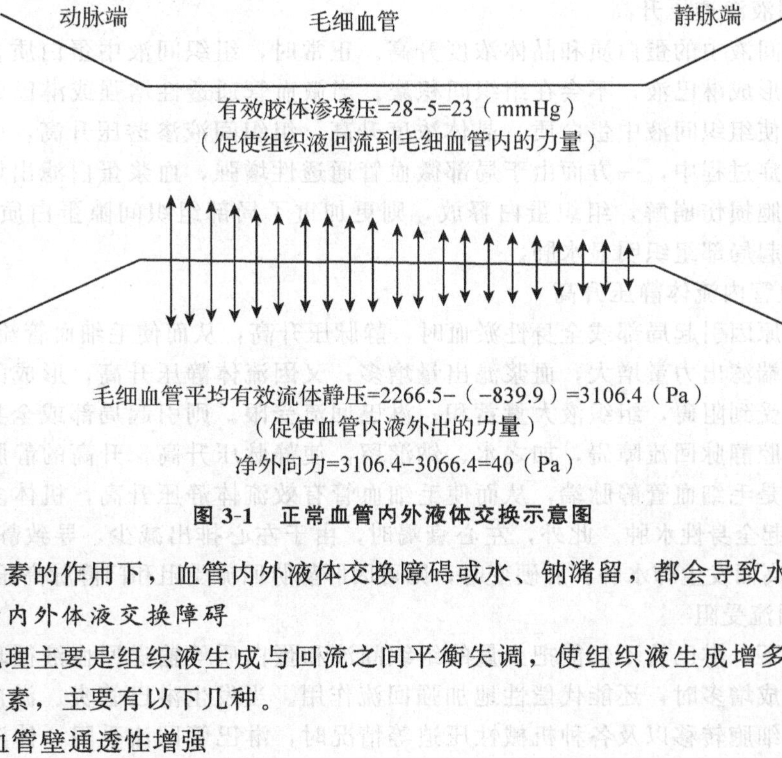

　　动脉端　　　　　　毛细血管　　　　　　静脉端

有效胶体渗透压=28-5=23（mmHg）
（促使组织液回流到毛细血管内的力量）

毛细血管平均有效流体静压=2266.5-（-839.9）=3106.4（Pa）
（促使血管内液外出的力量）
净外向力=3106.4-3066.4=40（Pa）

图 3-1　正常血管内外液体交换示意图

　　在致病因素的作用下，血管内外液体交换障碍或水、钠潴留，都会导致水肿的发生。

（一）血管内外体液交换障碍

　　其发生机理主要是组织液生成与回流之间平衡失调，使组织液生成增多或回流减少。影响其平衡因素，主要有以下几种。

1. 毛细血管壁通透性增强

　　正常时毛细血管只能允许血浆和微量蛋白滤出，其他微血管对蛋白则不能滤出。由于炎症、细菌毒素、缺氧和维生素等物质的缺乏，使微血管扩张或结构被破坏，其通透性增强，血浆蛋白及液体成分大量渗出，导致血浆胶体渗透压降低，组织液胶体渗透压升高，进一步使体液从血管内向外滤出量增多，回流量减少，从而发生水肿。因此，微血管壁通透性增强在水肿发生中具有重要作用。微血管通透性增强在渗出性炎症过程中也最为典型。另外在烧伤、烫伤、冻伤时亦可因微血管壁通透性增强而出现明显的水肿，甚至形成水疱。这种水疱中都含有大量蛋白质。因此，一般把这种水肿液称为渗出液，其所含有蛋白浓度可达 3%～6%。

2. 血浆胶体渗透压降低

血浆胶体渗透压是组织液回流的重要力量，取决于血浆中蛋白质的含量，尤其是白蛋白的含量。因此，血浆白蛋白浓度降低可造成血浆胶体渗透压下降，组织液回流受阻，由此而引起的水肿称为低蛋白血症性水肿。引起血浆蛋白浓度下降的原因主要有以下几点。

①蛋白质摄入减少。饲料中长期缺乏蛋白质，使得动物摄取蛋白质不足。

②蛋白质丧失过多。尿中丢失（蛋白尿），如肾炎、肾病综合征等；肠道丢失，如慢性肠炎等。

③蛋白质合成障碍。如营养不良（引起饥饿性水肿），或肝功能严重损害如肝硬变，使得蛋白质合成原料缺乏或合成功能丧失，而导致血浆蛋白合成不足。

④蛋白质浓度下降。由于严重的水、钠潴留，或经血管输入大量非胶体溶液，血浆总蛋白量可能不变，但可使血浆蛋白稀释，其浓度降低。

以上原因均会使血浆胶体渗透压降低，从而使血浆滤出量增多，组织液回流减少而发生水肿。

3. 组织间液渗透压升高

这指组织间液中的蛋白质和晶体浓度升高。正常时，组织间液中蛋白质含量极微，而且经淋巴回流形成淋巴液，不会在组织间积聚。当微血管通透性增强或淋巴管阻塞及局部细胞崩解，可使组织间液中蛋白质、晶体浓度升高，组织间液渗透压升高，引起水肿。此外，在局部炎症过程中，一方面由于局部微血管通透性增强，血浆蛋白滤出增多；另一方面由于组织细胞损伤崩解，组织蛋白释放，则更加重了局部组织间隙蛋白质浓度的升高。因此炎症常引起局部组织明显水肿。

4. 毛细血管内流体静压升高

由于各种原因引起局部或全身性淤血时，静脉压升高，从而使毛细血管流体静压升高，毛细血管动脉端滤出力量增大，血浆滤出量增多；又因流体静压升高，形成的组织间液从静脉端回流时受到阻碍，组织液大量蓄积；淋巴回流受限；则引起局部或全身性水肿。如右心衰竭时，腔静脉回流障碍，加之水、钠潴留，使静脉压升高，升高的静脉压可传递到微静脉，尤其是毛细血管静脉端，从而使毛细血管有效流体静压升高，机体多处组织液回流受阻，则引起全身性水肿。此外，左心衰竭时，由于左心排出减少，导致静脉回流受阻，致肺静脉压升高而发生肺水肿；肝硬变时，则可因肝静脉回流受阻和门静脉高压而形成腹水。

5. 淋巴回流受阻

正常情况下，淋巴管不仅能把少量的组织间液和蛋白质等输送回血液循环之中，而且在组织间液生成增多时，还能代偿性地加强回流作用。当发生淋巴管炎、淤血、寄生虫感染、肿瘤、癌细胞转移以及各种机械性压迫等情况时，淋巴管回流受阻，体液在组织间蓄积增多，引起水肿。

（二）水、钠潴留

动物不断从饲料和饮水中摄取水和钠盐，并通过呼吸、出汗和粪便、尿液等将其排出。在正常的成年动物中它们的摄入量和排出量通常保持着平衡。在神经体液的调节下，这种平衡的维持得以实现，其中以肾脏的作用尤为重要。肾脏通过肾小球的滤过（水和钠）作用和肾小管的重吸收作用而维持动物体水、钠的平衡（称肾小球—肾小管平衡或球—管平衡：通常肾小球滤过的水和钠与肾小管重吸收的水、钠呈一定比例关系。当滤过增多时，重吸收也相应增多，反之亦然。从而保证了肾小球滤过发生变化时不致引起水、钠排出发生很大的变化）。如果肾小球滤过减少或肾小管对水、钠的重吸收增强或不变，则常常可导致水、钠在体内的潴留（肾小球—肾小管失平衡）。水、钠潴留是水肿（特别是全身性水肿）发生的物质基础。

1. 肾小球滤过机能降低

肾小球滤过减少，如果同时肾小管重吸收不发生相应的减少，就会导致水、钠在体内潴留。引起肾小球滤过减少的病因如下。

（1）广泛的肾小球病变可严重影响肾小球的滤过。如在慢性肾小球肾炎的病例中，由于肾小球严重纤维化而影响过滤。在急性肾小球肾炎由于炎性渗出物和内皮肿胀增生（肾小球完全或部分阻塞），阻碍了肾小球的滤过。

（2）有效循环血量下降（如充血性心力衰竭、休克、出血），可引起肾血流量减少而导致肾小球滤过降低。此外，有效循环血量下降还可反射性地引起交感—肾上腺髓质系统的兴奋，使肾入球小动脉广泛地收缩，导致肾血流量更加减少。一方面引起肾小球滤过减少，另一方面也引起肾素的释放。它们的作用都能使水、钠在体内潴留。

2. 肾小管重吸收机能增强

肾小管重吸收增多是影响体内水、钠潴留的主要方面。引起肾小管重吸收水、钠增多的因素有如下几方面。

（1）激素。当心输出量减少或循环血液量不足时，垂体后叶抗利尿素和肾上腺皮质球状带醛固酮分泌释放增多，可使肾小管对水、钠重吸收机能增强；肝脏疾病可降低对抗利尿素、醛固酮的灭活作用，亦能增强肾小管对水、钠的重吸收作用，引起水、钠潴留；另外近年研究证明，动物体内还存在利钠因子，即从动物心房组织中提取一种利钠素（心房肽），其利尿作用比速尿大 $500\sim1000$ 倍，当心房肽缺乏时，也失去对抗利尿素和醛固酮分泌、释放的抑制。

（2）肾血流重分配。动物的肾单位可分为皮质肾单位和髓旁肾单位两种。皮质肾单位接近肾脏表面，它们的髓袢较短，因此重吸收水、钠的作用较弱。髓旁肾单位靠近肾髓质，它们的髓袢长，重吸收水、钠的作用也比皮质肾单位强得多。正常时，肾血流大部分通过皮质肾单位，只有小部分通过髓旁肾单位。但在某些病理情况下（如心力衰竭、休克），可出现肾血流的重新分配，这时肾血流大部分被分配到髓旁肾单位，使较多的水、钠被重吸收，这可能是水、钠潴留的一个因素。

（3）肾小球滤过和肾小管重吸收失衡。任何使肾小球滤过减少而肾小管重吸收没有相应减少，或肾小球滤过减少和肾小管重吸收增多同时出现，或肾小球滤过没有明显变化而肾小管重吸收却明显增多的原因，都会使肾小球—肾小管失去平衡，从而引起水、钠在体内潴留。

以上所述各种因素都与水肿的发生有关，但水肿的发生可能有多种因子的共同参与。

在每一特定水肿的发生中，上述各因素所起的作用大小也各不相同。下面将叙述临床上几种常见的水肿类型及其发生机理。

二、水肿类型及病理变化

(一)水肿类型

根据发生原因和器官功能变化，水肿分为以下几种。

1. 心性水肿

由于心肌收缩力减弱，心力衰竭所导致的水肿称为心性水肿。发生于心功能不全(心力衰竭)。左心衰竭时引起肺水肿；右心衰竭时引起全身性水肿。临床上患病动物的前胸、腹下和四肢部位发生明显水肿。

右心衰竭引起全身水肿的机制如下。

(1)水、钠潴留。心衰引起水、钠潴留是肾小球滤过率降低和肾小管重吸收增加共同作用的结果。心衰所致心输出量减少，一方面直接引起肾小球毛细血管灌注不足，另一方面通过加压反射，交感神经活动加强，肾素—血管紧张素Ⅱ产生增多，促进了肾小球血管的收缩，从而使肾小球滤过率降低。同时，肾素—血管紧张素系统使肾上腺皮质分泌醛固酮增加，以及垂体后叶释放ADH增多，且肝淤血对醛固酮和ADH灭活障碍，从而加强肾小管对水、钠的重吸收。肾小球滤过率降低、肾小管重吸收加强，两方面因素共同作用，引起水、钠在体内大量蓄积。

(2)体静脉压和毛细血管流体静压升高。心肌收缩力减弱，心腔不能完全排空，从而导致静脉回流受阻，加之由于颈动脉窦和主动脉弓反射引起的加压过程，使机体外周动、静脉收缩，从而使静脉压明显升高，毛细血管流体静压亦随之上升。再由于水、钠潴留，血容量增加，静脉压和毛细血管流体静压的升高更加明显，结果导致组织液的滤出增多而回流受阻。

(3)淋巴回流受阻。体静脉压升高，阻碍了淋巴液排入静脉，影响了淋巴回流的代偿作用，从而促进水肿的发生。

2. 肾性水肿

肾性水肿指原发性肾功能障碍引起的全身性水肿，称为肾性水肿。其特点在机体疏松部位出现明显的水肿，如眼睑、阴囊和腹部皮下。肾性水肿可分为肾病性水肿和肾炎性水肿。

肾病性水肿发病机制的中心环节是大量的血浆蛋白随尿丢失，造成低蛋白血症和血浆胶体渗透压下降，以及水、钠潴留。

当动物发生汞中毒，或膜性肾小球肾炎，或肾淀粉样变等情况下，肾小球毛细血管通透性显著增强，大量血浆蛋白经肾脏排出，导致低蛋白血症和血浆胶体渗透压下降，全身毛细血管的液体大量滤出，结果使血浆容量和有效循环血量减少。后者有可引起机体肾素—血管紧张素—醛固酮系统的激活，以及下丘脑—垂体后叶ADH释放增加，从而使肾小管对水、钠重吸收加强，以补充血容量。但由于此时血浆胶体渗透压下降，重吸收的水、钠又滤出到组织间隙，结果使水肿加重。

肾炎性水肿主要见于急性肾小球肾炎等过程中，临床常见蛋白尿、血尿、红细胞管型尿及少尿，并有全身性水肿。急性期后水肿逐渐消退。水肿发生机制主要是球—管失衡，即肾小球滤过率明显下降，但肾小管重吸收仍然正常，使水、钠在体内大量潴留。慢性肾小球肾炎引起水肿的主要机制是肾性高血压及低蛋白血症。

3. 肝性水肿

由肝脏原发性疾病引起的体液异常积聚，称为肝性水肿，常以形成腹水为特征，多见于肝硬变。

肝硬变引起腹水蓄积的主要机制如下。

（1）肝静脉回流受阻。由于肝细胞发生变性、坏死，肝内结缔组织增生和收缩，以及肝细胞结节状再生，压迫肝静脉分支和肝窦状隙，致使肝静脉及肝淋巴回流均受阻，肝内组织液大量蓄积，液体经肝被膜渗出滴入腹腔形成腹水。

（2）门静脉高压。肝硬变时肝门静脉受挤压，门静脉血入肝受阻，造成门脉压升高，使肠系膜静脉及淋巴入肝障碍，结果引起肠壁水肿，水肿液滴漏入腹腔成为腹水。

（3）水、钠潴留。由于大量的血浆液体成分变成了腹水，从而导致血浆容量下降，于是醛固酮和 ADH 释放增多，促进肾小管对水、钠重吸收。加之肝功能障碍，对醛固酮及 ADH 的灭活能力降低，白蛋白的合成减少，则更加重了水肿的形成。

4. 营养不良性水肿

营养不良性水肿亦称恶病质性水肿，常发生在慢性传染病、恶性肿瘤、严重寄生虫病、慢性胃肠疾病及饲料里长期缺乏蛋白性营养物质等。

该型水肿的发生机理如下。

（1）一般以低蛋白血症来解释，但有时血浆蛋白在正常范围内也出现水肿。确切阐明其机理尚需进一步研究。有一个重要的因素可能是疏松结缔组织取代了某些致密的组织（主要是脂肪），这有利于液体的积聚。但这一解释不能说明极度瘦弱的患病动物通常并不发生水肿这个事实。

（2）营养不良性水肿除有低蛋白血症以外，可能尚有其他营养物质的缺乏。如硫胺素缺乏可引起心力衰竭，可作为为营养不良性水肿发生的佐证之一。

5. 淤血性水肿

淤血性水肿主要是由于静脉回流受阻导致毛细血管流体静压升高所引起。此外，淤血导致缺氧、代谢产物堆积、酸中毒，可进一步引起毛细血管通透性增强和细胞间液渗透压升高，也促进水肿的发生。水肿范围与淤血范围相一致。

6. 炎性水肿

炎性水肿指各种渗出性炎症，引起局部组织发生水肿。炎性水肿液叫渗出液，非炎性水肿液叫漏出液。二者之间的区别对临床治疗水肿性疾病有实际意义。关于渗出液与漏出液的区别，在前面炎症部分已做解释，在此不再赘述。

（二）水肿病理变化

因水肿发生的器官和组织结构不同，其病理变化也不同。

1. 皮肤及皮下组织水肿

皮肤水肿的早期或轻度水肿时，水肿液与皮下疏松结缔组织中的凝胶网状物（胶原纤维和由透明质酸构成的凝胶基质等）结合而呈隐性水肿。随病情的发展，当细胞间液超过凝胶网状物结合能力时，可产生自由液体，扩散于组织细胞间，指压留有压痕。此时的水肿称为凹陷性水肿。外观皮肤肿胀呈苍白色，弹性降低，质如面团、指压留痕，切开有液体流出，皮下组织呈胶冻样。

镜检皮下组织间隙有大量淡红色液体，组织疏松而间隙增宽。胶原纤维肿胀或崩解，排列无序。肌细胞、结缔组织细胞、腺上皮细胞肿大，胞浆内出现水泡，甚至坏死。腺上皮细胞常常与基底膜分离,淋巴管扩张。苏木苏—伊红染色标本中水肿液可因蛋白质含量多少而呈深红色、淡红色或不着色(仅见于组织疏松或出现空隙)。

2. 黏膜水肿

黏膜肿胀增厚,呈半透明胶冻样,触之有波动感。如仔猪水肿病时胃黏膜水肿。局限性黏膜水肿常见于烧伤、烫伤、猪水疱病、口蹄疫等。

3. 浆膜腔水肿(积水)

当浆膜腔发生积水时,水肿液一般为淡黄色透明液体。浆膜小血管和毛细血管扩张充血,浆膜面湿润有光泽。如果该水肿是由炎症所引起,则水肿液内含有较多的蛋白质,并混有渗出的炎性细胞、纤维蛋白和脱落的间皮细胞而呈混浊。此时可见浆膜肿胀,充血或出血,表面被覆薄层或厚层灰白色网状的纤维蛋白(图3-2、图3-3)。

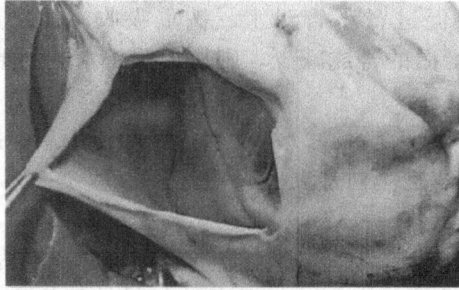

图3-2　牛包腔积水(心脏:心包腔显著扩张,心包膜明显增厚,心包腔内贮积大量黄褐色透明液体。同时可见心脏变圆,心肌柔软,扩张、色淡)

(张旭静主编,动物病理学检验彩色图谱,第一版,中国农业出版社)

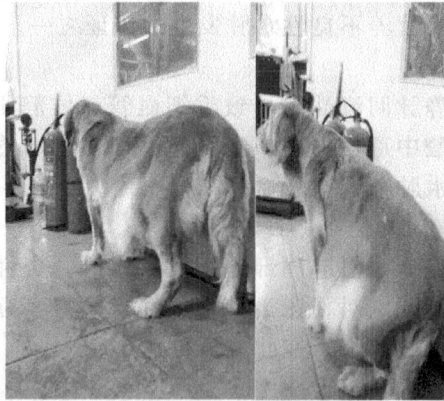

图3-3　犬肝炎,发生腹水(腹围明显增大,呼吸困难)

4. 肺水肿

当肺脏发生水肿时,眼观肺体积肿大,质量增加,质地变实,被膜湿润光亮,肺表面因高度淤血而呈暗红色。肺小叶间质增宽,切面呈紫红色,从支气管和细支气管流出大量白色泡沫样液体,如伴发淤血,则流出大量暗红色泡沫状液体。

镜检可见非炎性水肿,肺泡壁增宽,毛细血管高度扩张,肺泡腔内有多量淡红的浆液,其中有少量脱落上皮细胞。肺间质因水肿液蓄积而增宽,结缔组织疏松呈网状,淋巴管扩张。在炎性水肿时,除见上述病变外,还可见肺泡壁结缔组织增生,肺泡腔内有渗出液,有时病变肺组织发生纤维化。

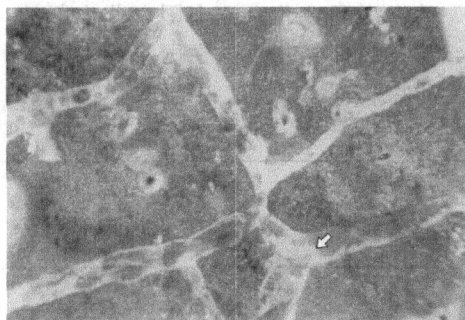

图 3-4 (牛传染性胸膜肺炎)小叶间质及血管周围水肿
（范国雄主编，牛羊疾病诊治彩色图说，第一版，中国农业出版社）

5. 实质器官水肿

心脏、肝脏、肾脏等实质性器官发生水肿时，器官的肿胀比较轻微，只有进行镜检才能发现。心脏水肿时，水肿液出现在心肌纤维之间，心肌纤维彼此分离，受到挤压的心肌纤维可发生变性。肝脏水肿时，水肿液主要蓄积于狄氏间隙内，使肝细胞索与窦状隙发生分离。肾脏水肿时，水肿液蓄积在肾小管之间，使间隙扩大，有时导致肾小管上皮细胞变性并与其基底膜分离。

水肿对机体产生的影响，主要取决于水肿的性质、发生部位、水肿程度和持续时间的长短。因水肿液对细胞组织压迫，导致组织缺血、缺氧，细胞或组织发生萎缩、变性及坏死，进而使其机能发生障碍；心包腔和胸腔积液时，对心脏和肺脏直接压迫，使心脏和肺脏功能障碍；肺水肿时，呼吸机能发生障碍，引起动物缺氧；脑水肿使颅内压升高，引起神经功能障碍，动物表现精神沉郁、昏迷、甚至死亡。一般部位轻度短时间水肿，对机体影响不大，严重长期水肿，可刺激结缔组织增生，使器官发生硬化。如淤血性水肿引起肺硬化和肝硬化等。

项目 2 脱水

●●●● 任务资讯单

学习情境 3	病理生理诊断
项目 2	脱水
资讯方式	教材、教学平台资源、在线开放课资源、网络资源等。
资讯问题	1. 什么是脱水？ 2. 引起脱水发生的原因有哪些？ 3. 脱水常见有哪几种类型？ 4. 各类脱水的病理过程是怎样的？ 5. 如何进行补液？
资讯引导	1. 陆桂平. 动物病理. 北京：中国农业出版社，2001 2. 于洋等. 动物病理. 北京：中国农业大学出版社，2011 3. 张鸿等. 宠物病理. 北京：中国农业出版社，2016

资讯引导	4. 姜八一. 动物病理. 北京：中国农业出版社，2019 5. 於敏等. 动物病理. 北京：中国农业出版社，2019 6. 於敏等. 动物病理. 北京：中国农业出版社，2022 7. 中国知网

●●●●● 案例单

学习情境 3	病理生理诊断	学时	20
项目 2	脱水		

序号	案例内容	案例分析
1.1	对于犬发生细小病毒感染，大家也许并不陌生，就是日常人们所说的"翻肠子"，其中肠炎型细小病毒感染主要的临床症状表现为食欲不振、呕吐、血便、体温升高。几天后，患犬会出现食欲废绝，频繁呕吐，严重腹泻，排出呈番茄汁样、具有特殊的腥臭气味的血便。患犬出现严重脱水症状。 根据上述病例，请同学们总结脱水的概念、发生原因、临床表现。	由于动物水、钠摄入不足或丧失过多，引起体液明显减少的现象称脱水。 细小病毒感染的病犬，由于发生严重的呕吐、腹泻，导致体液总量下降，发生脱水。

●●●●● 工作任务单

学习情境 3	病理生理诊断
项目 2	脱水

【任务】识别脱水

根据教师提供的发生脱水病例的图片、视频，完成以下工作。

(1)说出脱水的含义。

(2)分析脱水的原因，根据发生原因，阐述脱水的分类。

(3)分析并叙述动物发生脱水时，如何进行补液。

➤参考答案

1. 脱水的含义

由于动物水、钠摄入不足或丧失过多，引起体液明显减少的现象称脱水。

2. 脱水的原因及分类

(1)高渗性脱水：主要是饮水不足或水丧失过多。如水源断绝或动物咽部水肿、食道阻塞、破伤风引起牙关紧闭等均能引起饮水不足；因各种原因引起动物大出汗、严重腹泻和服用过多利尿剂，使水大量丧失而发生脱水。

(2)低渗性脱水：因饲养过程缺盐、大面积烧伤、大出汗、腹泻、肾上腺机能障碍、酮血症等疾病时，引起钠摄入不足或丧失过多，使血钠浓度降低，而发生低渗性脱水。临床上，只注重补水而忽略补盐时，更易发生低渗性脱水。

（3）等渗性脱水：是某些疾病过程中水和钠同时丧失引起，见于急性肠炎引起的腹泻、剧烈而持续性腹痛引起的大出汗、大面积烧伤等，使动物等渗溶液大量丧失而引起脱水。

3. 脱水时的补液原则

（1）查明病因。查明患病动物丧失的物质，确定脱水类型。

（2）根据脱水程度确定补液量。临床上可把脱水分为三种程度，而每种程度脱水丧失水和盐又不同。通过估算患病动物体重，与丧失体液量所占比例相乘，就能算出近似补液量。

①轻度脱水。患病动物症状不明显，可视黏膜干燥、皮肤弹性降低、有渴感。其失水量为体重的 $2\%\sim4\%$。

②中度脱水。患病动物明显口渴、皮肤干燥、缺乏弹性、唇干舌燥、少尿、精神沉郁、视力出现障碍等。其失水量为体重的 $4\%\sim6\%$。

③重度脱水。患病动物少尿或无尿、烦渴暴饮、口干舌燥、眼球下陷、角膜无光、结膜发绀、精神高度沉郁或昏迷，出现严重中毒现象。其失水量为体重的 $6\%\sim8\%$。

4. 确定补液量的水盐比例

在脱水补液时，要注意水盐的比例关系。无论哪种类型脱水和发生程度如何，都有水和盐的丧失，只不过多少而已。在补液时可参考以下水盐的比例。高渗性脱水时，其水盐比例为 $2:1$；低渗性脱水时，水盐比例为 $1:2$；等渗性脱水时，水盐比例为 $1:1$。另外，补液时的水是 5%葡萄糖水，而盐则为生理盐水。

必 备 知 识

【必备的专业知识和技能】

脱水

水和电解质，是动物生命活动所必需的重要物质，它们广泛分布于细胞内、外，生理情况下，维持着动态平衡。但在病理情况下，由于水和电解质代谢紊乱引起体液容量、组成、分布及电解质浓度、渗透压和 pH 发生改变，影响机体的各种生理功能。

由于动物水、钠摄入不足或丧失过多，引起体液明显减少的现象称脱水。根据机体水的丧失程度与血钠、血浆渗透压改变情况，将脱水分为三种。

一、高渗性脱水（缺水性脱水）

高渗性脱水指以水丧失较多而钠丧失较少的一种脱水，又称缺水性脱水。其病理变化特点是血浆渗透压升高，临床特征是动物出现口渴、尿少、尿比重增加。

（一）发生原因

发生高渗性脱水的原因主要是饮水不足或低渗性体液丧失过多。前者可见于水源断绝，或动物咽部水肿、食道阻塞、破伤风引起的牙关紧闭等引起饮水不足的情况下，动物得不到正常的水分补充，而又不断经呼吸、皮肤及肾脏丧失水，致使失水多于失盐。而低渗性体液丢失过多，常见于仔畜腹泻（水样腹泻时，粪钠浓度极低，而以失水为主）；或不适当地过量使用速尿、甘露醇、高渗葡萄糖等利尿剂，使肾脏排水过多。此外，动物发生代谢性酸中毒、脑炎等过程中呼吸加快，或各种原因引起的大出汗（汗液为低钠性的），也可使低渗性液体由肺或皮肤大量丧失。

（二）发展过程、机理和影响

动物轻度脱水时，机体可通过一系列代偿性调节，缓解脱水发展。

高渗性脱水时，因血浆水分减少，钠离子浓度相对升高，使血浆渗透压升高，继而组织间液中的水分被吸收入血,以降低血浆渗透压。这样使组织间液相对减少,又引起组织间液渗透压相对升高,于是细胞内液向细胞外转移,细胞脱水,从而使细胞外液容量得到一定程度恢复。在血浆渗透压升高的同时,刺激丘脑下部视上核渗透压感受器,一方面反射性引起动物口渴、饮水多;另一方面使垂体后叶分泌、释放抗利尿素增多,使肾小管对水重吸收功能增强,机体进行代偿性保水调节。当血浆钠离子浓度升高时,引起肾上腺皮质醛固酮分泌和释放减少,使肾小管对钠离子重吸收功能降低,使相对增多的钠离子排出体外。高渗性脱水发展过程如图 3-5 所示。

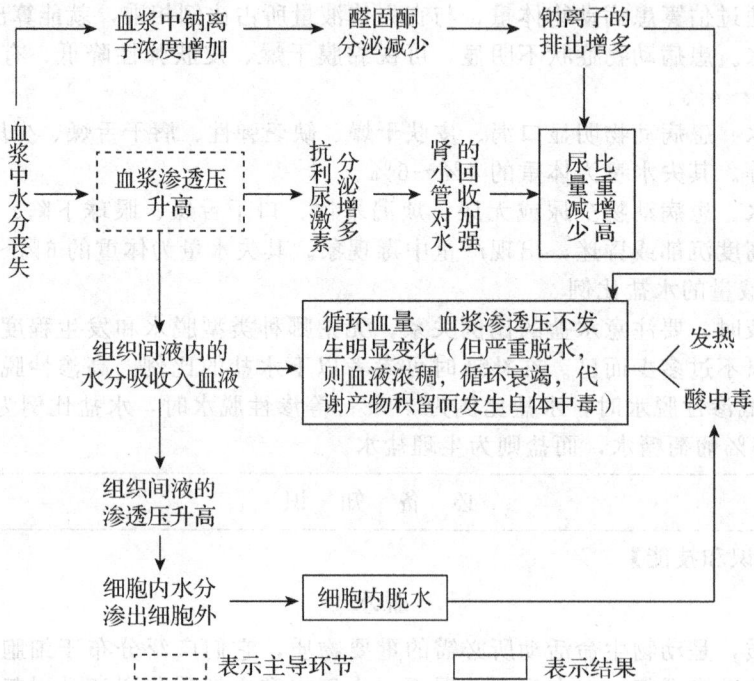

血浆中钠离子浓度增加 → 醛固酮分泌减少 → 钠离子的排出增多

血浆中水分丧失 → 血浆渗透压升高 → 抗利尿激素分泌增多 → 肾小管对水的回收增加增强 → 尿量减少比重增高

血浆渗透压升高 → 组织间液内的水分吸收入血液 → 循环血量、血浆渗透压不发生明显变化(但严重脱水,则血液浓稠,循环衰竭,代谢产物积留而发生自体中毒) → 发热 酸中毒

组织间液的渗透压升高 → 细胞内水分渗出细胞外 → 细胞内脱水

╴╴╴ 表示主导环节　　□ 表示结果

图 3-5　高渗性脱水发展过程

　　在脱水发展严重时,虽经代偿性调节,细胞外液高渗状态仍未得到纠正,使高渗性脱水继续发展,导致一系列脱水病理现象的发生。患病动物表现口渴、少尿、尿比重大、细胞脱水、皮肤弹性降低、发热、酸中毒和昏迷等。

　　二、低渗性脱水(缺盐性脱水)

　　低渗性脱水是以钠丧失为主而水丧失较少的一种脱水,又称缺盐性脱水。其病理特点是血浆渗透压降低,临床特点是患病动物无口渴感、尿量较少、尿比重降低。

　　(一)发生原因

　　低渗性脱水多半发生于体液大量丧失之后,由于补液不当所致。例如,腹泻、大出汗造成水和一定量的钠盐丢失,如果此时只给饮入淡水或输注葡萄糖溶液,就可造成细胞外液钠离子浓度被冲淡;再如,大面积烧伤、大量细胞外液丢失,只给补充输入葡萄糖液,同样会引起血浆低渗和钠离子浓度下降。此外,在急性肾功能不全多尿期或连续性使用排钠性利尿剂(如氯噻嗪类、速尿及利尿酸等)时,肾小管对水、钠的重吸收均减少,尤其在肾上腺皮质功能低下、醛固酮分泌不足的病例,肾性失钠就更为明显。在以上情况下,如果忽略给患病动物补盐,也可能引起低渗性脱水。

可见，低渗性脱水主要与补液不当有关，但应指出，在动物饲养管理中，如果忘却给盐则可直接引起缺盐性脱水。此外，大量体液丢失本身也可引起低渗性脱水，因为体液容量降低通过容量感受器反射引起 ADH 分泌增加，结果肾回收水增多，而使细胞外液低渗。

（二）发展过程、机理和影响

早期由于细胞外液低渗，但细胞外液容量尚未显著减少，故 ADH 分泌不多，而使肾脏排水量增加，从而出现多尿和低渗尿。与此同时，由于血钠浓度降低，肾致密斑的钠负荷减轻，或因血液循环血量减少，使肾脏入球动脉压力降低，牵张感受器兴奋，两者都可使肾素—血管紧张素—醛固酮系统活性加强。醛固酮分泌增多，肾小管重吸收钠增多则更促使尿液低渗。这些过程对维持血浆渗透压具有代偿意义。但如果细胞外液低渗现象得不到改善，这时细胞外液就会向相对高渗的细胞内转移，从而导致细胞水肿。由于水分大量从尿排出以及进入细胞内，细胞外液容量随即发生严重降低，极易诱发低血容量性休克，这是本型脱水的重要特征。

当脱水进一步发展，细胞外液容量严重减少，又可通过容量感受器，反射引起 ADH 分泌增加，使排尿减少，这对维持容量有代偿意义，但另一方面又促进了细胞外液低渗，并加重细胞水肿。

此外，该型脱水在早期因细胞外低渗，所以患病动物无口渴表现，但至后期由于组织灌流压降低和血浆血管紧张素Ⅱ浓度升高，都可能刺激下丘脑口渴中枢而出现口渴表现。患病动物还可表现为眼窝下陷、皮肤弹性降低、血压下降、肢体厥冷、发生心衰、昏迷和低血容量性休克。低渗性脱水发展过程如图 3-6 所示。

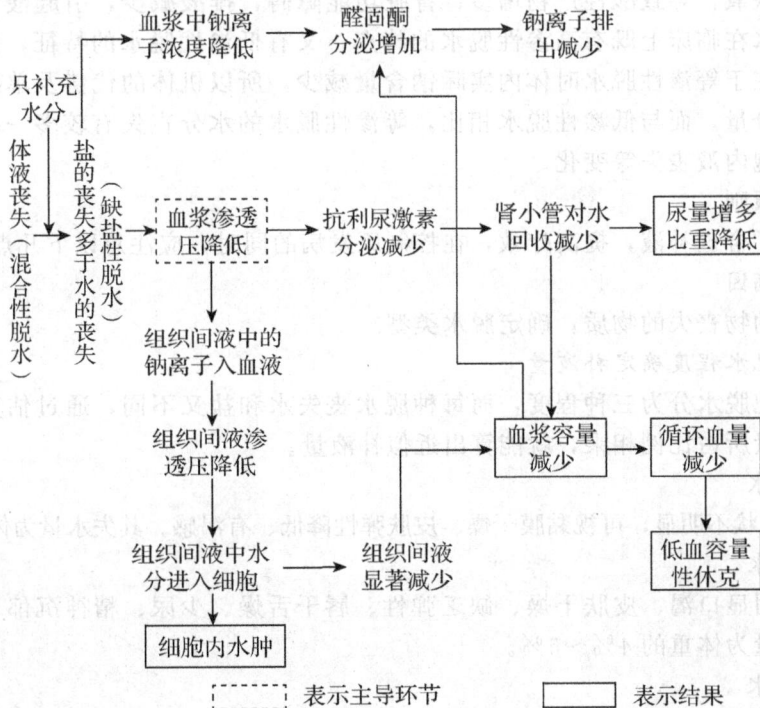

图 3-6　低渗性脱水发展过程

三、等渗性脱水（混合性脱水）

等渗性脱水指水和钠按相等比例丧失的一种脱水，又称混合性脱水。其病理特点是血浆渗透压不变。

（一）发生原因

发生原因是某些疾病过程中水和钠同时丧失引起，见于急性肠炎引起的腹泻、剧烈而持续性腹痛引起的大出汗、大面积烧伤等，使动物等渗溶液大量丧失而引起脱水（图 3-7）。

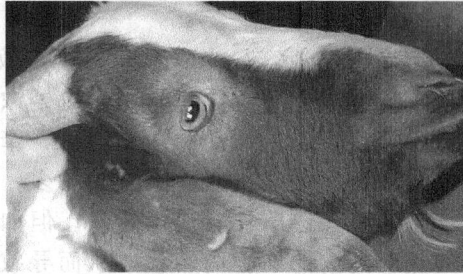

图 3-7　（山羊肠套叠）发生等渗性脱水（眼窝深陷）

（二）发展过程、机理和影响

初期由于是等渗溶液丧失，血浆渗透压一般保持不变。但是，水分由消化道、皮肤、呼吸道排出增多，多于盐的丧失，使血浆渗透压相对升高。一方面刺激丘脑下部视上核渗透压感受器，使患病动物饮欲增加；另一方面使肾上腺皮质分泌和释放醛固酮减少，使肾小管对钠重吸收功能降低，而钠排出增多。进行代偿性调节，使水、钠处于相对恒定状态，可缓解等渗性脱水。继续发展或严重时，虽然代偿调节，等渗脱水仍不能纠正，血钠过低，血浆水分丧失较多，血液浓缩，循环血量减少，而发生低血容量性休克。由于休克又使组织细胞缺血、缺氧，导致酸性产物增多；肾脏功能障碍，排酸减少，引起酸中毒。由上可见，等渗性脱水在临床上既有高渗性脱水的特点，又有低渗性脱水的特征，但其与高渗性脱水的区别，在于等渗性脱水时体内实际钠含量减少，所以机体的代偿及单纯补水都无法保持原有的水分量。而与低渗性脱水相比，等渗性脱水的水分丧失有较多一些，出现细胞外液高渗、细胞内液丧失等变化。

四、补液原则

临床上为了合理补液，提高疗效，在控制原发病的同时，应注意以下几点。

（一）查明病因

查明患病动物丧失的物质，确定脱水类型。

（二）根据脱水程度确定补液量

临床上可把脱水分为三种程度，而每种脱水丧失水和盐又不同，通过估算患病动物体重与丧失体液量所占比例相乘，就能算出近似补液量。

1. 轻度脱水

患病动物症状不明显，可视黏膜干燥、皮肤弹性降低、有渴感。其失水量为体重2%～4%。

2. 中度脱水

患病动物明显口渴、皮肤干燥、缺乏弹性、唇干舌燥、少尿、精神沉郁、视力出现障碍等。其失水量为体重的 4%～6%。

3. 重度脱水

患病动物少尿或无尿、烦渴暴饮、口干舌燥、眼球下陷、角膜无光、结膜发绀、精神高度沉郁或昏迷，出现严重中毒现象。其失水量为体重的 6%～8%。

（三）确定补液量的水盐比例

在脱水补液时，要注意水盐的比例关系。无论哪种类型脱水和发生程度如何，都有水和盐的丧失，只不过多少而已。补液时可参考以下水盐的比例。高渗性脱水时，其水盐比例为 2∶1；低渗性脱水时，水盐比例为 1∶2；等渗性脱水时，水盐比例为 1∶1。其中，补液时的水是 5％葡萄糖水，而盐则为生理盐水。

项目 3　酸中毒

●●●● 任务资讯单

学习情境 3	病理生理诊断
项目 3	酸中毒
资讯方式	教材、教学平台资源、在线开放课资源、网络资源等。
资讯问题	1. 什么是酸中毒？ 2. 引起酸中毒发生的原因有哪些？ 3. 酸中毒常见的有哪几种类型？ 4. 各类酸中毒的病理过程是怎样的？ 5. 酸中毒对机体的影响如何？
资讯引导	1. 陆桂平．动物病理．北京：中国农业出版社，2001 2. 于洋等．动物病理．北京：中国农业大学出版社，2011 3. 张鸿等．宠物病理．北京：中国农业出版社，2016 4. 姜八一．动物病理．北京：中国农业出版社，2019 5. 於敏等．动物病理．北京：中国农业出版社，2019 6. 於敏等．动物病理．北京：中国农业出版社，2022 7. 中国知网

●●●● 案例单

学习情境 3	病理生理诊断	学时	20
项目 3		酸中毒	

序号	案例内容	案例分析
1.1	现在，同学们大多数都疏于运动，如果在一些情况下，突然参加一些高强度的运动，那么在接下来的几天，会感觉腿部肌肉酸痛，甚至全身酸痛，这是什么原因呢？几天之后，酸痛感会逐渐减轻最终消失，这又是什么原因呢？我们仅仅是感觉到酸痛而已吗？会不会对我们的机体造成什么严重的后果？通过上述的案例，请同学们分析酸中毒发生的原因、对机体的影响等。	同学们在参加一些高强度的运动之后的几天里，会感觉腿部肌肉酸痛，甚至全身酸痛，是由于发生了酸中毒而导致。 酸中毒是指动物机体因酸性物质摄入过多或生成过多或其排出障碍，导致酸性物质在体内蓄积，引起动物神经、呼吸及循环等机能发生改变的病理过程。 同学们参加运动会之后，腿部由于过度运动、过劳，糖、脂肪、蛋白质分解代谢加强，使机体内乳酸、酮体及氨基酸等酸性产物生成增多，从而发生酸中毒。

●●●●● **工作任务单**

学习情境 3	病理生理诊断
项目 3	酸中毒

【任务】识别酸中毒

根据教师提供的发生酸中毒病例的图片、视频，完成以下工作。

(1)说出酸中毒的含义。

(2)根据老师所提供的的酸中毒病例，分析并说出酸中毒的原因及分类。

➤参考答案

1. 酸中毒的含义

酸中毒是指动物机体因酸性物质摄入过多，或生成过多，或其排出障碍，导致酸性物质在体内蓄积，引起动物神经、呼吸及循环等机能发生改变的病理过程。

2. 酸中毒的发生原因及分类

两病例中，分别为代谢性酸中毒、呼吸性酸中毒。

(1)代谢性酸中毒。

①酸性产物生成过多。

②肾脏排酸功能障碍。

③酸性物质摄入过多。

④碱性物质排出过多。

(2)呼吸性酸中毒。

①二氧化碳排出障碍。

②二氧化碳吸入过多。

必 备 知 识

【必备的专业知识和技能】

酸中毒

动物机体因酸性物质摄入过多，或生成过多，或其排出障碍，导致酸性物质在体内蓄积，引起动物神经、呼吸及循环等机能发生改变的病理过程，称为酸中毒。动物体液适宜的酸碱度为 7.3～7.5 之间，其平均值为 7.4(指动脉血)，静脉血的 pH 稍低(约比动脉血低 0.02～0.10)，组织间液的 pH 近似血浆，而细胞内液则更低。尽管体内在代谢过程中不断产生酸和经常摄入酸性物质或碱性物质，但通过血液缓冲系统、细胞内外离子交换、肺、肾等调节，使血液 pH 仍稳定在这个范围之内。

血液中的碳酸氢钠与碳酸是血液缓冲系统中最主要的物质，其比值标准为 20∶1 时，血中 pH 不变；肺脏主要是加强二氧化碳的排出，减少碳酸生成；而肾脏是通过肾小管上皮细胞分泌氢离子、分泌铵离子和重吸收钠离子的作用，进行保钠排酸而维持血液 pH 的稳定。如果血液 pH 变化是由碳酸氢根离子增减引起时，称为代谢性酸中毒或碱中毒；如果血液 pH 变化由碳酸增减所致，称为呼吸性酸中毒或碱中毒。

一、体内酸与碱平衡的调节

(一)体内酸的来源

酸、碱平衡紊乱实质上就是氢离子(H^+)的代谢障碍,体内 H^+ 的来源有两种渠道,即呼吸性 H^+ 和代谢性 H^+。由碳酸释出的氢称为呼吸性 H^+,它由糖、蛋白质、脂肪氧化产生 CO_2 和 H_2O,并结合成碳酸,经解离而形成 H^+。由于 CO_2 可通过肺排出,故称为呼吸性 H^+,而碳酸则称挥发酸。据报道,人体每天大约产生 15mol 的 CO_2,代谢强则产生多。如果这些 CO_2 全部水合为 H_2CO_3,并释出 H^+,则相当于 30mol 的 H^+。

代谢性 H^+ 主要来自含硫氨基酸中硫原子的氧化,形成硫酸(一个硫原子氧化产生一个 SO_4^{2-} 和两个 H^+);还来自含磷的有机化合物(如核苷酸、磷蛋白、磷脂等)经分解而产生磷酸。以上的酸性物质是在代谢中产生的,故称"代谢性 H^+"(其实碳酸亦是代谢产生的,故应称非呼吸性 H^+ 为妥),也称"非挥发性酸"或"固定酸",可通过肾脏排出。

草食动物的饲料经代谢后多产生呼吸性 H^+(可通过肺排出)而产生的代谢性 H^+ 则要比肉食动物少得多。因此,草食动物的尿为碱性,而肉食动物的尿为酸性。畜牧业中所谓的酸性饲料和碱性饲料,实际上也是以此来划分的。

(二)体内碱的来源

机体内碱性物质可由代谢产生,如氨基酸脱氨基过程中产生碱性物质 NH_3。H_2CO_3 解离后产生的 HCO_3^-,与 Na 结合形成碱性物质 $NaHCO_3$。此外,体内碱性物质亦可直接来自饲料,以及医源性输入——口服或静脉输注 H_2CO_3。

(三)体内酸碱平衡的调节

动物每天通过多种生理活动可摄取、产生、排出酸、碱性物质,但血浆 pH 仍然可以保持不变,这是通过机体的一系列调节活动来维持的。

1. 血液中缓冲系统的调节作用

所谓缓冲系统是指由弱酸和弱酸盐组成的,且有缓冲酸碱能力的一种混合液。血液中的缓冲系统有血浆缓冲系统、红细胞的缓冲作用以及磷酸盐缓冲系统的作用。

(1)血浆缓冲系统。一般情况下,机体内过剩的酸和碱,约有一半经此系统进行缓冲,如一种强酸进入该缓冲系统时,H^+ 即与 HCO_3^- 形成 H_2CO_3,而 H_2CO_3 又可分解生成 CO_2 和水,CO_2 可由肺呼出,使体液 pH 趋于稳定。而强碱进入该系统后,其 OH^- 可以同 H_2CO_3 的 H^+ 作用产生水,以及碳酸盐(弱酸盐),从而维持 pH。

(2)红细胞的缓冲作用。静脉血和红细胞含脱氧血红蛋白(HHb),携带 CO_2 到肺脏释放,并摄取 O_2 变成酸性氧合血红蛋白($HHbO_2$)。$HHbO_2$ 的酸性较 HHb 强,从而代偿了因释放 CO_2 后 pH 升高。红细胞在组织内时,CO_2 向红细胞内弥散,在红细胞的碳酸酐酶作用下,生成 $NaHCO_3$,使红细胞内 pH 下降。但这时,$HHbO_2$ 释放 O_2,形成酸性比较弱的 HHb 从而又起到了缓冲作用。

此外,在红细胞内 H_2CO_3 与 KHb 作用,生成 HHb 和 $KHCO_3$,后者的 HCO_3^- 弥散到细胞外,与 Na^+ 形成 $NaHCO_3$,补充了血浆碱储,而细胞外 Cl^- 进红细胞(称为氯转移)补充细胞内阴离子。

据研究,体内产生的 CO_2,92% 是由血红蛋白通过以上方式进行携带和缓冲的,因此,血红蛋白缓冲系统在缓冲挥发性酸方面起着重要作用。

(3)磷酸盐缓冲系统的作用，即 Na_2HPO_4/NaH_2PO_4 系统，其缓冲作用主要在细胞内。例如，遇强碱则形成 Na_2HPO_4 和水：$NaOH+NaH_2PO_4 \rightarrow Na_2HPO_4+H_2O$；而遇强酸时，则形成弱酸性 NaH_2PO_4 和中性盐：$HCl+Na_2HPO_4 \rightarrow NaH_2PO_4+NaCl$，从而强酸、强碱得到缓冲。

而要使酸、碱含量相对稳定，还有赖于肺和肾的调节。

2.肺脏在酸碱平衡中的调节作用

肺脏可以通过呼吸运动的频率和幅度来调节血浆 H_2CO_3 的浓度。

例如，当动脉血二氧化碳分压升高或氧分压降低，或血浆 pH 下降时，都可以刺激延髓的中枢化学感受器主动脉体和颈动脉体化学感受器，反射引起呼吸中枢兴奋；出现呼吸加深加快，从而使 CO_2 排出增多。但如果二氧化碳分压过高，如达到 10kPa 以上时，就会产生呼吸中枢抑制。而当二氧化碳分压降低或血浆 pH 升高时，呼吸运动就变慢、变浅，减少 CO_2 的排出。可见，呼吸中枢通过对呼吸运动的控制来调节血中的 H_2CO_3 的浓度，以维持血浆 $NaHCO_3/H_2CO_3$ 的比值，使血浆 pH 相对恒定。

3.肾脏在酸碱平衡中的调节作用

肾脏主要通过排出过多的酸或碱来调节血浆中的 $NaHCO_3$ 含量，维持血液的 pH。通常情况下，草食动物尿液 pH 较高，而肉食动物或杂食动物尿液 pH 稍低。

肾脏主要通过三方面机制调节机体酸碱平衡。

(1)H^+ 分泌和碳酸氢钠重吸收。

肾功能正常的情况下，由肾小球滤出的 $NaHCO_3$ 80%～90%在近曲小管被重吸收，其余部分在远曲小管和集合管重吸收，尿中几乎无 $NaHCO_3$。近曲小管对 $NaHCO_3$ 的回收是伴随着肾小管排 H^+ 及回收 Na^+ 同时进行的。其过程是：$NaHCO_3$ 在近曲小管内解离成 Na^+ 和 HCO_3^-，而肾小管上皮细胞内的 CO_2 在碳酸酐酶催化下与 H_2O 形成 H_2CO_3，后者解离成 H^+ 和 HCO_3^-，H^+ 主动分泌至肾小管管腔与 Na^+ 交换，Na^+ 进入肾小管上皮细胞内，与 HCO_3^- 结合成 $NaHCO_3$ 回至血液循环。肾小管上皮细胞分泌的 H^+ 则与管腔内的 HCO_3^- 结合成 H_2CO_3，后者解离成 H_2O 和 CO_2，H_2O 随尿排出，CO_2 扩散入肾小管上皮细胞内参加上述循环，从而完成 H^+ 重吸收 $NaHCO_3$ 的过程。而在远曲肾小管内，大部分的 Na^+ 以与 Cl^- 结合的形式直接被重吸收，还有一部分与管腔内 K^+、H^+ 交换。

(2)肾小管管腔内缓冲盐的酸化。

当肾脏重吸收 $NaHCO_3$ 仍不足以恢复血浆 pH 时，就由磷酸盐缓冲系统参与调节，结果使酸性的 Na_2HPO_4 在缓冲系统中增加，即缓冲盐酸化。具体过程是：肾小管上皮细胞分泌的 H^+ 与管腔内 Na_2HPO_4 中的 Na^+ 交换，Na^+ 进入细胞与 HCO_3^- 生成 $NaHCO_3$，而管腔内则生成酸性较强的 NaH_2PO_4，排出的 H^+ 越多，NaH_2PO_4 的生成也越多，使这一缓冲盐系统的酸性盐成分大大超过正常比例。管腔内 H^+ 浓度也明显增高，这是肾脏排 H^+ 的一个重要方式。

(3)氨(NH_3)的分泌和铵离子(NH_4^+)的形成。

肾小管上皮细胞内的 NH_3 主要由谷氨酰胺酶水解谷氨酰胺而产生，少部分来自丙氨酸、谷氨酸的氧化脱氨过程。氨不带电荷，脂溶性，因此很容易通过上皮细胞进入肾小管腔，

与上皮细胞分泌的 H^+ 结合成 NH_4^+，而 NH_4^+ 不易重返细胞内，因此也是肾脏排 H^+ 的一种重要形式。

4. 组织细胞对酸碱平衡的调节作用

组织细胞对体液酸碱平衡的调节主要是通过离子交换作用进行的。红细胞、肌细胞和骨组织细胞都能发挥此作用。例如，细胞外液 H^+ 浓度升高时，H^+ 弥散入细胞内，而细胞内的 Na^+ 和 K^+ 则移出至细胞外，从而维持电中性。而当细胞外液 H^+ 浓度降低时，则出现反方向离子交换，即 H^+ 出细胞，而 Na^+ 和 K^+ 进入细胞。可见，在此过程中，同时引起血清钾浓度的改变。而在血清钾浓度先于酸碱度改变时，也可影响血浆 pH 的变化，即当高血钾症时，细胞外 K^+ 进入细胞，细胞内 H^+、Na^+ 则出细胞，从而引起血浆 H^+ 浓度升高。反之，在低血钾症时，则细胞内 K^+ 出细胞，细胞外 H^+、Na^+ 则进入细胞，从而引起血浆 H^+ 浓度降低。

在持续较久的代谢性酸中毒时，骨钙解离以中和 H^+：$Ca_3(HPO_4)_2 + 4H^+ \rightarrow 3Ca^{2+} + 2H_3PO_4^-$，在此反应中，每 $1mol/L$ 磷酸钙可缓冲 $4mol$ 离子的 H^+。

上述四方面的调节因素共同维持体内的酸碱平衡，但在作用时间和强度上有差别。血液缓冲系统反应迅速，但缓冲作用不能持久；肺的调节作用效能最大，但仅对 CO_2 有调节作用；细胞的缓冲力虽强，但常导致血钾异常；肾脏调节作用比较缓慢，常在数小时之后起作用，但维持时间较长，特别是对于保留 $NaHCO_3$ 和排出非挥发性酸具有重要意义。

二、酸中毒的类型

(一)代谢性酸中毒

代谢性酸中毒是动物对酸性物质摄入过多，或体内酸性物质生成增多，或体内酸性物质排出障碍，而引起血浆中碳酸氢钠原发性减少为特征的病理过程。引起代谢性酸中毒的原因有以下几个方面。

1. 酸性产物生成过多

在许多疾病过程中，由于缺氧、发热、循环障碍、病原体及其毒素的作用，或过劳、慢消耗性疾病情况下，糖、脂肪、蛋白质分解代谢加强，机体内乳酸、酮体及氨基酸等酸性产物生成增多。

2. 肾脏排酸功能障碍

肾小球滤过机能降低或肾小管上皮细胞排氢离子、氨离子障碍，使酸性产物不能排出而蓄积体内。

3. 酸性物质摄入过多

过多地输入氯化铵、稀盐酸或大量输入生理盐水，氢离子、氯离子进入血液，引起高氯血症性酸中毒。

此外，当反刍动物前胃阻塞时，胃内容物发酵酸解，加之胃壁细胞损伤，大量裂解产生的短链脂肪酸可以直接通过胃壁血管弥散入血，从而导致代谢性酸中毒。

4. 碱性物质丧失过多

急性肠炎、严重腹泻、肠阻塞等情况下，由于含 HCO_3^- 较多的肠液分泌加强，以及含有大量 HCO_3^- 的胰液和胆汁随肠液排出体外或在肠腔内蓄积，血液内碱性物质丧失过多。

（二）呼吸性酸中毒

呼吸性酸中毒是肺泡通气和换气不足，二氧化碳排出障碍，或二氧化碳吸入过多，出现血浆中碳酸原发性增高的病理过程。引起呼吸性酸中毒的原因有以下几方面。

1. 二氧化碳排出障碍

（1）呼吸中枢受抑制。脑炎、脑膜脑炎、传染性脑脊髓炎等中枢功能损害性疾病，致中枢功能高度抑制时；或使用呼吸中枢抑制药（巴比妥类），全身麻醉药用量过大等情况下，都可能抑制呼吸中枢导致通气不足或呼吸停止，使 CO_2 在体内滞留，引起急性呼吸性酸中毒。

（2）呼吸肌麻痹。见于有机磷农药中毒、重度低血钾症、重症肌无力以及脊髓高位损伤等情况下，由于呼吸运动失去动力，以致 CO_2 排出困难。

（3）肺和胸郭疾病。牛传染性胸膜肺炎、猪肺疫、马胸疫等疾病过程中，肺组织损伤、肺泡填塞、间质水肿以及胸腔积液，纤维蛋白填塞或纤维性黏连，均严重地影响肺的通气、换气以及肺和胸郭的呼吸运动，从而使 CO_2 排出受阻，在体内蓄积。

（4）呼吸道阻塞。喉头水肿、异物堵塞气管或食道由较大块食物阻塞而压迫气管，都可导致急性窒息，CO_2 不能排出。

（5）血液循环障碍。心功能不全时，由于全身淤血，CO_2 的运输和排出缓慢，致使 CO_2 在体内蓄积。

2. 二氧化碳吸入过多

如厩舍过小，动物密度过大，加之通风不良或空气污染等情况下，空气中含有过多的二氧化碳，动物吸入体内，导致血浆中碳酸含量增多，发生呼吸性酸中毒。

由于呼吸性酸中毒是因呼吸中枢抑制、呼吸肌麻痹或通气道阻塞引起的，因此，呼吸系统往往失去代偿作用。此时，其代偿调节是通过细胞内外离子交换、血液缓冲系统来实现的。而肾脏排酸保碱的代偿调节作用比较缓慢，是次要的。

三、酸中毒对机体的影响

（一）中枢神经系统功能改变

酸中毒时，神经细胞内氧化酶活性受抑制，氧化磷酸化过程减弱，致使 ATP 产生减少，脑组织能量供应不足；同时在 pH 降低的环境中，神经细胞内谷氨酸脱羧酶活性增强，使 γ-氨基丁酸增多，而后者对中枢神经系统具有抑制作用。因此，发生酸中毒动物常表现：精神沉郁、感觉迟钝、甚至昏迷。

严重失代偿性急性呼吸性酸中毒时，高浓度的 CO_2 能直接引起脑血管扩张，使颅内压升高，患病动物表现由不安、震颤、挣扎至沉郁、昏迷，严重时可因呼吸、心跳中枢麻痹而死亡，即所谓的"CO_2 麻醉"。应指出 CO_2 为脂溶性的，能迅速通过血脑屏障，而 HCO_3^- 是水溶性的，通过屏障极缓慢，因而脑脊液中 pH 的降低一般细胞外液则难以纠正，这可能是呼吸性酸中毒时，中枢神经系统功能紊乱比代谢性酸中毒时严重的原因。肺性脑病是指呼吸功能严重衰竭引起的中枢神经系统功能紊乱为主要表现的综合征，其发病机制主要是高碳酸血症。

（二）心血管系统功能的变化

（1）血液 H^+ 浓度升高，可使毛细血管前括约肌对儿茶酚胺的反应性降低，血管壁松弛，血液大量地进入毛细血管床。但小静脉仍保持对儿茶酚胺的反应性（酸性环境对静脉系统是适应性环境），故毛细血管血容量不断扩大，而回心血量不断降低，严重时可导致休克。

（2）血液 H^+ 浓度升高，可竞争性地抑制 Ca^{2+} 与肌钙蛋白结合，并影响 Ca^{2+} 内流和心肌细胞从肌浆网释放 Ca^{2+}，而抑制心肌细胞的兴奋—收缩耦联，使心肌收缩力降低。酸中毒早期，这种抑制心收缩力的作用常被肾上腺髓质儿茶酚胺释放增多所抵消，只有在血浆 H^+ 浓度达到相当高的程度，pH 出现显著下降时才发生上述变化，以致由于全身循环障碍而发生缺氧，从而进一步加重酸中毒。

（三）骨骼系统的变化

慢性肾功能衰竭引起的长期酸中毒时，由于骨骼不断释放钙盐以缓冲 H^+，故不仅影响骨骼的发育、延缓幼畜的生长，而且还可引起纤维性骨炎和佝偻病，在成年动物则可导致骨软化症。

四、酸中毒治疗原则

治疗代谢性酸中毒时，除治疗原发病外，主要补充碱性物质（pH 在 7.30 以下时），如碳酸氢钠和乳酸钠等。在纠正酸中毒过程中应注意以下几点。

（1）可能出现低钾血症，酸中毒时常伴有高血钾症，故在纠正酸中毒过程中会出现低钾血症。

（2）在纠正酸中毒过程中由于血浆游离钙浓度降低和 pH 升高，会引起神经和肌肉兴奋性升高，故可在应用碱性溶液的同时补充葡萄糖酸钙以避免发生抽搐。

（3）细胞外液 pH 纠正较快，而脑脊液中的 pH 仍偏低（纠正较慢），有可能因通气过度而发生呼吸性碱中毒。

由此可见，在纠正酸中毒过程中应特别注意不可使 pH 过快地恢复正常。

治疗呼吸性酸中毒时应以治疗原发病为主（特别是慢性呼吸性酸中毒），如排除通气障碍原因，治疗肺部疾患以改善肺的通气功能。如酸中毒严重时，可应用碱性药（如三羟甲基氨基甲烷或 5％$NaHCO_3$），但在通气功能障碍时不能用，因 HCO_3^- 和 H^+ 结合后生成 CO_2 有加重呼吸性酸中毒的危险。

项目 4　缺氧

●●●●● 任务资讯单

学习情境 3	病理生理诊断
项目 4	缺氧
资讯方式	教材、教学平台资源、在线开放课资源、网络资源等。
资讯问题	1. 什么是缺氧？ 2. 引起缺氧发生的原因有哪些？ 3. 动物缺氧可有哪几种类型？ 4. 缺氧的病理过程是怎样的？ 5. 缺氧对机体的影响有哪些？

资讯引导	1. 陆桂平．动物病理．北京：中国农业出版社，2001 2. 于洋等．动物病理．北京：中国农业大学出版社，2011 3. 张鸿等．宠物病理．北京：中国农业出版社，2016 4. 姜八一．动物病理．北京：中国农业出版社，2019 5. 於敏等．动物病理．北京：中国农业出版社，2019 6. 於敏等．动物病理．北京：中国农业出版社，2022 7. 中国知网

●●●● 案例单

学习情境 3	病理生理诊断	学时	20
项目 4	缺氧		

序号	案例内容	案例分析
1.1	某宠物主人，家住北方平房，冬季需要自家烧煤取暖。有一次，在所住平房，发生煤气中毒，其宠物一只吉娃娃犬也深受其害。该犬呈现呕吐、精神萎靡、嗜睡，呼吸加快，视力不清，看不清主人。经查，诊断为 CO 中毒。那么，CO 中毒与缺氧又有什么关系？请同学们根据上述病例分析缺氧的概念、发生原因、病理过程、分类及特征。	缺氧是指机体组织细胞由于氧的供给不足，氧的运输障碍或组织对氧的利用机能降低，使机体的代谢、机能和形态结构发生一系列病理变化。 　根据其发生原因缺氧可分为呼吸性缺氧、血液性缺氧、循环性缺氧以及组织性缺氧。本案例中病犬是由于 CO 中毒，血红蛋白与 CO 结合形成碳氧血红蛋白，从而失去运氧功能，引起缺氧。

●●●● 工作任务单

学习情境 3	病理生理诊断
项目 4	缺氧

【任务】识别缺氧

　根据教师提供的发生缺氧病例的图片、视频，完成以下工作。

（1）说出缺氧的含义

（2）根据教师所提供的的缺氧病例，分析并说出缺氧的原因及分类

➤参考答案

　1. 缺氧的含义

机体组织细胞由于氧的供给不足，氧的运输障碍或组织对氧的利用机能降低，使机体的代谢、机能和形态结构发生一系列病理变化，称为缺氧。

　2. 缺氧的发生原因及分类

病例中，宠物犬发生 CO 中毒而产生缺氧。

（1）呼吸性缺氧。

呼吸性缺氧指外呼吸性缺氧。由于外界环境氧的分压过低所致，多发生在畜禽由平原运输到高山、高原地区或畜舍通风不良，空气稀薄，氧的分压低，造成氧的吸入不足；通气或换气障碍，多发生在呼吸中枢机能障碍、上呼吸道阻塞、肺疾患（肺炎、肺气肿、肺水肿）、胸膜疾患（胸膜炎、胸腔积液）及呼吸肌麻痹等，造成通气障碍或由于呼吸面积缩小使换气发生障碍而引起缺氧。

（2）血液性缺氧。

血液性缺氧指由于红细胞数、血红蛋白含量减少或血红蛋白与氧结合能力降低所引起的缺氧。红细胞数和血红蛋白含量减少，见于各种类型贫血（失血性贫血、溶血性贫血、营养不良性贫血等），使红细胞数和血红蛋白含量降低，血液不能携带足量的氧，致使血氧容量和血氧含量低于正常，导致组织缺氧。

（3）循环性缺氧。

循环性缺氧指血液循环发生障碍，动脉供血不足或静脉淤血引起的缺氧。多见于心功能不全、休克、局部血管痉挛、血栓形成、栓塞和淤血等。由于血流量减少或血流速度变慢，使每分钟供给组织细胞的血量减少，造成供氧不足。

（4）组织性缺氧。

组织性缺氧指由于细胞内生物氧化过程发生障碍，组织细胞不能充分利用氧引起的缺氧，见于某些中毒或某些维生素缺乏时。如氰化物中毒时，氰化物极易与细胞色素氧化酶中的三价铁（Fe^{3+}）结合，使酶失去传递电子和激活氧的能力，致使生物氧化过程中断而发生缺氧。另外，在深麻醉或某些维生素缺乏时，也会发生缺氧。深麻醉可以封闭脱氢酶在生物氧化中的作用，某些维生素（如维生素 B_2、维生素 PP 等）是某些生物氧化酶的组成成分，缺乏时能引起生物氧化过程发生障碍，导致缺氧。

必 备 知 识

【必备的专业知识和技能】

缺氧

氧是动物机体生命活动的必需物质。机体组织细胞由于氧的供给不足，氧的运输障碍或组织对氧的利用机能降低，使机体的代谢、机能和形态结构发生一系列病理变化，称为缺氧。

缺氧与窒息不同。缺氧是指机体内含氧量不足；窒息除缺氧外，同时还伴有机体内二氧化碳含量的增多。

缺氧是临床上最常见的病理过程之一。由于动物体内储氧量极少，所以一旦发生缺氧，很容易引起动物发生死亡，缺氧亦是多种疾病过程中导致机体死亡的一个重要因素。由外界吸入的氧气，通过血液运送到各组织器官，供给组织细胞利用。因此，在氧的吸入、运输、利用各个环节上出现机能障碍均可引起缺氧。

一、缺氧的原因及其分类特征

（一）呼吸性缺氧

呼吸性缺氧指外呼吸性缺氧，动脉血液中血氧分压和血氧含量均低于正常，又称为低张性缺氧。由于外界环境氧的分压过低所致，多发生在畜禽由平原运输到高山、高原地区或畜舍通风不良，空气稀薄，氧的分压低，造成氧的吸入不足；通气或换气障碍，多发生在呼吸中枢抑制、呼吸肌麻痹、气管和支气管阻塞或狭窄（异物、炎症渗出物、肿瘤）、肺脏疾患（肺炎、肺水肿、肺气肿、肺肿瘤、严重肺结核、肺坏疽等）、胸腔疾患（胸腔积液、胸膜炎、气胸等）、镇静药或麻醉药过量、中毒等，均可导致通气障碍或由于呼吸面积缩小使换气发生障碍而引起缺氧。

呼吸性缺氧的主要特征：动脉血氧分压、血氧含量及血氧饱和度均降低，使动脉氧分压与组织氧分压压差缩小，影响氧的弥散，造成对组织细胞的供氧不足。

（二）血液性缺氧

血液性缺氧指红细胞数、血红蛋白含量减少或血红蛋白与氧结合能力降低所引起的缺氧。由于其动脉血氧含量降低而氧分压正常，故又称为等张性低氧血症。红细胞数和血红蛋白含量减少，见于各种类型贫血（营养不良性贫血、溶血性贫血、失血性贫血等），由于红细胞数和血红蛋白含量降低，血液不能携带足量的氧，致使血氧容量和血氧含量低于正常，导致组织缺氧。

血红蛋白与氧结合能力降低，见于 CO 中毒，或某些化合物如亚硝酸盐、磺胺、硝基苯化合物、氯酸钾等中毒时。

CO 中毒：血红蛋白与 CO 结合形成碳氧血红蛋白，从而失去运氧功能。CO 与血红蛋白结合的速率虽仅为氧与血红蛋白结合速率的 1/10，但碳氧血红蛋白的解离速度却仅为氧合血红蛋白解离速度的 1/2100，因此，CO 与血红蛋白的亲和力比氧大 210 倍。当动物吸入的气体有 0.1% 的 CO 时，血液中的血红蛋白可能就有 50% 的碳氧血红蛋白。由于碳氧血红蛋白呈樱桃红色，因此 CO 中毒动物的皮肤及可视黏膜呈鲜艳的樱桃红色。

高铁血红蛋白症：某些氧化剂进入血液后，能使血红蛋白氧化为高铁血红蛋白而失去携氧能力。如亚硝酸盐、苯胺、磺胺类药物中毒；氯酸盐、铁氰化物、大剂量的甲烯兰和过氧化氢进入体内，把血红蛋白氧化为高铁血红蛋白。在正常时，红细胞内也有某些氧化剂把血红蛋白氧化为高铁血红蛋白，但红细胞有通过酶促和非酶促途径将高铁血红蛋白逐渐还原为血红蛋白的能力，所以正常血中只有少量的高铁血红蛋白。当上述多量氧化剂进入体内后，则使产生高铁血红蛋白的速度超过红细胞本身还原它的速度。据有资料表明：当高铁血红蛋白占血中总血红蛋白 10%～20% 时，即可引起中度发绀；占 20%～60% 时，会出现一系列轻重不同的"症状"；占 60% 以上时动物可因缺氧致死。

在动物的青饲料中，萝卜、白菜、甜菜等的叶子含有较多量的硝酸盐，当保存或加工不当时，微生物便在其中生长繁殖并将硝酸盐还原成亚硝酸盐，如果动物吃了大量此种饲料，即可引起中毒。中毒症状出现较快，通常在饲喂后半小时左右开始出现，患病动物表现为呼吸困难，靠在墙角或卧地挣扎，较为痛苦，口舌黏膜呈紫黑色，刺尾尖或耳尖血呈酱油色，病情在畜群中迅速蔓延，严重的可引起动物死亡。解救时，可用美蓝或甲苯胺兰等还原剂溶液静脉注射，可使 Fe^{3+} 还原为 Fe^{2+} 而恢复其携氧能力。

血液性缺氧的主要特征：动脉血氧分压正常，而动脉血氧容量及血氧含量降低，静脉血氧含量也降低。

（三）循环性缺氧

循环性缺氧指血液循环发生障碍，动脉供血不足或静脉淤血引起的缺氧，多见于心功能不全、淤血、局部血管痉挛、血栓形成、栓塞和休克等。由于血流量减少或血流速度变慢，使每分钟供给组织细胞的血量减少，造成供氧不足。如果血液循环障碍发生于心、脑等重要生命器官，即有危及生命的可能。

循环性缺氧的主要特征：动脉血氧分压、血氧含量及血氧容量正常，静脉血氧分压、静脉血氧含量降低，动静脉血氧含量差增大。

（四）组织性缺氧

组织性缺氧指由于细胞内生物氧化过程发生障碍，组织细胞不能充分利用氧而引起的缺氧，常见于某些中毒或某些维生素缺乏时。如氰化物中毒时，氰化物极易与细胞色素氧化酶中的三价铁离子（Fe^{3+}）结合，使酶失去传递电子和激活氧的能力，以致呼吸链中断，使生物氧化过程不能正常进行而发生缺氧。另外，在深麻醉或某些维生素缺乏时，也会发生缺氧。深麻醉可以封闭脱氢酶在生物氧化中的作用，有些维生素（如维生素 B_2 等）是某些生物氧化酶的组成成分，缺乏时能引起生物氧化过程发生障碍，导致缺氧。

组织性缺氧的主要特征：动脉血氧分压、血氧含量及血氧容量正常，由于组织利用氧的能力降低，可致静脉血氧含量增高，动静脉血氧含量差减小。

上述几种类型缺氧，有时单独发生，有时几种类型同时存在，共同构成缺氧。如心功能不全时，既有循环障碍造成的循环性缺氧，又有因淤血导致肺水肿而造成的呼吸性缺氧。因此，对不同疾病发生缺氧要做具体分析。

二、缺氧引起的机能与代谢变化

缺氧时，机体首先产生代偿适应反应，以增强氧的供给或提高组织对氧的利用能力。当严重缺氧时，如果代偿不足以克服缺氧，将导致机体的机能和代谢改变及组织细胞损伤，甚至死亡。

（一）呼吸系统变化

机体发生缺氧时，首先呼吸系统机能发生代偿。在血氧分压降低，二氧化碳含量升高时，刺激颈动脉体和主动脉体的化学感受器，反射性引起兴奋呼吸中枢，使呼吸机能增强（呼吸加深加快），肺的通气量增加，以利于摄取更多的氧，提高动脉血氧分压，呼出更多的 CO_2。同时，胸腔活动增大使胸腔负压增加，回心血量增多，使心输出量提高，肺血流量增加，增强氧在肺内的弥散及体内的运输，使缺氧得到代偿。

必须指出，有些原因引起的缺氧，血氧分压保持不变（如贫血、失血等），则不会出现呼吸机能增强变化。

严重缺氧时，呼吸中枢发生抑制，出现周期性呼吸及呼吸运动减弱，甚至呼吸中枢麻痹最终导致死亡。

（二）循环系统变化

缺氧初期，心跳加快，心收缩力增强，使心输出量增加，具有代偿作用。心跳加快作用显著，而心收缩力增强不太明显。

该变化的发生机理为：缺氧时，肺通气量增大，肺的膨胀反射抑制心迷走神经效应，使心交感效应增强，心跳加快。另外，呼吸加深，胸腔负压增大，静脉回心血量增多，使心脏发生代偿性心跳加快和心收缩力增强。除此之外，中枢神经缺氧时，也能使交感神经活动增强，兴奋心肌的 β-肾上腺素能受体，从而使心跳加快。综上可知，缺氧时出现的心跳加快，是由多种因素综合作用的结果。过去曾经一直认为，心跳加快是由于血氧分压低，刺激颈动脉体和主动脉体的化学感受器反射引起的。近年来许多实验证明证实，低氧血刺激颈动脉体时，引起心动徐缓；缺氧严重时发生的代偿性酸中毒对心肌也有直接抑制作用。

缺氧时，由于低氧血刺激颈动脉体和主动脉体的化学感受器，反射性使交感神经和肾上腺髓质机能增强，儿茶酚胺分泌增多，血液重新分配，如皮肤、黏膜、肌肉、肝、脾及胃肠等器官的血管发生收缩，使血液进入循环，而心脏、脑血管扩张，流入较多的血液，以保证氧的供给充足。

缺氧严重时，由于高能磷酸化合物生成不足，心肌能量供给减少，或由于氧化不全的酸性代谢产物蓄积，使心肌发生变性，导致心力衰弱，呈现血压下降、心律不齐、发绀等症状。

（三）血液变化

缺氧时红细胞增多。这是由于交感—肾上腺素系统兴奋，使皮肤、脾脏和肝脏等贮血器官的血管收缩，大量红细胞进入血液循环，红细胞数量增多，携氧能力增强。

慢性缺氧时，肾脏释放促红细胞生成酶，使肝脏中的促红细胞生成素原转变为促红细胞生成素，从而引起骨髓造血机能增强，产生大量红细胞释放入外周血当中，提高血氧含量，起到一定的代偿作用。

在缺氧过程中，红细胞内的 2，3-二磷酸甘油酸、二氧化碳等酸性代谢产物含量增加，引起氧合血红蛋白解离过程加强，这对组织细胞供给较多的氧是很有利的。

缺氧时，由于还原血红蛋白增加，使可视黏膜和皮肤呈现蓝紫色，即发绀，但贫血引起的缺氧则不会出现发绀。

（四）中枢神经系统的变化

中枢神经系统是耗能和耗氧量最大的器官，脑血流量占心输出量的 15%，耗氧量约大于全身耗氧量的 20%。因此，脑组织对缺氧最为敏感。缺氧时，脑血管扩张，血流量增多，对缺氧具有一定的代偿意义。

当经过代偿仍不能保证氧的供给时，大脑皮质兴奋过程加强，患病动物表现不安；重度缺氧时，大脑皮质发生抑制，对皮层下中枢的控制和调节机能出现紊乱，患病动物表现为运动失调、痉挛，甚至出现感觉丧失和昏迷，严重者可因呼吸中枢和心血管运动中枢麻痹而死亡。

（五）组织和代谢方面的变化

缺氧时，由于无氧分解产生的腺苷等代谢产物，可使组织器官内毛细血管开放增多，有利于氧向组织细胞弥散，有一定的代偿作用。

慢性缺氧时，细胞内线粒体数量增多，氧化还原酶活性增强，有利于组织细胞对氧的利用；同时肌肉中肌红蛋白含量增多，能贮存较多的氧，以补充组织中含氧量的不足。

严重缺氧时，组织内氧化酶发生抑制，无氧分解加强，糖、蛋白质、脂肪的无氧酵解过程加强，出现乳酸血症和酮血症。血中氨基酸和非蛋白氮增多。

在酸碱平衡方面，缺氧初期由于呼吸加深加快，二氧化碳排出增多，血中二氧化碳相对减少，碱贮相对增加，能引起呼吸性碱中毒。在缺氧后期，由于氧化不全的酸性产物蓄积，可发生代谢性酸中毒。

项目 5　发热

●●●● 任务资讯单

学习情境 3	病理生理诊断
项目 5	发热
资讯方式	教材、教学平台资源、在线开放课资源、网络资源等。
资讯问题	1. 什么是发热？什么是热型？ 2. 引起发热发生的原因有哪些？ 3. 发热的病理过程是怎样的？ 4. 发热分为哪几个阶段？每个阶段的特点各是什么？ 5. 发热对机体的影响有哪些？
资讯引导	1. 陆桂平．动物病理．北京：中国农业出版社，2001 2. 于洋等．动物病理．北京：中国农业大学出版社，2011 3. 张鸿等．宠物病理．北京：中国农业出版社，2016 4. 姜八一．动物病理．北京：中国农业出版社，2019 5. 於敏等．动物病理．北京：中国农业出版社，2019 6. 於敏等．动物病理．北京：中国农业出版社，2022 7. 中国知网

●●●● 案例单

学习情境 3	病理生理诊断	学时	20
项目 5	发热		

序号	案例内容	案例分析
1.1	一只两岁的高加索犬，精神极度沉郁，趴在笼子里几乎不动。病程已有一周，食欲减退，体温升高，眼眶深陷，重度脱水，鼻镜干裂，脚垫干裂。口周围有呕吐物的残留，排出血色水样稀便。经查，诊断为犬瘟热。 　根据上述病例，请同学们讨论，发生在疾病中，发热仅是作为一项症状而存在的，并不是单独的一个疾病。同时讨论发热的概念、发生原因、发生机理、发生经过，以及不同阶段的不同表现。	发热是指机体在致热原的作用下，体温调节中枢的调定点上移，引起产热增多，散热减少，从而呈现体温升高，并导致各组织器官的机能和代谢改变的病理过程。 　该案例中病犬经诊断，患有犬瘟热病。犬瘟热病是由犬瘟热病毒引起的犬的一种高度接触性、致死性传染病。早期体温呈双相热型，症状类似感冒，随后以支气管炎、卡他性肺炎、胃肠炎为特征。病后期可见有神经症状出现如痉挛、抽搐。在本案例，该犬由于犬瘟热病毒侵入病犬机体，引起局限性感染及全身性感染，均能刺激机体产生和释放内生性致热原，从而引起发热。

●●●●●　**工作任务单**

学习情境 3	病理生理诊断
项目 5	发热

【任务】识别发热

根据教师提供的发生发热的病例图片、视频，完成以下工作。

(1)说出发热、热型的含义。

(2)说出热型的分类。

(3)分析并叙述说出发热的经过，以及每个阶段的临床表现。

▶参考答案

1. 发热、热型的含义

(1)发热是指机体在致热原的作用下，体温调节中枢的调定点上移，引起产热增多，散热减少，从而呈现体温升高，并导致各组织器官的机能和代谢改变的病理过程。

(2)发热时体温曲线的表现形式，称为热型。

2. 热型的分类

热型对诊断疾病有一定的意义，根据发热程度、速度和持续时间，分为以下 4 种类型。

(1)稽留热。特点是高热稽留 3 天以上，日温差在 1℃以内。见于犬瘟热、急性猪瘟、牛恶性卡他热、马传染性胸膜肺炎等。

(2)弛张热。特点是体温升高，日温差在 1℃以上，在发热期体温下降时不降至常温。见于败血症、支气管炎等。

(3)间歇热。特点是发热期与无热期有规律地相互交替，间歇时间短，且重复出现。见于牛梨形虫病、马传染性贫血。

(4)回归热。特点与间歇热相似，但无热期间歇时间较长，其持续时间与发热时间大致相等。见于亚急性、慢性马传染性贫血。

3. 发热的经过以及每个阶段的临床表现

(1)体温上升期。为发热的初期阶段，其特点是产热较散热占优势，产热增多，散热减少，体温升高。临床可见患病动物皮温降低，恶寒战栗，处于兴奋状态。

(2)高热期。在此阶段体温上升到一定高度，并维持在较高水平上。此时，产热和散热在较高水平上趋于平衡。临床可见患病动物体表血管扩张，皮温升高，结膜潮红，心跳、呼吸加快加强，精神沉郁。

(3)退热期。由于机体抵抗力逐渐增强，体温逐渐下降。此时散热大于产热，皮肤血管扩张，排汗多，此时患病动物表现疲劳状态。有些疾病体温下降缓慢，称为热渐退。有些疾病体温迅速下降，称为热骤退。热骤退伴有心机能不全时，往往是预后不良的先兆。

必 备 知 识

【必备的专业知识和技能】

发热

发热是指机体在致热原的作用下，体温调节中枢的调定点上移，引起产热增多，散热减少，从而引起体温升高，并导致各组织器官的机能和代谢发生改变的病理过程。

发热是机体的一种防御适应性反应，其特点是：产热和散热过程由相对平衡状态转为不平衡状态：即产热过程增强，散热过程减慢。在这种不平衡状态下，发热引起体温升高和机体各组织器官的功能与物质代谢发生改变。发热不是一种独立的疾病，而是许多疾病，尤其是传染性疾病、炎症及伴有组织损伤性疾病所共有的一种病理过程和常见的临床症状。有些疾病伴有发热时常表现出不同的热型，如犬瘟热、大叶性肺炎往往表现为稽留热，支气管肺炎时表现为弛张热等。通过检查动物的体温，不但可以发现疾病的存在，而且弄清热型有助于诊断疾病，对判断病情、评价疗效及判断预后都有一定的参考价值，所以掌握发热的本质及其机理具有重要的临床意义。

值得注意的是，体温过高、生理性体温升高均与发热不同。

（1）体温过高。

体温过高是体温调节中枢失去调控能力，或调节能力发生障碍，而引起的被动性体温升高。体温升高的程度可超过调定点水平。被动性体温升高属于生理性体温升高，可见于动物在重度劳役、剧烈运动之后，或于日光下长时间暴晒和因环境温度过高时，出现的一种暂时性的体温升高。在停止使役、运动或改善环境后，体温很快即可恢复至正常。因此，这种体温升高的现象一般不称为发热，而称之为体温过高。

（2）生理性体温升高。

在剧烈的运动等生理条件下，机体的体温有时可超过正常体温的2~3℃，由于肌肉剧烈运动，导致产热量增加，超过了机体的散热能力，致使大量热在体内蓄积而引起体温升高。此时尽管有体温升高现象，但不属于发热，不是病理性体温升高，而是属于一种生理性反应。

一、发热的原因和类型

凡能引起机体发热的各种致热刺激物，统称为致热原。机体发热多数与致热原有关，少数也可能与致热原无关。据此可将发热分为致热原性发热与非致热原性发热两大类。

（一）致热原性发热

致热原性发热是指机体由内外致热原引起的体温升高过程。此种发热还可以根据有无病原体感染而分为感染性发热和非感染性发热。

1. 感染性发热

各种生物性致病因素，如细菌、病毒、立克次体、真菌、原虫等侵入机体所引起的局限性感染及全身性感染，均能刺激机体产生和释放内生性致热原而引起发热。因此，绝大多数传染病和寄生虫病过程中，都能见到发热症状。

2. 非感染性发热

凡是伴有组织损伤、坏死和无菌性炎症的病理过程，均能引起机体发热。

（1）无菌性炎症。各种物理、化学和机械性刺激所造成的组织坏死，如非开放性外伤、大手术、烧伤、冻伤、化学性损伤等均可引起无菌性炎症，组织蛋白的分解产物在炎灶局部被吸收入血，激活产内生致热原细胞，产生和释放内生性致热原，引起发热。

（2）恶性肿瘤。生长迅速的恶性肿瘤细胞常发生坏死，并可引起无菌性炎症；坏死细胞的某些蛋白成分可引起免疫反应，产生抗原抗体复合物或淋巴激活素。这些均可导致内生性致热原的产生和释放，从而引起机体发热。

（3）抗原—抗体复合物。变态反应和自身免疫反应中形成的抗原—抗体复合物、或由其引起的组织细胞坏死和炎症，均可引起内生性致热原的产生和释放，从而引起发热。

（4）其他。某些类固醇物质，如睾丸酮的代谢产物胆原烷醇酮可激活嗜中性粒细胞产生和释放内生性致热原。

（二）非致热原性发热

此类发热可因某些致病因子直接作用于体温调节中枢，使其机能障碍，导致产热过多或散热障碍而引起发热。

1. 体温调节中枢机能障碍

生物性、物理性、化学性、机械性致病因素可直接损伤下丘脑体温调节中枢，使其功能紊乱而出现体温升高。

2. 产热过多

某些内分泌腺疾病，如甲状腺机能亢进时，组织细胞氧化过程和基础代谢均增强，以致产热大于散热而引起机体发热。某些疾病伴有骨骼肌剧烈痉挛或运动过强等，导致产热过多引起发热。

3. 散热减少

广泛性皮肤病，如皮炎、烧伤、瘢痕等导致机体排汗机能减退、蒸发散热减少而引起发热；体液大量丧失、尿量减少、循环血量减少、散热不足也可引起机体发热。

二、发热的发生机理

（一）致热原

正常动物体温的相对恒定，是因为体内产热过程和散热过程在体温中枢调节下处于相对的平衡。在病理情况下，由于受到内外致热原作用，这种平衡状态被破坏，使产热增加，散热减少，体温上升，从而导致机体发热。绝大多数的发热属于致热原性发热。此类发热虽然原因很多，但其发生机理都是通过体内产生和释放内生性致热原，作用于体温调节中枢而引起体温升高。

1. 内生性致热原

内生性致热原是一类含特殊肽链的蛋白质，有很强的致热性，是在产内生性致热原细胞被激活后所释放的产物，主要有白细胞介素-1、白细胞介素-6、肿瘤坏死因子、干扰素等。

能产生和释放内生性致热原的细胞被称为产内生性致热原细胞。包括嗜中性粒细胞、单核细胞、嗜酸性粒细胞、肝脏枯否氏细胞、脾窦壁细胞、肺巨噬细胞等。这些细胞被激活后，可产生和释放内生性致热原。

激活产内生性致热原细胞的激活物，主要有各种生物病原体、细菌产物、内毒素、抗原-抗体复合物、坏死组织分解产物、炎性渗出物、淋巴激活素及其他某些可被吞噬的物质。

2. 外源性致热原

外源性致热原包括有革兰氏阴性菌的内毒素和革兰氏阳性细菌的外毒素。细菌毒素引起的发热，也是通过激活产内生性致热原细胞而产生并释放内生性致热原所致。

（二）致热原的作用部位与作用机理

目前认为，致热原性发热，是内生性致热原随血流到达下丘脑前部，作用于体温调节中枢的结果。体温调节中枢的调节方式，目前大多以"调定点"学说来解释，认为发热机理包括三个环节。首先是信息传递，即各种致病因素作用于机体引起各种疾病的同时，其本身或其产物成为激活物，激活产内生性致热原细胞，后者产生并释放内生性致热原。内生性致热原作为"信息因子"，随血流传递到位于丘脑下部的体温调节中枢。其次是中枢调节，内生性致热原可作用于血脑屏障外的巨噬细胞，使其释放中枢发热介质，主要有前列腺素 E 和环磷酸腺苷，引起体温调节中枢内 Na^+/Ca^{2+} 比值升高，从而改变体温调节中枢机能，使其调控下的调定点上移。最后是效应器官反应，即在体温调节中枢作用下，通过效应器官增加产热、减少散热，最终使机体体温升高。

三、发热的过程及热型

（一）临床经过

发热的经过可相对地划分为体温上升期、高热持续期和体温恢复期三个阶段（图 3-8）。

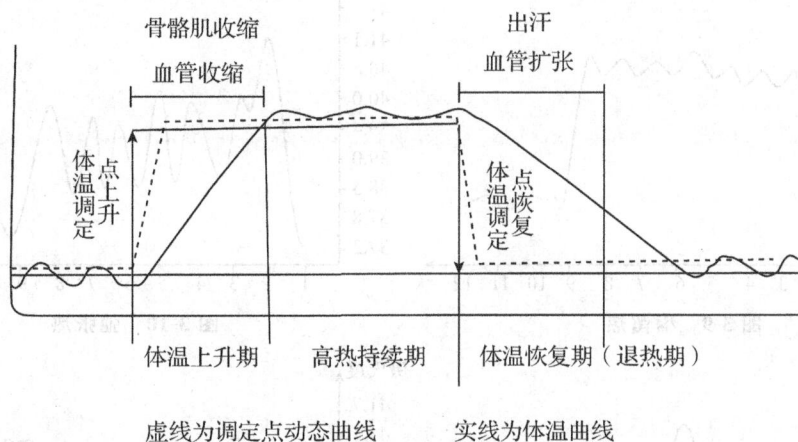

图 3-8 发热的发展过程

1. 体温上升期

体温上升期为发热的初期阶段，其特点是产热较散热占优势，产热增多，散热减少，体温升高。临床可见患病动物皮温降低，恶寒战栗，处于兴奋状态。

2. 高热期

在此阶段体温上升到一定高度，并维持在较高水平上。此时，产热和散热在较高水平上趋于平衡。临床可见患病动物体表血管扩张，皮温升高，结膜潮红，心跳、呼吸加快加强，精神沉郁。

3. 体温恢复期（退热期）

由于机体抵抗力逐渐增强，体温逐渐下降。此时散热大于产热，皮肤血管扩张，排汗多，此时患病动物表现疲劳状态。有些疾病体温下降缓慢，称为热渐退。有些疾病体温迅速下降，称为热骤退，热骤退伴有心机能不全时，往往是预后不良的先兆。

（二）热型

发热时体温曲线的表现形式，称为热型。热型对诊断疾病有一定的意义，根据发热程度（微热：体温升高 0.5～1℃；中热：体温升高 1～2℃；高热：体温升高 2～3℃；极高热：体温升高 3℃以上）、速度和持续时间，可将热型分为以下 4 种类型。

1. 稽留热

特点是高热稽留 3 天以上，日温差在 1℃ 以内（图 3-9）。见于犬瘟热、急性猪瘟、牛恶性卡他热、马传染性胸膜肺炎等。

2. 弛张热

特点是体温升高，日温差在 1℃ 以上，在发热期体温下降时不降至常温（图 3-10）。见于败血症、支气管炎等。

3. 间歇热

特点是发热期与无热期有规律地相互交替，间歇时间短，且重复出现（图 3-11）。见于牛梨形虫病、马传染性贫血。

4. 回归热

特点与间歇热相似，但无热期间歇时间较长，其持续时间与发热时间大致相等（图 3-12），见于亚急性、慢性马传染性贫血。

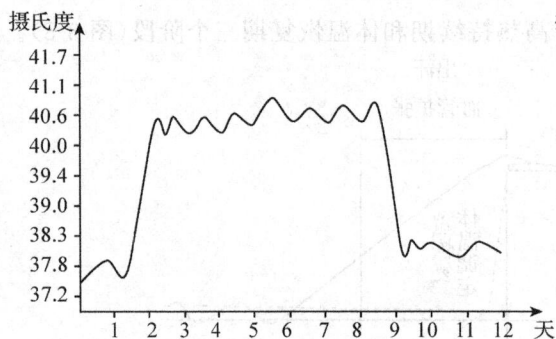

图 3-9　稽留热

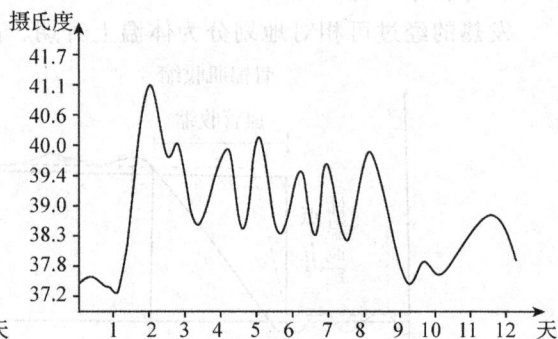

图 3-10　弛张热

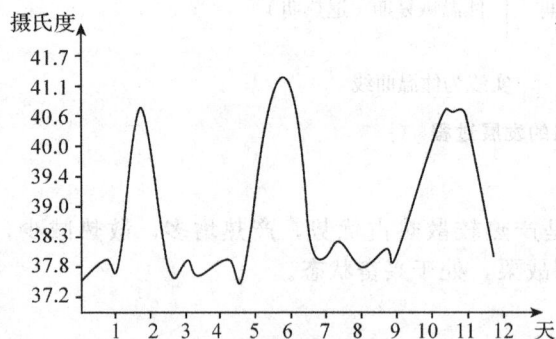

图 3-11　间歇热

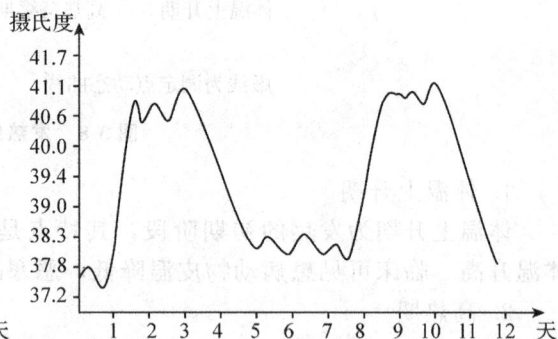

图 3-12　回归热

四、发热时机体的变化

（一）物质代谢变化

发热时，一方面由于交感神经兴奋，甲状腺素和肾上腺素分泌增加，使糖、脂肪和蛋白质的分解代谢加强。另一方面由于发热引起食欲减退，营养物质摄入不足，因此患病动物体内营养物质大量消耗，代谢发生紊乱。

1. 糖代谢变化

发热时，糖分解代谢加强，肝糖原、肌糖原大量分解，糖原储备减少，血糖升高，这对机体能量利用具有一定的代偿作用。但由于糖原及葡萄糖大量无氧酵解，最后使乳酸堆积，机体出现酸中毒，表现出肌肉酸痛症状。但在衰竭、饥饿或消耗性疾病等情况下，血糖并不一定升高。

2. 脂肪代谢变化

发热时，体内脂肪分解加强。在糖摄入不足的情况下，过多的脂肪分解和氧化不全，血液脂肪酸和酮体大量增加，严重时可呈现酮血症和酮尿。长期反复发热的患病动物，由于脂肪消耗过多而出现逐渐消瘦。

3. 蛋白质代谢变化

发热时，蛋白质分解常和糖与脂肪的分解呈现不成比例的升高，而引起血液及尿液非蛋白氮增多。同时由于消化功能降低，蛋白质摄入和吸收减少，造成负氮平衡。长期反复发热，如慢性传染性贫血、结核等，因大量组织蛋白分解，从而引起肌肉及实质器官萎缩、变性、机体衰弱、免疫功能下降等。

4. 维生素代谢变化

长期发热，维生素 C 和 B 族维生素消耗显著，加之由于食欲减退而摄入不足，常发生维生素的缺乏。

根据以上变化，对发热的患病动物应大量补充糖以供能量消耗，并可防止蛋白质及脂肪的消耗，同时要及时适当补充维生素 C 和维生素 B，以保证各种酶类的合成需要。

5. 水、盐代谢变化

体温上升期和高热持续期的初期，由于分解代谢加强，大量代谢产物蓄积，排汗及尿量减少，水和钠在体内潴留。高热持续期后期及体温恢复期，由于散热的需要，患病动物大量出汗，尿量增多及呼吸加深加快而蒸发水分，往往易导致脱水。

发热初期，肾脏排钠和水减少，排钾增多，因此，长期发热常引起低钾血症。此外，发热时物质分解代谢加强，乳酸、酮体生成增多，加上肾脏排泄功能降低，故常常引起患病动物发生酸中毒。

根据以上变化，对发热的患病动物应足量补水，适量补钾，增加碱贮，以纠正酸中毒。

(二) 机能代谢变化

发热时，由于交感—肾上腺系统的功能加强，体温升高，代谢分解氧化不全产物大量堆积，可引起各个系统机能发生改变。

1. 循环系统机能的改变

发热时，由于交感神经兴奋，高温血液刺激心脏窦房结，使心跳加快、心收缩力加强、心输出量增加、外周血管收缩，血压稍有升高。一般来讲，体温每升高 1℃，脉搏增加 10～12 次/min。如果发热持续时间过长，体温过高，则由于心动过速，可增加心脏的负担，耗氧量增加。同时冠状血管扩张不全而血流减少，从而导致心肌缺血、缺氧，心收缩减弱。特别是在传染病引起发热时，病原微生物毒素对心肌有直接损害作用，常引起急性心力衰竭。

体温恢复期，特别是体温骤退（体温在数小时内迅速降至正常或正常以下），则由于大量出汗及血管扩张，可引起血压下降。因此，在体温恢复期，应注意防止由于血压的急剧下降而导致休克。

2. 中枢神经系统机能改变

发热时，不仅体温调节中枢的机能发生变化，神经系统的其他机能也会发生改变。一般来说，发热初期，有的动物呈现兴奋不安，中枢神经系统的兴奋性升高；有的动物则呈现精神沉郁，对周围环境反应迟钝，中枢神经系统的兴奋性降低。在高热期，由于高温血液及有毒产物的作用，中枢神经系统呈现抑制，动物精神沉郁，甚至出现昏迷症状。此外，在体温上升期及高热持续期，交感神经始终处于兴奋状态；而散热期，副交感神经兴奋性增强。

3. 呼吸系统机能改变

高温血液刺激呼吸中枢，常出现呼吸加深加快，这有利于氧的吸入和呼出气散热。但在持续的高热病例中，往往可引起中枢神经机能障碍，呼吸中枢兴奋性降低，出现呼吸表浅。

4. 消化系统机能改变

发热时，由于交感神经兴奋，胃肠消化液分泌减少，蠕动减弱，常使患病动物呈现食欲减退。同时，由于胃肠的分泌和运动机能减弱，以及水分吸收加强，肠内容物变得干燥，甚至发生便秘，还可因肠内容物发酵、腐败，而引起自体中毒，从而使体温居高不下。

5. 泌尿系统机能改变

发热初期，由于交感神经兴奋，肾小球入球动脉收缩，肾脏血流重新分配。于是肾小球血流量降低，尿生成减少。高热持续期，则由于呼吸加快，水分从呼吸道蒸发增加。加之肾小球上皮细胞及肾小管管壁细胞变性，血浆蛋白质滤出，但由于回收功能障碍，以及分解代谢加强，酸性代谢产物增多，水、钠在体内滞留，因而临床上患病动物尿量进一步减少。并出现蛋白尿和酸性尿，严重时甚至无尿。

体温恢复期，由于肾小球血管扩张，血流增加，肾小球滤过率提高，排尿量增加，氯化物排出也增多。

6. 单核巨噬细胞系统改变

发热时，机体单核巨噬细胞系统的机能活动增强。其表现为吞噬活动增强，抗体的形成加强、补体的活性增高，肝脏解毒功能也加强。

五、发热的生物学意义以及处理原则

（一）发热的生物学意义

一般认为，中度发热有助于机体消灭病原微生物，如在人类发现抗生素之前，常用诱发发热来治疗某些感染性疾病。同时许多实验表明体温升高具有促进白细胞的游出和加强其吞噬活力，提高机体对致热原的消除能力，抑制感染发生的作用。而且，中度发热还可使肝脏氧化过程加速，从而使其解毒能力有所提高。

此外，近年来关于发热时血清铁含量变化对抑菌的作用受到重视。如科学家等证明，发热期间，肝和脾的巨噬细胞系统吞噬作用增强，以及消化道吸收功能障碍，使循环血中血清铁含量明显降低，而铁是病原体在动物体内生长、繁殖所必需的元素，血清铁的减少则必然抑制病原菌在动物体内生长、繁殖。而内生性致热原本身有降低血清铁的作用。另外，内生性致热原还可刺激白细胞(尤其是嗜中性粒细胞)产生大量的乳铁蛋白，使血清铁降低，从而抑制细菌运铁蛋白的合成。低铁血症时，由于感染而发热的实验动物死亡率降低，而当注入外源性铁时，他们的死亡率则明显提高。

不过，体温过高，或发热持续时间过久，则可因为机体内物质分解过多、营养物质大量消耗，加之食欲下降及消化不良，可造成机体消瘦，各组织器官功能降低，从而减弱机体的免疫力，提高机体对病原的感受性和对内毒素的敏感性；还可使中枢神经系统及血液循环系统发生损伤，患病动物出现精神沉郁甚至昏迷，或由于心肌变性而发生心力衰竭，这就更加加重了病情。

　　总之，不论发热的生物学效应如何，发热都是动物体内疾病发展的重要信号，在临床上须依据发热的特点去探查病灶所在或疾病过程的性质，给予及时诊断与治疗。

　　（二）发热的处理原则

　　影响发热的主要因素有中枢神经的功能状态、内分泌系统的功能状态、营养状态、疾病状态、致热原的性质等。除了病因学治疗外，针对发热的治疗应尽可能谨慎地权衡利和弊。

　　1. 发热的一般处理

　　非高热者一般不要急于解热，干扰热型和热程可造成掩盖病情，不利于疾病的诊断。对长期不明原因的发热，应做详细的检查，注意寻找体内隐蔽的病灶部位。

　　2. 下列情况应及时解热

　　持续高热（如 40℃以上）、有严重肺或心血管疾病以及妊娠期的动物，治疗原发病同时采取退热措施，但高温不可骤退。

　　3. 解热的具体措施

　　解热的具体措施包括药物解热和物理降温及其他措施（包括休息、补充水分、营养）。此外，高热惊厥者也可酌情对症治疗，应用镇静剂（如安定）。

　　4. 加强对高热或持久发热的患病动物的护理

　　要及时补充水分，预防脱水，并纠正水电解质和酸碱平衡紊乱。应保证充足易消化的营养食物（包括维生素），监护心血管功能，大量排汗时还要防止休克的发生。

项目 6　败血症

●●●●● 任务资讯单

学习情境 3	病理生理诊断
项目 6	败血症
资讯方式	教材、教学平台资源、在线开放课资源、网络资源等。
资讯问题	1. 什么是败血症、菌血症、病毒血症、虫血症、脓毒血症？ 2. 引起败血症发生的原因有哪些？ 3. 败血症发生后，常见的病理变化有哪些？ 4. 败血症的结局一般是怎样的？
资讯引导	1. 陆桂平．动物病理．北京：中国农业出版社，2001 2. 于洋等．动物病理．北京：中国农业大学出版社，2011 3. 张鸿等．宠物病理．北京：中国农业出版社，2016 4. 姜八一．动物病理．北京：中国农业出版社，2019 5. 於敏等．动物病理．北京：中国农业出版社，2019 6. 於敏等．动物病理．北京：中国农业出版社，2022 7. 中国知网

●●●● 案例单

学习情境3	病理生理诊断	学时	20
项目6	败血症		

序号	案例内容	案例分析
1.1	1937年，中国的全面抗日战争爆发。1938年，国际友人白求恩，率领一个由加拿大人和美国人组成的医疗队来到中国解放区——延安。1938年11月至1939年2月的4个月里，行程750km，做手术300余次，救治大批伤员。1939年10月白求恩在抢救伤员时左手中指被手术刀割破感染。1939年11月12日因败血症医治无效在河北省唐县黄石口村逝世，享年49岁。那么，败血症到底是什么，竟然让白求恩这样一位医学博士、加拿大医师、医疗创新者、人道主义者不幸牺牲？根据上述事件，请同学们总结败血症的概念、发生原因、病理变化等。	败血症是病原微生物侵入机体后，突破机体的防御结构进入血液，在血液中大量繁殖，产生毒素，造成机体广泛的组织损伤和严重的全身中毒症状及病理变化。在临床中，细菌（传染性、非传染性）、病毒、某些原虫都可以引起败血症的发生。败血症通常是引起动物死亡的一个直接原因。白求恩因在抢救伤员时感染了败血症，这也就是案例中的国际主义战士白求恩牺牲的原因。

●●●● 工作任务单

学习情境3	病理生理诊断
项目6	败血症

【任务】识别败血症

根据教师提供的发生败血症的组织器官的浸渍标本、图片及视频，完成以下工作。

(1)说出败血症的含义。

(2)分析并说出死于败血症的动物，所发生的病理变化。

▶参考答案

1. 败血症的含义

病原微生物侵入机体后，突破机体的防御结构进入血液，在血液中大量繁殖，产生毒素，造成机体广泛的组织损伤和严重的全身中毒症状及病理变化，称为败血症。

2. 败血症的病理变化

(1)尸体腐败：败血症动物死亡的尸体内，有大量的病原微生物和毒素存在，使机体发生腐败，常见鼓气、尸僵不全或不明显。血液性状发生改变，血液凝固不良，呈紫黑色黏稠状态。由于血管内血液发生溶血，大血管和心脏的内膜被血红蛋白染成污红色。

（2）出血：病菌的毒素损伤小血管壁，引起渗出性出血，所以皮肤、浆膜出现广泛的出血点或出血斑。疏松结缔组织中(皮下、黏膜、浆膜)有浆液性或浆液出血性浸润，浆膜腔积液。

（3）黄疸：由于溶血和肝脏机能不全，间接胆红素在体内蓄积，故可视黏膜和皮下组织黄染。

（4）急性脾炎：脾脏急性肿大，有时可肿大 2～3 倍。脾脏表面呈暗紫色，被膜紧张，质地柔软；切面隆起，脾髓易刮下呈粥样，结构模糊。

镜检，脾窦高度充血和出血，脾组织呈大片出血，脾小体受压迫发生萎缩，并有不同程度的坏死。在被破坏的脾髓组织内有大量的白细胞浸润和吞噬细胞增生。

脾脏肿大是败血症的特征性变化之一。但是，也有一些急性传染病，如猪瘟和巴氏杆菌病等，由于疾病本身的物异性，脾脏肿大，但不明显。

（5）急性淋巴结炎：全身淋巴结肿大、呈急性浆液性和出血性淋巴结炎变化。镜检，淋巴结充血、出血、水肿及白细胞浸润，窦壁细胞增生等。

（6）实质器官变性：实质器官如心、肝、肾等发生颗粒变性、脂肪变性，甚至发生坏死。心脏因心肌变性而发生扩张，可能是导致动物死亡的直接原因。

（7）肺炎：肺脏呈现浆液性或出血性炎症。

（8）中枢神经系统变化：有时见脑膜充血、出血和水肿。镜检，神经细胞呈不同程度变性、充血、出血、水肿及白细胞浸润。

必 备 知 识

【必备的专业知识和技能】

败血症

病原微生物侵入机体后，突破机体的防御结构进入血液，在血液中大量繁殖，产生毒素，造成机体广泛的组织损伤和严重的全身中毒症状及病理变化，称为败血症。

败血症意味着机体的抵抗力趋于瓦解。败血症不是一种独立的疾病，而是许多病原微生物感染造成的共同结局，往往是引起畜禽死亡的一个重要原因。

在败血症的发生、发展过程中，常伴有菌血症和毒血症。

菌血症：细菌在原发病灶持续不断进入血液，由于机体防御机能降低，不能将其迅速清除，但尚未出现全身性病理变化，称为菌血症。

毒血症：病原微生物侵入机体后，在局部增生繁殖并产生毒素组织分解产物，被机体吸收入血而导致机体发生的全身中毒现象，即毒血症。

病毒血症：病毒存在于血液中的现象，为病毒血症。

虫血症：寄生原虫侵入血液中的现象，为虫血症。

如果败血症是由化脓性细菌引起，称为脓毒败血症。

一、败血症发生的病因、类型及机理

细菌(传染性、非传染性)、病毒、某些原虫(如泰勒梨形虫)可以成为败血症的病原。

（一）非传染病型败血症

非传染病型败血症又称感染创型败血症。它是在局部炎症的基础上发展起来的，由非传染性病原微生物所引起。病原体侵入机体后，一般先在侵入的部位引起局部炎症，在机体的防御能力降低(吞噬能力下降、抗体生成减少等)和治疗不及时时，病原体大量繁殖，局

部组织破坏加剧，病原体沿着淋巴和血液不断向全身扩散，随着机体抵抗力进一步下降，炎区内病原体及毒性产物大量进入血液，全身器官组织破坏加剧、物质代谢障碍和生理机能紊乱，出现明显的全身反应，即发生了败血症。

(二)传染病型败血症

传染病型败血症由特异性传染性病原微生物引起，如猪丹毒、马和牛的炭疽、巴氏杆菌病等。这类病原菌侵入机体后不经过局部炎症过程，直接以全身性败血症的形式表现出来。当病原微生物的毒力特别强时，经过特别迅速，往往在未形成典型传染病的特异性病变前机体即可因败血症而死亡。

二、败血症的病理变化

(一)全身性病理变化

死于败血病的动物，因机体物质代谢高度障碍及严重的毒血症，使机体各组织器官呈现明显的变性、坏死和严重的中毒症状。

1. 尸体腐败

败血症动物死亡的尸体内，有大量的平原微生物和毒素存在，使机体发生腐败，常见鼓气、尸僵不全或不明显。血液性状发生改变，血液凝固不良，呈紫黑色黏稠状态。由于血管内血液发生溶血，大血管和心脏的内膜被血红蛋白染成污红色。

2. 出血

病菌的毒素损伤小血管壁，引起渗出性出血，所以皮肤、浆膜出现广泛的出血点或出血斑。疏松结缔组织中(皮下、黏膜、浆膜)有浆液性或浆液出血性浸润，浆膜腔积液。

3. 黄疸

由于溶血和肝脏机能不全，间接胆红素在体内蓄积，故可视黏膜和皮下组织黄染。

4. 急性脾炎

脾脏急性肿大，有时可肿大 2～3 倍。脾脏表面呈暗紫色，被膜紧张，质地柔软；切面隆起，脾髓易刮下呈粥样，结构模糊。

镜检，脾窦高度充血和出血，脾组织呈大片出血，脾小体受压迫发生萎缩，并有不同程度的坏死。在被破坏的脾髓组织内有大量的白细胞浸润和吞噬细胞增生。

脾脏肿大是败血症的特征性变化之一。但是，也有一些急性传染病，如猪瘟和巴氏杆菌病等，由于疾病本身的物异性，脾脏肿大，但不明显。

5. 急性淋巴结炎

全身淋巴结肿大、呈急性浆液性和出血性淋巴结炎变化。镜检，淋巴结充血、出血、水肿及白细胞浸润，窦壁细胞增生等。

6. 实质器官变性

实质器官如心、肝、肾等发生颗粒变性、脂肪变性，甚至发生坏死。心脏因心肌变性而发生扩张，可能是导致动物死亡的直接原因。

7. 肺炎

肺脏呈现浆液性或出血性炎症。

8. 中枢神经系统变化

有时见脑膜充血、出血和水肿。镜检，神经细胞呈不同程度变性、充血、出血、水肿及白细胞浸润。

（二）原发病灶病理变化

感染创病原菌引起的败血症，除了全身性病理变化以外，还有局部原发病灶的病理变化。

1. 创伤感染成为败血症的原发病灶

由创伤（如刺伤、切伤、烧伤等）感染非传染性病原菌，成为败血症的原发病灶。主要病理变化是局部呈现浆液性化脓性炎症或呈现蜂窝织炎。由于病原菌由淋巴管扩散，则病灶周围的淋巴管和淋巴结发炎，淋巴管肿胀、变粗呈索状，管壁增厚，管腔变窄，管腔内有脓汁和纤维素凝块。淋巴结肿大、呈浆液性或化脓性淋巴结炎。如果病原体侵入病灶周围静脉，可引起血栓性化脓性静脉炎。可见静脉肿胀，管腔内有血凝块或脓汁。

2. 脐感染成为败血症的原发病灶

幼畜断脐由于消毒不彻底，感染病原菌而形成败血症的原发病灶。主要病理变化是脐带根部发生出血性化脓性炎症。有时蔓延到腹膜，引起纤维素性化脓性腹膜炎；如果病原体经血液蔓延到肺和关节，可导致化脓性肺炎和化脓性关节炎。

3. 产后子宫感染成为败血症的原发病灶

主要病理变化是化脓性子宫内膜炎。子宫肿大，按压有波动感，子宫内蓄积多量污秽不洁的带臭味的脓汁。子宫内膜肿胀、充血、出血及坏死脱落，形成糜烂和溃疡。

三、败血症的结局及对机体的影响

败血症是一种复杂的病理过程，并不是一种独立的疾病，是由多种病原微生物感染造成的共同结局，要能纵观全局，从整个疾病的发生发展过程来看。

发生败血症时，对机体的影响主要取决于两方面的因素：即病原微生物的数量和毒力强弱，以及机体抵抗力与及时治疗的情况。当侵入动物有机体的病原微生物数量多、毒力强，可导致发生败血症，常常是引起动物死亡的一个直接原因。但若机体抵抗力较强，又能经过及时治疗，病原微生物则可被消灭，败血症就会有被治愈的可能。

【拓展阅读】

1938 年，白求恩受派遣来到中国参与抗日革命，转送到晋察冀边区担任军区卫生部部长。在艰苦的岁月中，他以马克思主义为指针，与战士同甘苦共患难，后因在抢救伤员的手术中被细菌感染转为败血症，于 1939 年病逝。白求恩的那种牺牲精神、工作热忱永远感染着我们，影响着中华民族的一代又一代，他的崇高精神和人格力量也鼓舞和激励着一代又一代的中华儿女。无论多久，白求恩的国际主义精神和共产主义精神永远值得我们广泛学习。

正如党的二十大报告所指出："我们确立和坚持马克思主义在意识形态领域指导地位的根本制度，新时代党的创新理论深入人心，社会主义核心价值观广泛传播"，我们"隆重庆祝中国人民解放军建军九十周年、改革开放四十周年，隆重纪念中国人民抗日战争暨世界反法西斯战争胜利七十周年、中国人民志愿军抗美援朝出国作战七十周年""青年一代更加积极向上，全党全国各族人民文化自信明显增强、精神面貌更加奋发昂扬""我们必须坚定历史自信、文化自信，坚持古为今用、推陈出新，把马克思主义思想精髓同中华优秀传统文化精华贯通起来、同人民群众日用而不觉的共同价值观念融通起来，不断赋予科学理论鲜明的中国特色，不断夯实马克思主义中国化时代化的历史基础和群众基础，让马克思主义在中国牢牢扎根"。

项目 7　黄疸

●●●● 任务资讯单

学习情境 3	病理生理诊断
项目 7	黄疸
资讯方式	教材、教学平台资源、在线开放课资源、网络资源等。
资讯问题	1. 什么是黄疸？ 2. 引起黄疸发生的原因有哪些？ 3. 黄疸可见哪几种类型？ 4. 各类黄疸的病理过程是怎样的？ 5. 黄疸对机体的影响是怎样的？
资讯引导	1. 陆桂平. 动物病理. 北京：中国农业出版社，2001 2. 于洋等. 动物病理. 北京：中国农业大学出版社，2011 3. 张鸿等. 宠物病理. 北京：中国农业出版社，2016 4. 姜八一. 动物病理. 北京：中国农业出版社，2019 5. 於敏等. 动物病理. 北京：中国农业出版社，2019 6. 於敏等. 动物病理. 北京：中国农业出版社，2022 7. 中国知网

●●●● 案例单

学习情境 3	病理生理诊断	学时	20
项目 7	黄疸		

序号	案例内容	案例分析
1.1	一宠物犬，特别爱吃生鱼，主人发现该犬精神沉郁，消化不良，食欲减退，并伴有呕吐、腹泻，逐渐脱水，腹围增大，消瘦。可视黏膜及皮肤黄染，排出的尿液颜色加重。根据该犬的临床表现，并结合该犬的饮食习惯，经查，该犬患有华支睾吸虫病。华支睾吸虫寄生在终末宿主的肝脏胆管及胆囊内，可引起肝脏纤维化及胆管阻塞，这与黄疸有何关联？请同学们根据上述病例，总结黄疸的概念、发生原因与机理，临床表现等。	黄疸是由于胆红素代谢障碍，动物血浆中的胆红素含量增高，造成皮肤、黏膜、浆膜及实质器官等被染成黄色的病理过程。引起黄疸发生的原因主要有三方面：溶血、肝细胞及毛细血管受损、肝胆管受压或阻塞。本案例中患犬就是由于常吃携带有华支睾吸虫囊蚴的生鱼，从而发生华支睾吸虫病的发生。华支睾吸虫寄生在肝胆管中，引起胆管阻塞，从而发生阻塞性黄疸。

●●●●● 工作任务单

学习情境 3	病理生理诊断
项目 7	黄疸

【任务】识别黄疸

根据教师提供的发生黄疸的病例图片、视频，完成以下工作。

(1)说出黄疸的含义。

(2)说出黄疸的原因及分类。

(3)分析并叙述黄疸发生的机理。

▶参考答案

1. 黄疸的含义

由于胆红素代谢障碍，动物血浆中的胆红素含量升高，造成皮肤、黏膜、浆膜及实质器官等被染成黄色的病理过程，称为黄疸。

2. 黄疸的原因及分类

(1)溶血性黄疸：临床常见于各种原因发生的溶血，如细菌、病毒、重金属(砷、磷等)对红细胞的直接破坏，以及免疫病(新生幼畜溶血病)、烧伤和某些寄生虫病(梨形虫病、锥虫病)等。

(2)实质性黄疸：凡能损害肝细胞和毛细血管的致病因素都可以引起本病。

(3)阻塞性黄疸：常见于胆道内阻塞(结石、胆管发炎、寄生虫感染等)和胆道受压挤(肿瘤等)两方面原因。

3. 黄疸发生的机理

(1)溶血性黄疸：是在一些生物性、化学性、物理性因素作用下，红细胞大量被破坏(溶血)，大量血红蛋白进入血浆，致使间接胆红素含量升高。过量的间接胆红素超过肝脏对它的转化能力，引起血中间接胆红素的蓄积而发生黄疸。

(2)实质性黄疸：由于细菌、病毒、药物毒素等原因直接或间接损害肝细胞，使肝细胞发生变性或坏死脱落，导致肝脏处理及排出胆红素的能力降低，大量间接胆红素在血液中蓄积。同时由肝脏转化形成的直接胆红素，可经坏死肝细胞形成的裂隙渗入血窦或淋巴道。因此，患病动物血液中同时存在两种胆红素。

(3)阻塞性黄疸：胆汁不能顺利入肠管，而在胆管和毛细胆管淤积，毛细胆管内压升高，胆管扩张破裂，胆汁流入血液，大量直接胆红素在血液中蓄积而引起黄疸。

必 备 知 识

【必备的专业知识和技能】

黄疸

由于胆红素代谢障碍，动物血浆中的胆红素含量升高，造成皮肤、黏膜、浆膜及实质器官等被染成黄色的病理过程，称为黄疸。黄疸是许多疾病过程中的一种症状。

一、胆红素正常代谢过程

动物体中是否发生黄疸，取决于胆红素的代谢状态。机体中 80%～90% 的胆红素来自经过巨噬细胞系统处理后的衰老的红细胞。衰老的红细胞被巨噬细胞吞噬、破坏（主要在脾脏），释放出血红蛋白。血红蛋白进一步分解，脱去铁及珠蛋白，形成胆绿素。铁及珠蛋白可重新吸收再次利用，而胆绿素则还原成胆红素。这种胆红素进入血液后，与血浆中的蛋白结合，称血胆红素。血胆红素不能通过半透膜，故不能通过肾小球滤出。由于此种胆红素不溶于水，但能溶于酒精。临床上作血胆红素定性试验（范登白氏试验）时，不能和重氮试剂直接作用，必须加入酒精处理后，才能呈紫红色阳性反应，故又称之为间接胆红素。

血胆红素随血液进入肝脏，脱去白蛋白后，进入肝细胞内，经酶的催化，形成水溶性的、能经肾小球滤过的肝胆红素，这种胆红素可与重氮试剂直接反应呈紫红色阳性反应，故又称直接胆红素。

肝胆红素与胆汁酸、胆酸盐等共同构成胆汁，当动物采食时，胆囊收缩，肝胆红素可随胆汁经胆道系统排入十二指肠，其中的肝胆红素经细菌等的还原作用，转化为无色的胆素原。胆素原大部分可经氧化形成黄褐色的粪胆素原，随粪便排出，使粪便呈现一定的颜色。小部分胆素原再吸收入血，经门脉进入肝脏，这部分胆素原又有两个去向，其中一部分重新转化为直接胆红素，再随胆汁排入肠管，此过程即为胆红素的肠肝循环；另一部分进入血液至肾脏，成为尿胆素原，氧化后形成尿胆素，随尿排出使尿液呈现一定的颜色。正常胆红素代谢过程如图 3-13 所示。

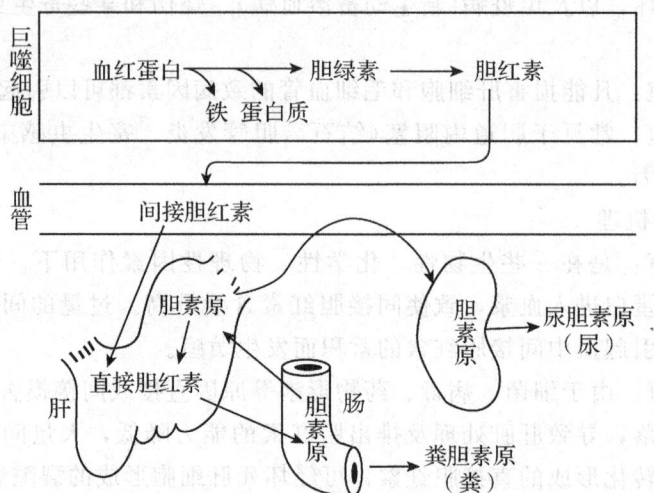

图 3-13　正常胆红素代谢过程

从以上胆红素代谢的过程来看，胆红素的代谢与红细胞的破坏、肝脏的功能以及胆道的排泄密切关联。如果上述过程中的任何一个环节发生障碍，则必然引起胆红素的代谢失调，出现黄疸。引起黄疸发生的原因很多，可归纳为胆红素生成过多；胆红素转化、处理障碍及胆红素排泄障碍三大类，即溶血性黄疸、实质性黄疸、阻塞性黄疸。

二、黄疸的类型和发生机理

（一）溶血性黄疸

溶血性黄疸（也称肝前性黄疸），是在一些生物性、化学性、物理性因素作用下，红细胞被大量破坏（溶血），大量血红蛋白进入血浆，致使间接胆红素含量增高。过量的间接胆红素超过肝脏对它的转化能力，引起血中间接胆红素的蓄积而发生黄疸。溶血性黄疸机理与临床表现如图 3-14 所示，临床常见于各种原因发生的溶血，如细菌、病毒、重金属(砷、磷等)对红细胞的直接破坏，以及免疫病(新后幼畜溶血病)、烧伤及某些寄生虫病(梨形虫病、锥虫病)等。

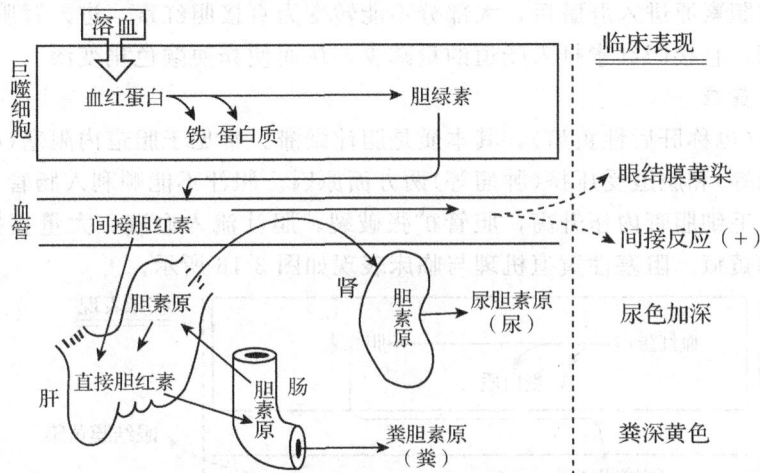

图 3-14 溶血性黄疸机理与临床表现

溶血性黄疸的特点是血液中间接胆红素含量增多，故胆红素定性试验表现为间接反应阳性反应。由于肝细胞转化代偿机能加强，形成的直接胆红素也相应增多，粪、尿中胆素原的含量也增多，粪、尿颜色加深。由于溶血可出现贫血和血红蛋白尿。

(二)实质性黄疸

实质性黄疸(也称肝性黄疸)，是肝细胞对胆红素的转化、处理功能发生障碍。凡能损害肝细胞和毛细血管的致病因素都可以引起此类黄疸的发生。常常是由于细菌、病毒、药物毒素等原因直接或间接损害肝细胞，使肝细胞发生变性或坏死脱落，导致肝脏处理及排出胆红素的能力降低，大量间接胆红素在血液中蓄积。同时由肝脏转化形成的直接胆红素，可经坏死肝细胞形成的裂隙渗入血窦或淋巴道。因此，患病动物血液中同时存在两种胆红素。实质性黄疸机理与临床表现如图 3-15 所示。

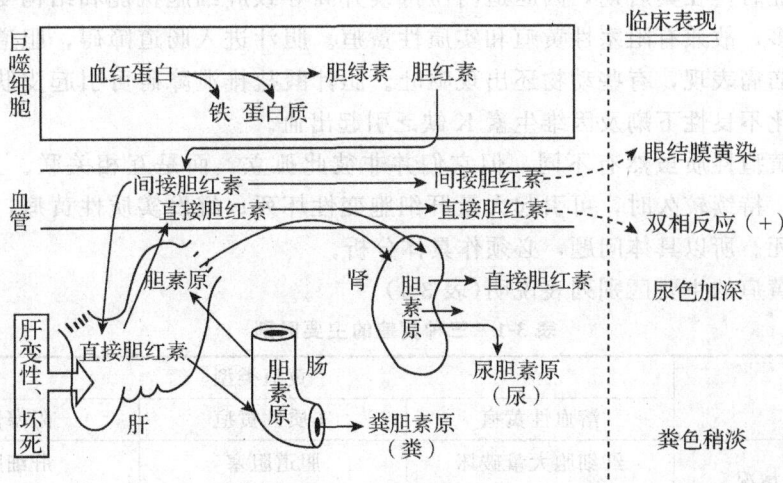

图 3-15 实质性黄疸机理与临床表现

实质性黄疸的特点：血液中直接胆红素和间接胆红素都增加，故胆红素定性试验时，呈直接反应和间接反应的双相反应阳性。因直接胆红素可以经肾小球滤过随尿排出，故尿中有直接胆红素存在，可使尿液颜色加深；同时由于肝脏功能遭到一定程度的破坏，由肠道再吸收入血的胆素原进入肝脏后，大部分不能转变为直接胆红素，进入肾脏而随尿排出，使尿液颜色更深；直接胆红素排入肠道的量减少，从而使粪便颜色稍变淡。

（三）阻塞性黄疸

阻塞性黄疸（也称肝后性黄疸），其本质是胆汁淤滞。常见于胆道内阻塞（结石、胆管发炎、寄生虫感染等）和胆道受压挤（肿瘤等）两方面原因。胆汁不能顺利入肠管，而在胆管和毛细胆管淤积，毛细胆管内压升高，胆管扩张破裂，胆汁流入血液，大量直接胆红素在血液中蓄积而引起黄疸。阻塞性黄疸机理与临床表现如图 3-16 所示。

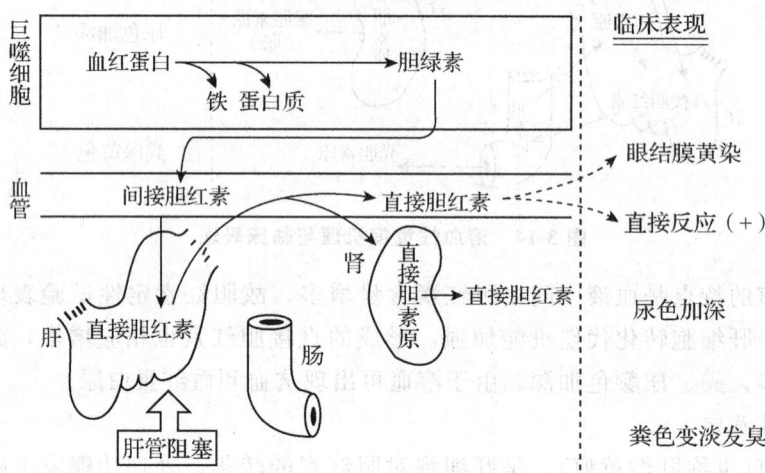

图 3-16　阻塞性黄疸机理与临床表现

阻塞性黄疸的特点：血液中直接胆红素增加，故胆红素定性试验时，呈直接反应阳性。直接胆红素能由肾小球滤过，故尿液颜色加深。由于胆汁进入十二指肠障碍，使肠内胆素原生成减少，导致消化吸收紊乱，排出的粪便颜色变淡，甚至呈灰白色，并带有恶臭气味。当动物发生结症时，在其后期，因胆道内压持续升高导致肝细胞机能和结构变化，使血中间接胆红素增多，故兼有阻塞性黄疸和实质性黄疸。胆汁进入肠道障碍，胆道内压升高可引起动物出现疝痛表现，有些动物还出现呕吐。胆汁酸盐排泄障碍可引起皮肤瘙痒、心跳缓慢、脂肪消化不良性下痢及因维生素 K 缺乏引起出血。

以上三种黄疸性质虽然有不同，但它们并非彼此孤立，而是互相关联、互为因果的。如阻塞性黄疸，持续较久时，可引起大量肝细胞变性坏死；继发实质性黄疸，也可能引起肝细胞变性坏死。所以具体问题，必须作具体分析。

现将三种黄疸的主要区别列表说明（表 3-1）。

表 3-1　三种黄疸的主要区别

区别点	黄疸类型		
	溶血性黄疸	实质性黄疸	阻塞性黄疸
胆红素代谢情况	红细胞大量破坏 胆红素生成过多	胆道阻塞 胆红素排泄障碍	肝细胞受损 胆红素处理障碍

续表

区别点	黄疸类型		
	溶血性黄疸	实质性黄疸	阻塞性黄疸
血中胆红素	间接胆红素增加	直接胆红素增加	间接胆红素与直接胆红素均增加
胆红素定性试验	间接反应阳性	直接反应阳性	双相反应阳性
尿中胆红素	无	有	有
尿中胆素原含量	增加	无	增加
粪中胆素原含量	增加	减少或无	减少

三、黄疸对机体的影响

肝内与肝外胆汁淤滞时，胆红素及一部分胆汁酸均可损害细胞，导致细胞变性甚至坏死，特别是阻塞性黄疸对机体影响较大。

（一）溶血性黄疸

如果溶血不严重，动物一般不会出现较严重后果。但当大量溶血时则可导致动物贫血、缺氧、发热、血红蛋白尿等全身症状而危及生命。

（二）实质性黄疸

当出现实质性黄疸时，动物肝脏解毒功能下降，血液中代谢产物蓄积，容易导致自体中毒。

（三）阻塞性黄疸

1. 心血管系统的影响

发生阻塞性黄疸的动物，常伴有低血压、心动过缓等症状，动物容易发生休克。导致这些变化的原因是胆汁使心血管系统对一些血管活性物质，特别是对去甲肾上腺素的反应性降低，即对交感神经兴奋的反应性降低的结果。

2. 对肾脏的影响

发生阻塞性黄疸的动物，容易发生急性肾功能衰竭，主要原因可能是胆汁酸盐引起的低血压，使肾血流量降低；或是胆汁酸盐和胆红素对肾组织的直接损害作用；细菌感染产生大量内毒素，引起急性肾小球肾炎及肾小管肾炎，也是阻塞性黄疸导致急性肾功能衰竭的重要原因。大量内毒素的出现，主要是由于肠内缺乏胆酸盐，肠道抑菌作用减弱，革兰氏阴性菌大量繁殖，并产生毒素被肠道吸收入血所致。

3. 凝血障碍和维生素缺乏

阻塞性黄疸时，肠内脂溶性维生素 K 吸收障碍，导致肝内合成凝血因子 X、XI、VII 和凝血酶原不足，以及内毒素血症导致 DIC 的形成，都可引起凝血障碍及出血性倾向。

此外，脂溶性维生素 A、维生素 D、维生素 E 的吸收也发生障碍，患病动物可出现神经肌肉变性、共济失调、眼肌麻痹等症状。

4. 对消化系统的影响

阻塞性黄疸时，肠内缺乏胆汁，因此脂肪的消耗、吸收都可发生障碍，同时使肠蠕动减弱，患病动物除出现脂性便外，还易发生腹胀和消化不良。

5. 皮肤瘙痒及伤口愈合障碍

可能与胆汁酸盐作用有关，具体机制尚不清楚。

●●●● 作业单

学习情境3	病理生理诊断
作业完成方式	书面报告。
作业题1	选择一例与水肿相关的病例报告，说明报告中病例的具体发生原因、病理变化、影响与结局。
作业解答	（如空位不足，请另附纸张）
作业题2	历年执业兽医师资格考试真题
作业解答	59. 动物某些原发性疾病导致体内 $NaHCO_3$ 含量降低，主要引起（　　）(2009) A. 代谢性碱中毒　　　　　　　　　B. 呼吸性碱中毒 C. 代谢性酸中毒　　　　　　　　　D. 呼吸性酸中毒 E. 呼吸性酸中毒合并代谢性碱中毒 57. 关于在某些病理情况下，动物机体在一定限度内的发热叙述不正确的是（　　）(2011) A. 增强机体单核-巨噬细胞的吞噬功能　B. 加速抗体生成 C. 增强肝脏的解毒功能　　　　　　D. 有助于机体对致病因素的消除 E. 会对机体造成严重影响 59. 新生动物的核黄疸是由于胆红素进入脑组织内（　　）(2013) A. 与葡萄糖结合　　　　　　　　　B. 与蛋白质类物质结合 C. 与脂肪类物质结合　　　　　　　D. 与核酸结合 E. 与盐类结合 63. 患化脓性炎症动物的热型通常为（　　）(2013) A. 稽留热　　　　　　　　　　　　B. 弛张热 C. 间歇热　　　　　　　　　　　　D. 回归热 E. 波状热 60. 高渗性脱水的特点是（　　）(2015) A. 细胞外液容量减少，渗透压降低 B. 细胞外液容量增加，渗透压降低 C. 细胞外液容量减少，渗透压增高 D. 细胞外液容量增加，渗透压升高 E. 细胞外液容量减少，细胞内溶液量增加

作业解答	49. 影响水在细胞内、外扩散的主要因素是（　　　）(2016)
	A. 缓冲力　　　　　　　　B. 扩散力
	C. 静水压　　　　　　　　D. 晶体渗透压
	E. 胶体渗透压
	61. 关于败血症对机体的影响，表述错误的是（　　　）(2016)
	A. 心功能无异常　　　　　　B. 凝血功能异常
	C. 休克　　　　　　　　　　D. 全身组织出血
	E. 尸僵不全
	57. CO 中毒性缺氧时，动物的黏膜呈现（　　　）(2017)
	A. 苍白色　　　　　　　　　B. 暗红色
	C. 樱桃红色　　　　　　　　D. 咖啡色
	E. 青紫色
	52. 黄疸时，造成皮肤和黏膜黄染的色素是（　　　）(2018)
	A. 含铁血黄素　　　　　　　B. 黑色素
	C. 胆红素　　　　　　　　　D. 血红素
	E. 脂褐素
	55. 对缺氧反应最敏感的器官是（　　　）(2018)
	A. 心脏　　　　　　　　　　B. 肝脏
	C. 脾脏　　　　　　　　　　D. 肾脏
	E. 大脑
	2. 持续高热，但昼夜温差超过1℃以上的热型，称为（　　　）(2020)
	A. 弛张热　　　　　　　　　B. 消耗热
	C. 稽留热　　　　　　　　　D. 间歇热
	E. 回归热
	27. 由血流量减少所引起的缺氧属于（　　　）(2020)
	A. 低动力性缺氧　　　　　　B. 血液性缺氧
	C. 低张性缺氧　　　　　　　D. 组织性缺氧
	E. 组织中毒性缺氧

	班级		第　　　组		组长签字	
	学号		姓名			
	教师签字		教师评分		日期	
作业评价	评语：					

●●●●● 学习反馈单

学习情境 3	病理生理诊断
评价内容	评价方式及标准。
知识目标 达成度	评价方式：学生自评、组内评价、教师评价。 评价标准：（40%） 1. 能描述动物发生水肿、脱水、酸中毒、缺氧、发热、黄疸、败血症的原因。（5%） 2. 能描述动物发生水肿、脱水、酸中毒、缺氧、发热、黄疸、败血症的机理。（6%） 3. 能描述动物发生水肿、脱水、酸中毒、缺氧、发热、黄疸、败血症的临床表现、解剖学变化与组织学变化。（7%） 4. 能描述动物发生水肿、脱水、酸中毒、缺氧、发热、黄疸、败血症的病理过程。（7%） 5. 能描述动物发生水肿、脱水、酸中毒、缺氧、发热、黄疸、败血症的结局与影响。（5%） 6. 历年执业兽医师资格考试真题答案（10%） C、E、C、B、C、D、A、C、C、E、A、B
技能目标 达成度	评价方式：学生自评、组内评价、教师评价。 评价标准：（30%） 1. 能准确辨别动物发生水肿、脱水、酸中毒、缺氧、发热、黄疸、败血症的临床表现、解剖学变化与组织学变化。（10%） 2. 能运用病理知识对动物疾病进行初步诊断。（10%） 3. 能运用脱水发生的原因与机理，对脱水进行正确的补液。（10%）
素养目标 达成度	评价方式：学生自评、组内评价、教师评价。 评价标准：（30%） 1. 通过课前预习，培养学生的自主学习能力。（7%） 2. 通过小组内对案例分析结果的展示，找到不足，自我提升，强化团体合作习惯和严肃认真的工作作风，同时增强集体荣誉感。（7%） 3. 通过对病理组织大体标本的观察，了解动物疾病的特点，深化学农爱农、关爱生命意识。（8%） 4. 通过了解国际共产主义战士白求恩的伟大事迹，分析败血症的危害，加强同学们对学习成果的交流、沟通，增强时代感和吸引力、坚定马克思主义信仰。（8%）

反馈及改进
针对学习目标达成情况，提出改进建议和意见。

学习情境 3 线上练习

学习情境 4

应激性反应

●●●●● 学习任务单

学习情境 4	应激性反应	学　时	4
布置任务			
学习目标	【知识目标】 1. 能描述发生应激性反应的发生原因。 2. 能描述应激性反应时机体神经内分泌发生的变化。 3. 能描述应激性反应时机体的变化、代谢的变化。 【技能目标】 1. 能准确辨别病变器官的解剖学变化与组织学变化。 2. 能运用病理知识对动物疾病进行初步诊断。 【素养目标】 1. 通过课前预习，培养学生的自主学习能力。 2. 通过小组内对案例分析结果的展示，找到不足，自我提升，强化团体合作习惯和严肃认真的工作作风，同时增强集体荣誉感。 3. 通过对病理组织大体标本的观察，了解动物疾病的特点，深化学农爱农、关爱生命的意识。		
任务描述	1. 说出应激性反应、应激原的含义。 2. 说出应激性反应时机体神经内分泌发生的变化。 3. 说出应激性反应时机体的变化、代谢的变化。		
提供资料	1. 资讯单。 2. 教材。 3. 在线开放课程：上智慧树网站查找动物病理课程（黑龙江职业学院）。		
对学生 要求	1. 前程课程：动物解剖生理、动物微生物及免疫。 2. 按任务资讯单内容，认真准备资讯问题，预习课程内容。 3. 以小组为单位完成学习任务，充分发挥团结协作精神。 4. 按各项工作任务的具体要求，认真设计及实施工作方案。 5. 严格遵守相关实验室管理制度，爱护实验设备用具等，避免安全事故发生。 6. 严格遵守动物剖检、检验等技术的操作规程，避免散播病原。		

项目　应激性反应

●●●● 任务资讯单

学习情境 4	应激性反应
项目	应激性反应
资讯方式	教材、教学平台资源、在线开放课资源、网络资源等。
资讯问题	1. 什么是应激原？ 2. 应激时糖皮质激素的大量分泌有什么病理生理意义？ 3. 应激时交感—肾上腺髓质系统的反应有哪些？其意义是什么？ 4. 应激在畜牧兽医临床实践中有什么意义？
资讯引导	1. 陆桂平. 动物病理. 北京：中国农业出版社，2001 2. 于洋等. 动物病理. 北京：中国农业大学出版社，2011 3. 张鸿等. 宠物病理. 北京：中国农业出版社，2016 4. 姜八一. 动物病理. 北京：中国农业出版社，2019 5. 於敏等. 动物病理. 北京：中国农业出版社，2019 6. 於敏等. 动物病理. 北京：中国农业出版社，2022 7. 中国知网

●●●● 案例单

学习情境 4	应激性反应		学时	4
序号	案例内容		案例分析	
1.1	由于扩大规模，某猪场需要大量引入猪只，经长途运输后，个别敏感猪出现不同程度的反应。全身发抖，继而肌肉僵直，呼吸急促，皮肤发绀，体温不断上升。严重者出现急性酸中毒现象，一般几十秒可死亡，即所谓的应激综合征。根据上述案例，请同学们分析应激性反应的概念、发生原因、病理过程以及相应变化。		应激性反应，是指机体对各种内、外界刺激因素所做出的的全身性、非特异性、适应性反应的过程。案例中个别敏感猪恰恰是因为长途运输，出现以交感—肾上腺髓质和下丘脑—垂体—肾上腺皮质轴兴奋为主的神经内分泌反应，以及一系列有机体机能的变化（如呼吸急促、血压升高、肌肉僵直、分解代谢加快等），即发生应激性反应。	

●●●● 工作任务单

学习情境 4	应激性反应
项目	应激性反应

【任务】识别应激

根据教师提供的发生应激病例的图片、视频，完成以下工作。

(1)说出应激性反应、应激原的含义。

(2)分析应激性反应时机体的神经内分泌有什么变化？

(3)分析并叙述应激性反应时机体的变化以及代谢有哪些变化？

➤参考答案

1. 应激性反应、应激原的含义

所谓应激或称为应激性反应，是指机体对各种内、外界刺激因素所做出的的全身性、非特异性、适应性反应的过程，应激的最直接表现即为精神紧张。

2. 应激反应时，机体神经内分泌的变化

(1)去甲肾上腺素能神经元：引起促肾上腺皮质激素释放激素(CRH)和促肾上腺皮质激素（ACTH）的释放，从而可使动物发生一系列的如血压和血糖升高、血凝加速、呼吸加深加快等机能代谢变化。

(2)下丘脑—垂体—肾上腺皮质系统：应激原作用机体后，通过一定途径使下丘脑促肾上腺皮质激素释放因子(CRF)分泌增加，CRF通过垂体门脉系统到达腺垂体，刺激ACTH的合成和释放，应激时血浆ACTH含量升高，ACTH作用于肾上腺皮质使糖皮质激素分泌增加。

(3)其他激素：胰高血糖素、抗利尿激素、β-内啡肽、醛固酮等分泌增加，胰岛素分泌减少。

3. 分析并叙述应激性反应时机体的变化以及代谢有哪些变化

(1)物质代谢改变。

①代谢率增高；

②血糖升高；

③脂肪酸增加；

④负氮平衡。

(2)急性期蛋白的变化。

损伤性应激时，血浆内有些蛋白质增加，如纤维蛋白原等；有些蛋白质减少，如铁转运蛋白等。

(3)热休克蛋白的产生。

在应激反应时，动物可产生一些正常时没有的蛋白质，由于最早发现于热休克反应过程中，故称之为热休克蛋白，目前有人认为更确切地应称为应激蛋白。

(4)心血管功能变化。

应激时由于交感神经兴奋，儿茶酚胺分泌增加，从而引起心跳加快，心收缩力加强。外周小血管收缩，醛固酮和抗利尿激素分泌增多。因此具有维持血压和循环血量，保证心、脑的血液供应等代偿适应意义。

(5) 急性胃肠黏膜损伤及功能改变。

应激时由于交感神经兴奋，引起胃肠分泌及蠕动紊乱，从而导致消化吸收功能障碍。

甚至出现胃黏膜的出血、水肿、糜烂和溃疡，常称为应激性胃黏膜病变或称应激性溃疡。

（6）机体抵抗力的改变

应激时，机体内 IL-1 增多，有促进机体细胞及体液免疫功能的作用；而 C-反应蛋白又有促进溶菌及细胞吞噬功能的作用；应激蛋白也具有提高机体抗损伤能力的效应，这些都是应激促使机体提高抵抗力的重要因素。但在另一方面，应激时，如果儿茶酚胺持续升高，使机体糖、脂肪、蛋白质大量消耗，则将降低机体的特异性或非特异性免疫功能。

必 备 知 识

【必备的专业知识和技能】

应激性反应概述

所谓应激或应激性反应，是指机体对各种内、外界刺激因素所做出的全身性、非特异性、适应性反应的过程。应激的最直接表现即为精神紧张。任何刺激，只要达到一定的程度，除了可以引起与刺激因素直接相关的特异性变化（如冷引起的寒战、冻伤、中毒时引起的特殊毒性作用等）外，还会出现以交感—肾上腺髓质和下丘脑—垂体—肾上腺皮质轴兴奋为主的神经内分泌反应，以及一系列有机体机能的变化（如心跳加快、血压升高、肌肉紧张、分解代谢加快、血浆中某些蛋白的浓度升高等）。应激的主要意义是抗损伤，是机体的非特异性适应性保护机制。应激是机体维持正常生命活动的必不可少的生理反应，其本质是防御反应，但反应过强或持续过久，会对机体造成伤害，甚至引起应激性疾病或成为许多疾病的诱因。

机体受突然刺激发生的应激称为"急性应激"，而长期持续性的紧张状态则引起"慢性应激"。引起应激的刺激原，称为"应激原"，可分为非损伤性和损伤性两大类。前者如突然的恐惧刺激、剧痛、过劳、环境温度过冷或过热、地理位置的较大改变、密集饲养、长途运输等，其中恐惧、拥挤、环境突变等又属于心理性应激；后者如创伤、烧伤、电离辐射、中毒、感染等，这一类刺激一般都伴有组织细胞的损伤和炎症反应，而非损伤性刺激无这类变化。

目前认为，各类应激原作用于机体，除引起各种特异反应和病变以及共同的神经内分泌变化外，还可以引起基因表达转向以及应激蛋白合成等。急性期蛋白的合成由白细胞介素-Ⅰ（IL-1）介导，而 IL-1 又能作用于下丘脑引起发热，作用于骨骼肌引起蛋白质分解加速及血浆微量元素变化。这些变化与神经内分泌功能改变，统称为急性期反应。发生热休克反应时，机体会出现如同许多刺激因子（如缺氧、中毒、机械损伤等）刺激时，对不利环境或各种有害刺激的一种非特异性反应。应激、急性期反应及热休克反应都是生物的非特异性的全身防御适应反应。

一、应激性反应的途径

应激的发生，是由神经—体液共同参与的一个过程，而且是通过大脑边缘系统产生作用，现将其反应途径简单归纳为如图 4-1 所示。

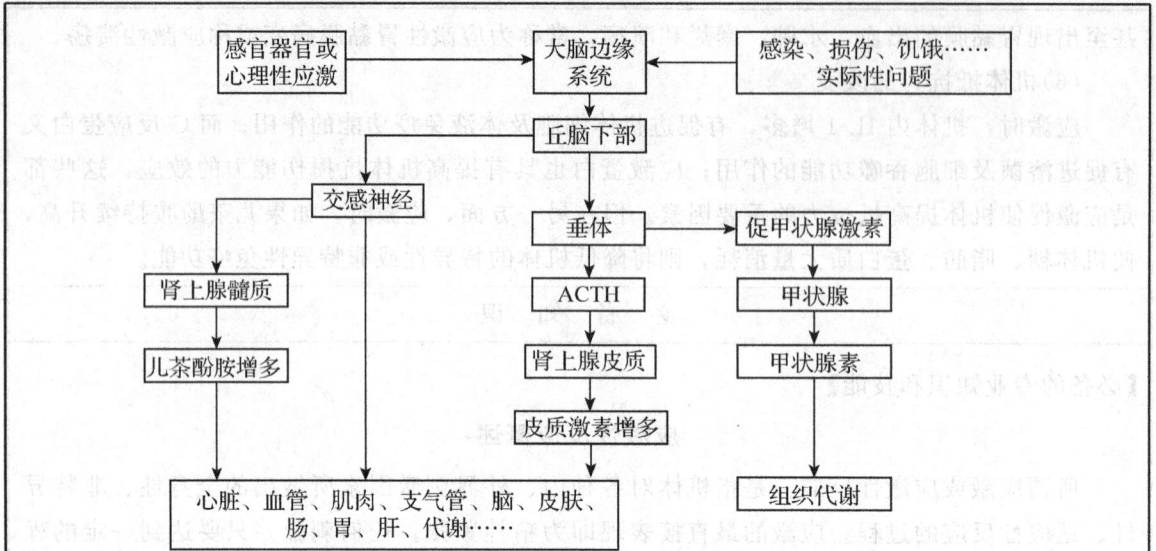

图 4-1 应激性反应发生途径

二、应激时机体的神经内分泌反应

应激时交感神经兴奋，儿茶酚胺分泌增多（交感—肾上腺髓质反应），下丘脑—垂体前叶—肾上腺皮质功能亢进。此外，还有许多种激素变化，其中包括由内分泌腺分泌的经典激素变化，以及在损伤性应激时分散的细胞分泌的"组织激素"或细胞因子（根据新概念，这些也属于激素）的增多（表 4-1）。

表 4-1 应激时激素和神经递质的变化

分泌增多	儿茶酚胺：肾上腺素、去甲肾上腺素、多巴胺
	CRH（促肾上腺皮质激素释放激素）、ACTH（促肾上腺皮质激素）、肾上腺糖皮质激素
	β-内啡肽、生长素、催乳素、胰高血糖素、抗利尿激素
	肾素、血管紧张素、醛固酮
	组织激素：前列腺素、血栓烷、激肽
	细胞因子：白细胞介素-1
分泌抑制	胰岛素

（一）交感—肾上腺髓质反应

应激时，交感神经兴奋，血浆肾上腺素、去甲肾腺素和多巴胺的浓度都升高。其反应非常迅速，激素消除后恢复也很快。但如果是长期持续的刺激，则可使血浆儿茶酚胺维持于高水平。动物体内儿茶酚胺含量与品种有关，如对应激敏感的丹麦长白猪，尿液中肾上腺素含量比其他抗应激品种长白猪高 3 倍。

应激时，交感—肾上腺髓质反应对机体具有防御适应意义，也有损害性作用。

防御适应性主要表现为以下几方面。

（1）使心跳加快，心收缩力加强，从而提高每搏和每分钟的输出量。另外，使外周小血管收缩，阻力增加，促进血液重新分配：以维持冠状血管及脑血管的供血量。

（2）促进糖原分解、血糖升高，促进脂肪动员，使血浆中游离脂肪酸增加，从而保证应激时机体对热量需要的增加。

（3）儿茶酚胺对许多激素（如 ACTH、胰高血糖素、生长素、甲状腺素、甲状旁腺素、降钙素、肾素、促红细胞生成素、胃泌素）的分泌有促进作用，而对胰岛素有抑制作用。因此，儿茶酚胺分泌增多，引起机体激素分泌量变化，对提高机体防御适应能力有益。

然而，血浆儿茶酚胺含量持续过高又对机体产生不利影响，其主要表现为以下几方面。

（1）外周小血管持续收缩，各器官组织微循环灌流量减少，导致组织细胞缺血，严重或长期缺血，则引起细胞坏死及器官功能衰竭。

（2）代谢率升高，体内糖、脂肪、蛋白质及维生素大量消耗，使机体的特异性和非特异性免疫功能降低。

（3）血液凝固性增高，促进弥散性血管内凝血（DIC）的发生，这主要由于儿茶酚胺一方面作用于血小板 α_2-受体，促使血小板聚集；另一方面又可动员脂肪分解，使血浆脂肪酸含量升高，后者能激活凝血因子XII并促进血小板聚集。当然，这一变化在急性损伤性应激过程中，有利于加速损伤部血管断端凝血，而防止过多出血。

（二）下丘脑—垂体—肾上腺皮质反应

发生应激的动物，血浆糖皮质激素（皮质素、皮质醇、皮质酮）浓度明显升高。其反应速度快、变化幅度大，可以作为判定应激状态的一个指标。

应激原作用机体后，通过一定途径使下丘脑促肾上腺皮质激素释放因子（CRF）分泌增加，CRF 通过垂体门脉系统到达腺垂体，刺激 ACTH（促肾上腺皮质激素）的合成和释放，应激时血浆 ACTH 含量升高，ACTH 作用于肾上腺皮质使糖皮质激素分泌增加。这就是下丘脑—垂体—肾上腺皮质轴在应激中的反应（图 4-2）。

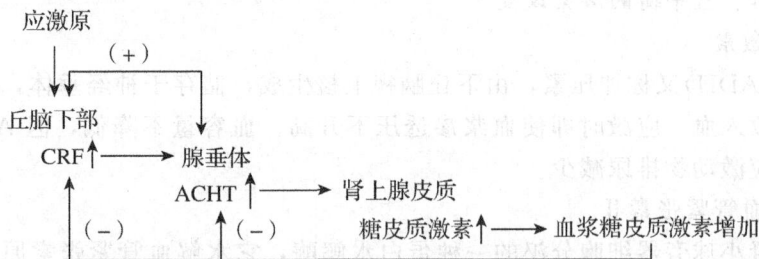

图 4-2　应激时下丘脑—垂体—肾上腺皮质反应

糖皮质激素在应激性反应中对提高机体适应能力有重要意义。糖皮质激素有促进蛋白质分解和糖原异生作用，对儿茶酚胺、生长素以及胰高血糖素的代谢功能起到允许作用。维持循环系统对儿茶酚胺的正常反应性，以及抑制化学介质的生成、释放和激活。

（三）其他腺垂体激素的变化

1. β-内啡肽

许多实验证明，应激原（电刺激、注射内毒素、放血、脊髓损伤等）作用于各种动物（大鼠、猪、羊、猴、人），都可以引起血浆 β-内啡肽明显增多，有时可达正常的 5～10 倍。

关于应激时 β-内啡肽释放增多的生理意义目前还只能推测，β-内啡肽有很强的镇痛作用，应激镇痛（应激时痛阈升高，称为应激镇痛）可部分地为纳洛酮（阿片样受体阻断剂）所逆转，因此推测应激镇痛和 β-内啡肽经血入脑有关。β-内啡肽还能促进生长素和催乳素分泌，应激时这两种激素分泌都不同程度地增多。

2. 生长素和催乳素

运动、创伤、烧伤等应激原引起的应激性反应，血浆内生长素显著升高，有的可达正常的 10 倍。儿茶酚胺、ACTH、β-内啡肽、加压素等分泌增加，都可刺激生长素的分泌。生长素具有动员周围脂肪分解，抑制细胞利用葡萄糖的作用，此外还能增加氨基酸和蛋白质的合成，促进正氮平衡。这些对提供能量、提高血糖水平以及促进创伤愈合等都具有积极意义。

应激时，不同性别的动物，都出现催乳素分泌明显增加，对其机制和意义还不清楚。

（四）胰岛激素的改变

1. 胰高血糖素

应激时血浆胰高血糖素浓度可升高达正常时的 4～20 倍，而且其升高程度与病情的严重程度相平行。应激时胰高血糖素升高与交感神经兴奋有关。

2. 胰岛素

胰岛素是胰岛 β 细胞所分泌的能量贮存激素，应激时血浆胰岛素水平可能不变，也可能降低或升高。因为应激时，一方面出现应激性高血糖和胰高血糖素水平升高，可刺激胰岛素分泌增加；而另一方面是血中儿茶酚胺增加，又可抑制胰岛素分泌，所以应激时胰岛素水平变化趋向不定。如果交感—肾上腺髓质反应很强，即使血糖升高，胰岛素分泌亦不会迅速增加。

应激时，胰高血糖素分泌增多，而胰岛素分泌受抑制，这对促进糖原分解，保证应激机体迅速获得足够的热量有重要意义。

（五）调节水、盐平衡的激素改变

1. 抗利尿激素

抗利尿素（ADH）又称加压素，由下丘脑视上核生成，储存于神经垂体，根据机体需要由神经垂体释放入血。应激时即使血浆渗透压不升高，血容量不降低，但 ADH 分泌还是可能增加，使应激动物排尿减少。

2. 肾素—血管紧张素Ⅱ

肾素是由肾小球旁器细胞分泌的一种蛋白水解酶，它水解血管紧张素原生成血管紧张素Ⅰ，后者再经肺、肾循环的转化酶水解成血管紧张素Ⅱ。应激时交感神经兴奋，儿茶酚胺增加，可使肾小球入球动脉收缩，灌注压降低，从而刺激肾素分泌增加。血管紧张素Ⅱ可以刺激醛固酮和 ADH 分泌；也可能直接作用于下丘脑的摄水中枢引起渴感，同时使血管收缩，血压升高。因此，在伴有血容量减少的应激情况下，肾素及血管紧张素Ⅱ增多，具有维持机体水、盐平衡的重要意义。但肾素—血管紧张素增多，又可促进肾脏缺血造成急性肾衰。

3. 醛固酮

醛固酮是肾上腺皮质球状带分泌的盐皮质激素，其分泌除受血管紧张素Ⅱ调节外，还受血钾和 ACTH 的影响，血钾增高、ACTH 分泌增多，血管紧张素Ⅱ形成增加，都可刺激醛固酮分泌增多。应激时血浆醛固酮含量升高，具有促使肾曲小管重吸收钠和排出钾的功能，以维持机体水盐平衡。

（六）组织激素和细胞因子的变化

组织激素和细胞因子是一类由分散的、不构成内分泌腺的细胞所分泌的活性物质，有许多名称，如自体活性物质、化学介质、组织激素、局部激素、细胞因子等。

1. 花生四烯酸的代谢产物和激肽

由于组织细胞的缺氧和损伤，细菌及其毒素、溶酶体酶以及局部炎症等的作用，损伤性应激会激活磷脂酶 A2 并释放花生四烯酸，结果其代谢产物 PGS、LTS 和 TX 等都会增加。

以上组织损伤产物，加上凝血因子ⅩⅡ的激活，可以使激肽原水解，生成缓激肽，应激时血浆缓激肽增多，可使血管舒张，血管壁通透性增强，从而加重应激动物血流动力学的改变。

2. 白细胞介素-1(IL-1)

白细胞介素-1 是巨噬细胞受到病毒、细菌、组织坏死产物、淋巴因子等刺激后分泌的一种激素。在动物发生损伤性应激时，血浆内 IL-1 含量增多，从而引起发热；影响肝细胞合成急性期蛋白质；促进成纤维细胞增生，诱导 PGE 和胶原酶的合成。

应激时，甲状腺素分泌增加，具有促进代谢的作用。此外，促性腺激素、胃泌素等激素，在应激时都出现改变。机体动员全身一切可以动员的信息传递因子—神经递质和激素，以发动各系统、各器官的功能和代谢。

三、应激时机体的代谢及功能变化

应激时由于神经内分泌系统及各类激素变化，从而导致机体各种代谢及功能改变。

（一）物质代谢改变

应激性反应时，物质代谢总的特点是动员增加，储存减少，表现为代谢率提高，血糖、血中游离脂肪酸含量升高，以及负氮平衡等。

1. 代谢率提高

严重应激初期，代谢率出现一时性降低后迅速上升，为供机体适应需要可升高达正常时数倍。代谢率升高主要与儿茶酚胺释放增加有关。应激对糖、脂肪、蛋白质代谢的主要变化如图 4-3 所示。

2. 血糖升高

应激时胰岛素相对不足，加之糖原分解加强，引起血糖升高，严重时引起糖尿（应激性

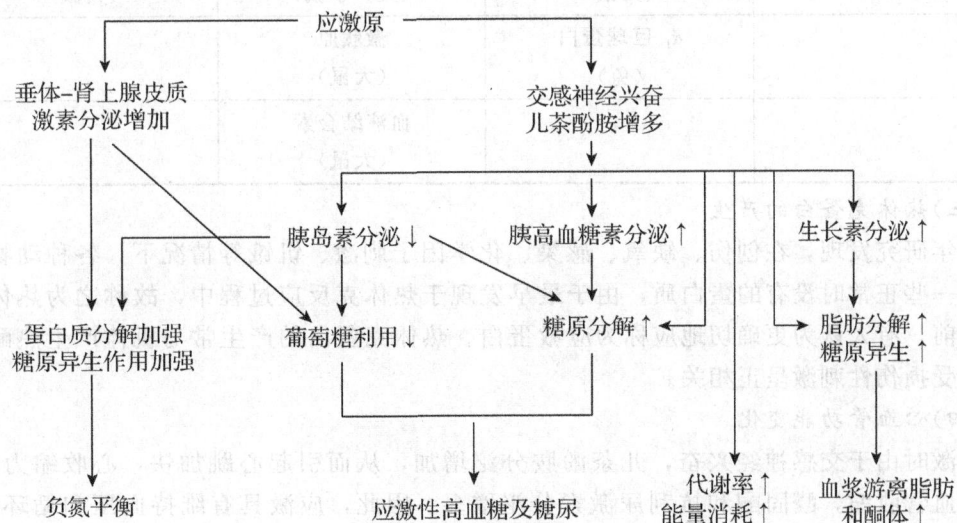

图 4-3 应激时糖、脂肪、蛋白质代谢的主要变化

高血糖和糖尿）。有报道显示，猪发生应激时，肌糖原迅速分解以供能量需要，结果由于无氧酵解产生大量乳酸，并使体温升高可达 42～45℃。

3. 脂肪酸增加

应激时机体消耗的能量 75%～95% 来自脂肪的氧化，由于大量脂肪动员，血中游离脂肪酸和酮体都有不同程度的升高。

4. 负氮平衡

应激时蛋白质分解加强，血中氨基酸（主要有丙氨酸）浓度增加，尿氮排出量增多，呈现负氮平衡。

以上物质代谢变化可以为机体应付"紧急情况"提供足够的能量。但如果持续过久，则机体常由于营养物质消耗过多而出现消瘦、贫血、免疫力降低、创面不易愈合等现象。

（二）急性期蛋白的变化

损伤性应激时，血浆内有些蛋白质增加，也有一些蛋白质减少，这些蛋白质均由肝脏合成，总称为急性期蛋白（AP-蛋白）。AP-蛋白主要具有抑制蛋白酶、凝血和纤溶以及清除异物等作用。增加者为正性 AP-蛋白，减少者称为负性 AP-蛋白（表 4-2）。

表 4-2　急性期蛋白的种类和增加程度

正性　AP-蛋白			负性　AP-蛋白
增加 20～1000 倍	增加 2～5 倍	增加 30%～60%	
C-反应蛋白 （人、兔）	α_1-酸性糖蛋白 （各种动物）	铜蓝蛋白 （各种动物）	白蛋白 （各种动物）
血清淀粉样蛋白 （人、小鼠）	纤维蛋白质 （各种动物）	α_1-蛋白酶抑制物 （大鼠、兔）	铁转运蛋白 （各种动物）
α_2-巨球蛋白 （大鼠）	触珠蛋白 （各种动物）	α_2-抗纤维蛋白溶解 （人、大鼠）	前白蛋白 （人、大鼠）
	α_1-急性期球蛋白 （大鼠）	C_2 补体 （人、小鼠）	α_1-抑制物 （大鼠）
	α_1-巨球蛋白 （兔）	激肽原 （大鼠）	
		血液结合素 （大鼠）	

（三）热休克蛋白的产生

近年研究发现，在创伤、缺氧、感染、化学因子刺激、饥饿等情况下，各种动物都可以产生一些正常时没有的蛋白质，由于最早发现于热休克反应过程中，故称之为热休克蛋白。目前，有人认为更确切地应称为应激蛋白。热休克蛋白的产生常与机体产生热耐受能力或耐受损伤性刺激呈正相关。

（四）心血管功能变化

应激时由于交感神经兴奋，儿茶酚胺分泌增加，从而引起心跳加快，心收缩力加强。外周小血管收缩，醛固酮和抗利尿激素分泌增多。因此，应激具有维持血压和循环血量，保证心、脑的血液供应等代偿适应意义。然而，应激也常引起动物心律失常及心肌损伤，心电图表现心律失常，T波倒置，光学显微镜下可见心肌断裂和心肌坏死，电光学显微镜下可见肌节过度收缩，出现"收缩带"，这些是应激性心脏病的主要特征。

由以上发病机制可见，在应激时，使用 α-受体阻断剂、钙通道阻断剂（例如异搏定），以及抗氧化剂或自由基清除剂（如维生素 E、SOD 等），都具有保护心肌功能的作用。

（五）急性胃肠黏膜损伤及功能改变

应激常由于交感神经兴奋，引起胃肠分泌及蠕动紊乱，从而导致消化吸收功能障碍。另外，更为突出的特征性变化则是胃黏膜的出血、水肿、糜烂和溃疡形成。这类病变是应激引起的非特异性损伤，常称为应激性胃黏膜病变或称应激性溃疡。

（六）机体抵抗力的改变

应激时，机体内 IL-1 增多，有促进机体细胞及体液免疫功能的作用；而 C-反应蛋白又有促进溶菌及细胞吞噬功能的作用；应激蛋白也具有提高机体抗损伤能力的效应。这些都是应激促使机体提高抵抗力的重要因素。但在另一方面，应激时，如果儿茶酚胺持续升高，使机体糖、脂肪、蛋白质大量消耗，则将降低机体的特异性或非特异性免疫功能。

由此可见，应激虽然是一个防御适应反应，但在应激过程中，机体抵抗力的变化，仍是一个损伤—抗损伤的矛盾斗争过程。

四、应激综合征

应激虽然是机体的适应性反应，但应激时神经内分泌系统失去平衡就可能导致疾病。如前所述，交感—肾上腺系统持续兴奋，将引起组织器官严重缺血、缺氧，最终导致各器官功能衰竭甚至休克；糖皮质激素分泌过多引起机体免疫功能严重抑制；体内营养物质分解代谢亢进，则易造成机体衰竭；慢性应激时脂氢过氧化物长期蓄积，可损害细胞生物膜，加速细胞的变性、坏死。总之，应激过程中，机体也从各个不同角度受到程度不一的损伤。

（一）突毙综合征

突毙综合征（SDS）一般发生于畜群迁移、合圈过程中的咬斗、预防接种、产仔、公畜配种、炎夏拥挤、驱赶捕捉等情况下，牲畜发生突然死亡。有些牲畜在死前可见尾巴快速震颤，全身僵硬，张口呼吸，体温升高，白色猪可见皮肤红斑，一般病程只有 4～6 分钟。动物尸僵完全，尸体腐败迅速，剖检可见内脏充血，心包液增加，肺充血水肿甚至出血。有的还可见臀中肌、股二头肌、背最长肌呈苍白色油灰状。本症的发生可能与交感—肾上腺系统高度兴奋，使心律严重失常并迅速引起心肌缺血而导致突发性心力衰竭有关。

（二）以肌肉病损为主的应激综合征

此类综合征主要见于猪，牛、羊也有发生。按其特征性肌肉病变可有以下几种。

1. 恶性高温综合征

该综合征最早报道于用氟烷麻醉应激敏感猪，或使用琥珀酰胆碱时，猪出现全身肌肉强直，肌肉糖酵解增强，乳酸大量蓄积，伴随氧耗量剧增而使肌温骤然升高至 41℃ 以上，pH 下降至 6 以下。临床有心动过速，心律不齐症状，严重者即可死亡。德国报道兰德瑞斯猪发生本综合征时，以背最长肌急性坏死为特征，表现背肌肿胀、疼痛、脊柱拱起或向侧面弯曲，不愿活动。病程持续 2 周后、肿胀、疼痛消退，但背肌萎缩并产生明显的脊柱峰，几个月以后，可能出现一定程度的再生。

死亡猪经剖检可见猪肉特别是背最长肌呈现苍白、松软及多水的病变特征，病程较久的尸体，背最长肌萎缩、瘢痕化。这类肉一般被废弃。

2. PSE 猪肉（Pale Solf Exudative Meat）

该病变主要发生于猪宰前长途运输、饥饿、电棒驱赶或拥挤等情况下，亦可发生于恶性高温综合征时。应激性反应强烈的猪，均表现惊恐，肌肉、尾巴颤抖，呼吸困难，心悸亢进，体温升高等症状，死后 15～30 分钟后，其肌肉即出现灰白色、柔软、水分渗出等病变。据此特征，丹麦称为水猪肉（watery pork），法国称为"退色肌肉"或"白肌病"。我国上海、浙江一带亦常有发生，称为"白肌肉"，也有称之为"运输性肌变性"。PSE 肉好发部位是背最长肌、半腱肌、半膜肌、眼肌，其次是腰肌、股肌和臀肌等。病变肌肉表面灰白，似经沸水烫过；肌肉内层为淡红色，质软，无弹性；断端充满水分，湿润，透明状，严重的有多量水分滴出；肌纤维松散，纹理粗糙，肌间结缔组织缺乏脂肪，透明变性及坏死。镜检，肌纤维呈波状扭曲，横纹大多消失，肌纤维出现断裂的空隙，肌纤维和肌膜分离，有时可见收缩变粗的巨大肌纤维，还可见有淋巴细胞、浆细胞、单核细胞和嗜酸性白细胞浸润。PSE 肉经煮熟加工后，损耗大，肉味不佳，多数只能废弃。据报道美国肉联厂每年因 PSE 肉损失达 3 亿美元。其他国家及我国亦有遭受不同程度损失的报道。

3. DFD 肉（Dark Firm Dry Meat）

DFD 肉又称黑干肉，是指宰后牲畜肌肉呈暗褐、坚硬、干燥为特征的一种病变。DFD 肉最早发现于牛，其发生率最高，羊、猪发生较少。发生该病变的动物，多数在宰前受过较长时间的应激原刺激，但刺激强度较弱，如饲喂规律紊乱，宰前绝食时间过长，或环境温度剧变，长途运输或长途驱赶等。

DFD 肉的主要特征是：

（1）最终 pH 升高，宰后 24 小时内 pH 保持在 6.4 以上。

（2）肉色深，宰后 24 小时肉色变深红色，因此在宰后不易立即从颜色上判定 DFD 肉。

（3）吸水性强，煮熟后损耗小（正常肉煮熟损耗为 20％～25％，DFD 肉为 10％）。

（4）肉香味不浓，适口性差。由于 DFD 肉的吸水性强，所以在腌制过程中盐分不易渗入深部，使微生物容易繁殖，不易保存，而且出现腌制色斑。

近年来有许多国家报道 DFD 肉，发生率有逐年增加的趋势，有些国家竟高达 30％以上，给肉品生产带来巨大损失，值得引起重视。

4. 猪急性浆液性坏死性肌炎（腿肌坏死）

该病变特点与 PSE 肉外观相似，色泽苍白，切面多水，但质地较硬，镜下观察主要为急性浆液性坏死性肌炎，肌肉呈坏死、自溶及炎症变化，宰后 45 分钟以后，病变部肌肉pH 可高达 7.0～7.7。该病变主要发生于半腱肌和半膜肌，故又称为"腿肌坏死"，主要见于长途运输后的屠宰猪。

（三）以诱发感染为主的应激综合征

如前所述，应激，尤其是慢性应激，常引起机体免疫功能抑制及抗病力降低，故常导致机体内一些常在菌的致病力加强，或机体对一些病原体的侵袭抵抗力下降，某些细菌性疾病暴发。

1. 运输病（Transport Disease）

运输病指的是猪经过长途运输后，暴发由猪嗜血杆菌和副溶血性嗜血杆菌感染的多发性浆膜炎及肺炎。一般在运输的第 3～7 天时，患猪出现中度发热，食欲不振，倦息，重症者死亡；轻者在停运后，给予改善饲养条件可逐渐自愈。

尸体剖检主要特征为全身性浆膜炎，其中以心包炎及胸膜肺炎发病率最高。镜检可见肺间质增宽、水肿、炎性细胞浸润及纤维素渗出，支气管黏膜上皮变性、脱落、周围有炎性细胞浸润及出血。

2. 猪大肠杆菌病（Porcine Colibacillosis）

大肠杆菌是猪消化道内常在菌，当天气突变、饲养规律紊乱、长途运输等因素引起猪应激性反应时，肠道的分泌及运动功能紊乱，抑菌过程受阻，致使肠道内大肠杆菌或一些沙门氏菌群大量繁殖，并产生毒素，从而引起猪群暴发大肠杆菌病或沙门氏菌病。

3. 马 X-结肠炎

本病常在马经长途运输或饲养条件、气候明显变化的情况下发生，呈暴发状或散发形式，有高度致死性。大多数马匹在发病后 3～24 小时死亡，临床表现突然发生肠炎，但常常未出现腹泻就死亡，精神沉郁，脉搏疾速，体温高达 39.5℃，皮肤湿冷，肠音消失等一系列交感—肾上腺系统兴奋症状。尸检可见盲肠、下结肠肠壁广泛充血、淤血、水肿，严重的呈现绿黑色出血性坏死，肠内容物呈液状、带气泡、恶臭。本病的发生与应激导致肠道功能紊乱、肠道菌群大量繁殖、产生毒素直接损害肠壁及引起毒血症有关。

（四）其他类型的应激综合征

1. 猪胃食道区溃疡病

屠宰场检查发现，猪胃食道区溃疡病发生率高达 25%。其中有些是潜在性的，有的已愈合，特别是一些生长快、瘦肉率高的猪容易发生。其发生原因除饲料粗糙外，目前认为噪声、过多的骚扰、圈舍拥挤等心理应激因素，是造成猪发生胃溃疡的重要原因。患有胃溃疡病的猪一般无临床症状，常由于急性胃出血死亡之后才被发现。出血患猪可视黏膜苍白、衰弱、厌食、排黑色糊状粪便。

尸体剖检可见胃的食道区有急性或慢性溃疡病变，新鲜恶化病例在胃肠可见新鲜血液。早期病变（潜在性病变）表现为黏膜角化过度，上皮脱落，但并未形成溃疡。

2. 猪咬尾症

由于高度密集饲养或饲料、饮水不足等不良条件的长期持续作用，常可以诱发猪的咬尾综合征。发病猪对外界刺激反应很敏感．防卫性表现很强，有精神紧张、食欲不振等特征。发病时常见猪一个咬一个，有时连咬成串。被咬猪常变成无尾，有的由于感染而化脓，严重时化脓灶沿尾椎管向脊柱前方漫延，引起严重神经症状。

该综合征的发病机理还不清楚，可能与长期应激引起的微量元素代谢紊乱有关。

3. 运输热

如前所述，牲畜各种应激综合征几乎都与长途运输有关。在此，运输热是指牲畜在运输过程中，不仅由于饲、饮不足及生活环境的改变造成心理应激，而且由于拥挤，通风不良等恶劣条件而造成热辐射。

患病动物表现出呼吸、脉搏加快，体温高达 42～43℃，精神沉郁，全身颤抖，有时发生呕吐。动物都出现体重减轻，肉质下降。据统计经 100km 运输，牛体重减轻 3.9%～19.7%，猪减重 0.69%～10.6%。此外，可见血清抗坏血酸含量降低，而血清谷草转氨酶（GOT）、谷丙转氨酶（GPT）、磷酸肌酸激酶（CPK）、乳酸脱氢酶（LDH）等酶的活性升高，提示牲畜存在应激性反应及细胞损伤变化。

尸检常见大叶性肺炎、肠炎病变，在猪还可见各种不同程度和类型的肌肉病变。

●●●● 作业单

学习情境 4	应激性反应
作业完成方式	书面报告。
作业题 1	选择一例应激性疾病的病例报告，说明报告中病例的具体发生原因、病理变化、影响与结局。
作业解答	（如空位不足，请另附纸张）
作业解答	62. 在应激素原作下，细胞表达明显增加的蛋白是（　　）(2015) A. 角蛋白　　　　　B. 热休克蛋白　　　　C. 纤维蛋白 D. 白蛋白　　　　　E. 胶原蛋白 64. 动物应激儿茶酚胺分泌增多时，可抑制分泌的激素是（　　）(2013) A. 抗利尿激素　　　B. 胰岛素　　　　　C. 生长激素 D. 胰高血糖素　　　E. 糖皮质激素 58. 动物损伤性应激时，血浆内某些蛋白质发生迅速变化，产生急性期蛋白的器官是（　　）(2011) A. 肝脏　　　　　　B. 肾脏　　　　　　C. 脾脏 D. 心脏　　　　　　E. 肺脏 59. 下列物资中，不属于正性急性期蛋白的是（　　）(2011) A. C-反应蛋白　　　B. 血清淀粉样蛋白　　C. 结合珠蛋白 D. 猪主要急性期蛋白　E. 运铁蛋白 61. 生物机体在热环境下所表现的以基因表达变化为特征的反应而产生的蛋白是（　　）(2011) A. C-反应蛋白　　　B. 应激蛋白　　　　　C. 结合珠蛋白 D. 猪主要急性期蛋白　E. 运铁蛋白 56. 应激时，动物发生的特征性病变是（　　）(2018) A. 坏死性肝炎　　　B. 胆囊炎　　　　　C. 心肌炎 D. 胃溃疡　　　　　E. 脑炎
作业评价	<table><tr><td>班级</td><td></td><td colspan="2">第　　　组</td><td>组长签字</td><td></td></tr><tr><td>学号</td><td></td><td>姓名</td><td></td><td></td><td></td></tr><tr><td>教师签字</td><td></td><td>教师评分</td><td></td><td>日期</td><td></td></tr><tr><td colspan="6">评语：</td></tr></table>

●●●●● 学习反馈单

学习情境 4	应激性反应
评价内容	评价方式及标准。
知识目标 达成度	评价方式：学生自评、组内评价、教师评价。 评价标准：（40%） 1. 能描述发生应激性反应的发生原因。（10%） 2. 能描述应激性反应时机体神经内分泌发生的变化。（10%） 3. 能描述应激性反应时机体的变化，代谢的变化。（10%） 4. 历年执业兽医师资格考试真题答案（10%） B、B、A、E、B、D
技能目标 达成度	评价方式：学生自评、组内评价、教师评价。 评价标准：（30%） 1. 能准确辨别病变器官的解剖学变化与组织学变化。（15%） 2. 能运用病理知识对动物疾病进行初步诊断。（15%）
素养目标 达成度	评价方式：学生自评、组内评价、教师评价。 评价标准：（30%） 1. 通过课前预习，培养学生的自主学习能力。（10%） 2. 通过小组内对案例分析结果的展示，找到不足，自我提升，强化团体合作习惯和严肃认真的工作作风，同时增强集体荣誉感。（10%） 3. 通过对病理组织大体标本的观察，了解动物疾病的特点，深化学农爱农、关爱生命的意识。（10%）
反馈及改进	
针对学习目标达成情况，提出改进建议和意见。	

学习情境 4 线上练习

学习情境 5

常见动物疾病病理变化

●●●● 学习任务单

学习情境 5	常见动物疾病病理变化	学　时	14
布置任务			
学习目标	【知识目标】 1. 能描述常见疾病中，病理现象的发生原因。 2. 能描述常见疾病中，病理现象的发生机理。 3. 能描述常见疾病中，病变器官的解剖学变化与组织学变化。 4. 能描述常见疾病中，病变器官的结局与影响。 【技能目标】 1. 能准确辨别疾病中，病变器官的解剖学变化与组织学变化。 2. 能运用病理知识对动物疾病进行初步诊断。 【素养目标】 1. 通过课前预习，培养学生的自主学习能力。 2. 通过小组内对案例分析结果的展示，找到不足，自我提升，强化团体合作习惯和严肃认真的工作作风，同时增强集体荣誉感。 3. 通过对病理组织大体标本的观察，了解动物疾病的特点，深化学农爱农、关爱生命的意识。		
任务描述	1. 说出常见疾病的发病原因。 2. 说出常见疾病的病理变化特点。 3. 说出常见疾病的发生机理。		
提供资料	1. 资讯单。 2. 教材。 3. 在线开放课程：上智慧树网站查找动物病理课程（黑龙江职业学院）。		
对学生要求	1. 前程课程：动物解剖生理、动物微生物及免疫。 2. 按任务资讯单内容，认真准备资讯问题，预习课程内容。 3. 以小组为单位完成学习任务，充分发挥团结协作精神。		

对学生要求	4. 按各项工作任务的具体要求，认真设计及实施工作方案。 5. 严格遵守相关实验室管理制度，爱护实验设备用具等，避免安全事故发生。 6. 严格遵守动物剖检、检验等技术的操作规程，避免散播病原。

项目 1　呼吸系统病理

●●●● 任务资讯单

学习情境 5	常见动物疾病病理变化
项目 1	呼吸系统病理
资讯方式	教材、教学平台资源、在线开放课资源、网络资源等。
资讯问题	1. 常见动物呼吸系统疾病发生的病因有哪些？ 2. 常见动物呼吸系统疾病发生的机理是什么？ 3. 常见动物呼吸系统疾病发生的病理变化有哪些？
资讯引导	1. 陆桂平．动物病理．北京：中国农业出版社，2001 2. 于洋等．动物病理．北京：中国农业大学出版社，2011 3. 张鸿等．宠物病理．北京：中国农业出版社，2016 4. 姜八一．动物病理．北京：中国农业出版社，2019 5. 於敏等．动物病理．北京：中国农业出版社，2019 6. 於敏等．动物病理．北京：中国农业出版社，2022 7. 中国知网

●●●● 案例单

学习情境 5	常见动物疾病病理变化		学时	14
项目 1	呼吸系统病理			
序号	案例内容		案例分析	
1.1	一头 5 岁奶牛，体温升高，采食量减少，反刍减退，兽医按感冒治疗 2 天后，病情有所好转，在停止用药 2 天后，病情再次加重。呼吸系统检查可见呼吸浅表，听诊肺区见有局限性的湿性啰音和捻发音。根据病例，分析该病理过程的病因和机理。		案例中的发病奶牛，根据其主要症状为听诊肺区见有局限性的湿性啰音和捻发音，其主要病理变化出现在呼吸系统，据此可进一步学习常见动物疾病病理变化。	

●●●● 工作任务单

学习情境 5	常见动物疾病病理变化
项目 1	呼吸系统病理

【任务】总结呼吸系统病理变化

根据教师提供的病例图片及视频，完成以下工作。

(1)根据教师给出的支气管炎病例资料，描述其病理变化特点、病因和机理。

(2)根据教师给出的支气管肺炎病例资料，描述其病理变化特点、病因和机理。

(3)根据教师给出的大叶性肺炎病例资料，描述其病理变化特点、病因和机理。

(4)根据教师给出的间质性肺炎病例资料，描述其病理变化特点、病因和机理。

(5)根据教师给出的肺气肿病例资料，描述其病理变化特点、病因和机理。

请师生根据自己的学习工作实际情况自由选择案例进行解答。

必 备 知 识

【必备的专业知识和技能】

常见呼吸系统疾病病理

一、支气管炎

支气管炎是支气管黏膜以及黏膜下层组织的炎症。按病程可分为急性支气管炎和慢性支气管炎，按病变的性质分为卡他性、化脓性和坏死性等。

(一)病因和机理

1. 原发性

原发性气管炎主要发生原因包括：受寒感冒，支气管黏膜防御机能减弱，内源性非特异性细菌呈现致病作用，如肺炎球菌、巴氏杆菌、链球菌、葡萄球菌、化脓杆菌、霉菌孢子、猪嗜血杆菌、副伤寒杆菌等；吸入异物也可导致支气管炎，常导致细菌感染和腐败微生物污染，如尘埃、霉菌孢子、氨和有毒气体、误咽、误投(灌药)等；寄生虫也能引起支气管炎，如牛、羊、猪的肺丝虫和猪蛔虫。

圈舍卫生条件差、饲喂营养价值不全的饲料和缺乏维生素 A 等因素也可诱发该病的发生。

2. 继发性

继发性气管炎的多数病因是病原微生物感染，有些病原如腺疫链球菌、鼻疽杆菌、支气管败血波氏杆菌、传染性支气管炎病毒、牛传染性鼻气管炎病毒、流感病毒等。

此外，一些邻近器官非传染性疾病的蔓延，如喉炎、肺炎以及胸膜炎等。

(二)病理变化

1. 急性支气管炎

眼观，黏膜肿胀，充血，颜色加深，表面有渗出物，病初为浆液性或黏液性，随后渗出物可为黏液脓性，呈灰白色，有时带有黄色，黏膜下组织水肿。若为纤维素性炎，黏膜表面可见有多少不等的灰白色纤维素性渗出物。

光学显微镜下，黏膜水肿、充血，黏膜上皮细胞变性、坏死脱落，黏膜层和黏膜下层常有不同程度的坏死、充血、出血及炎性细胞浸润。气管和支气管腔内可见多量黏液、脱落的上皮细胞以及炎性细胞，有时混有红细胞。

2. 慢性支气管炎

慢性支气管炎常因急性炎症转变而来，其病程长、易反复发作。

眼观，气管、支气管黏膜充血增厚，粗糙，有时伴有溃疡。黏膜表面黏附少量黏性或黏液脓性渗出物。

光学显微镜下，黏膜上皮细胞变性、坏死脱落，支气管纤毛上皮消失或有不规则上皮细胞增生。气管、支气管固有层有明显的结缔组织增生，浆细胞和淋巴细胞浸润，严重时可见支气管管腔狭窄或变形。若为寄生虫感染引起时，可见大量嗜酸性粒细胞浸润。

二、肺炎

肺炎是肺泡实质的炎症，按病程分为急性、亚急性和慢性，按渗出物性质分为卡他性、纤维素性、化脓性、出血性和坏死性等。如果以肺间质内发生增生性变化为主则为增生性肺炎。按受损的部位和病变扩散的范围分为支气管肺炎、小叶性肺炎、大叶性肺炎和间质性肺炎。

如果是细菌引起的肺炎多为急性型、渗出性支气管肺炎；病毒引起的肺炎多为增生性间质性肺炎。

三、支气管肺炎

支气管肺炎是炎症始发于细支气管与肺泡的连接部的炎症，蔓延后导致个别肺小叶或几个肺小叶发生不同程度的炎症，故又称为小叶性肺炎。其炎性渗出物以浆液和脱落的上皮细胞为主，所以，也称为卡他性肺炎。是动物肺炎的基本形式。

（一）病因和机理

细菌感染是支气管肺炎的主要病因。在绵羊和牛，巴氏杆菌属、化脓放线菌较为常见。在山羊，大肠杆菌、多杀和溶血性巴氏杆菌、肺炎克雷伯菌、肺炎球菌等较为常见。在猪，多杀性巴氏杆菌、胸膜肺炎放线杆菌、嗜血杆菌属、化脓放线菌、支气管败血波氏杆菌、猪霍乱沙门氏菌等常见。在马，主要是链球菌与马红球菌。在犬，支气管败血波氏杆菌、克雷伯菌属、链球菌、葡萄球菌和大肠杆菌较为常见。

上述细菌多为呼吸道黏膜常在的条件性致病菌，正常情况下多不呈现致病性。在病毒感染、严重应激（如寒冷、感冒、长途运输、过劳、维生素 A 缺乏等）、肺泡防御机能降低时，细菌大量繁殖，由支气管蔓延至细支气管，直达肺泡（气源性途径）；或随血液蔓延至支气管周围的血管、间质及肺泡（血源性途径）；或经由支气管周围的淋巴管扩散到间质，蔓延到邻近的肺泡，引发炎症。所以，支气管肺炎呈散在分布的病灶。

此外，病毒、支原体、衣原体也可引起牛、绵羊和猪的地方性肺炎。

（二）病理变化

眼观，肺的心、尖、膈叶前下部最常受到侵害，病变为一侧性或两侧性。病变呈岛屿状散在分布，实变，肺小叶呈暗红色至淡灰红色到灰色不等，多呈镶嵌状，中心为灰白至黄色、周围为红色的实变区，充血和萎陷，外围为正常乃至气肿的苍白区。卡他性或化脓性肺炎病灶切面湿润，挤压后可从小气管内流出黏液或脓性渗出物。

光学显微镜下，病变的核心是支气管和肺泡的连接处。初期在细支气管和肺泡内有较多的中性粒细胞和脱落的上皮细胞。细支气管壁增厚、充血、水肿及白细胞浸润。肺泡壁毛细血管扩张、充血。随后，细支气管腔和肺泡腔内中性粒细胞和脱落的上皮细胞明显增多，并混有少量纤维素、红细胞。病灶周围的肺组织出现代偿性肺气肿，因支气管、细支气管炎性渗出物阻塞，形成局部肺不张，即"肺萎陷"。

（三）结局和对机体的影响

1. 消散

炎性渗出物液化后被机体吸收，肺泡上皮再生，肺组织恢复正常。

2. 化脓

出现在化脓菌引起时，可伴有脓肿，有的可发生横胸膜炎，或形成窦道引起气胸，或发生转移性脓肿，肺血管受到侵蚀偶见肺出血。

3. 慢性化

在急性转为慢性支气管肺炎后，可见化脓和纤维化，病变硬实、肉样似胰脏。

4. 对机体的影响

对机体的影响主要为低氧血症和毒血症，二者的联合是严重支气管肺炎引起死亡的主要原因。

四、大叶性肺炎

大叶性肺炎是指几个肺大叶的全部或主要部分弥散与均匀地实变的肺炎。也是大面积均匀实变的融合性支气管肺炎。肺泡内常常伴有大量纤维素渗出，又称为纤维素性肺炎。

（一）病因和机理

巴氏杆菌感染是引起大叶性肺炎的重要原因。嗜血杆菌属、胸膜肺炎放线杆菌、丝状支原体等病原微生物也常引起动物发生大叶性肺炎。吸入异物也可引起。此外，某些条件改变如受冷、感冒、刺激性气体、过劳、长途运输等也可诱发本病。

有毒力的病原微生物引起细支气管炎及其周围炎，感染随小叶间质的水肿液迅速扩散，蔓延至整个肺叶，也可通过淋巴液、血液进行扩散。多个病灶迅速融合形成弥散均匀的大叶性肺炎病变。

（二）病理变化

具有明显的阶段性，且在同一肺叶或同侧肺交替发生，从淡红色、深红到淡红褐或灰色，呈多色大理石样外观。大叶性肺炎的病理过程分为充血水肿期、红色肝变期、灰色肝变期和消散期等 4 个阶段。

1. 充血水肿期

眼观，肺组织充血、水肿，呈暗红色，质地稍变实。切面按压时有较多血样泡沫液体流出，肺组织切块投入水中呈半沉状态。

光学显微镜下，肺泡壁毛细血管扩张充血，肺泡腔内有大量浆液（淡粉红色）、红细胞以及少量白细胞、脱落的肺泡上皮细胞等。

2. 红色肝变期

眼观，肺组织肿大，暗红色，质地变硬如肝脏，故称为红色肝变；病灶切面稍干燥而粗糙，有细颗粒（纤维素）状突起。肺小叶间质增宽、水肿，外观呈半透明的黄色胶冻状，如索状；肺组织切块能完全沉入水中。

光学显微镜下，肺泡壁毛细血管严重充血，肺泡腔内大量的网状的纤维素，网孔中分布红细胞、中性粒细胞和脱落的肺泡上皮细胞。

3. 灰色肝变期

眼观，肺组织呈灰红色或灰白色，质硬如肝，故称为灰色肝变；病灶切面干燥，有细颗粒状突起，肺组织切块能完全沉入水中。

光学显微镜下，肺泡壁的毛细血管充血现象消失、血管闭锁。肺泡间隔变窄或不明显。肺泡腔内充满大量网状纤维素和白细胞，几乎不见红细胞。该时期的患病动物可流出铁锈色鼻液（渗出红细胞被巨噬细胞吞噬，将血红蛋白分解转化为含铁血黄素所致）。

4. 消散期

眼观，肺组织呈灰黄色，体积较前 3 个时期小，质地变软，切面湿润，挤压时可流出脓样液体。

光学显微镜下，纤维素逐渐被溶解呈颗粒状，中性粒细胞数量减少，变性、坏死，巨噬细胞明显增加。

大叶性肺炎的 4 个时期，不是在每个病例上都同时存在的，在急性病理过程中，当发展到红色肝变期或灰色肝变期时，患病动物即可因窒息而死亡。

（三）结局和对机体的影响

1. 机化

少数病例的肺组织因损伤严重，或细胞反应弱，肺泡中的渗出物不能充分溶解吸收，常由结缔组织来取代（机化），形成肉样变，而失去呼吸机能。

2. 化脓

在治疗不利或机体抗病能力较低的情况下，病变肺组织感染化脓菌，大叶性肺炎即转化为化脓性肺炎或坏疽性肺炎。

3. 继发胸膜炎

大叶性肺炎常并发胸膜炎，甚至发生化脓性胸膜炎，还可形成胸腔积脓（脓胸）。

4. 对机体的影响

大叶性肺炎可导致患病动物呼吸困难、血液循环障碍或继发脓毒败血症，出现全身机能障碍，多数病例以死亡告终。

五、间质性肺炎

间质性肺炎是指发生于肺间质（肺泡壁、小叶间隔结缔组织和支气管周围、血管周围的结缔组织）的炎症过程，特别是肺泡壁有增生和浸润的炎性反应。有学者将由支原体、衣原体、立克次氏体、腺病毒以及其他一些不明微生物引起的一种呼吸道感染综合征的肺炎病理过程，称为非典型性肺炎，或原发性非典型性肺炎。

（一）病因和机理

间质性肺炎发生原因主要有：病毒（流感病毒、犬瘟热病毒等）感染、寄生虫（猪蛔虫、牛新蛔虫、弓形虫等）感染、猪肺炎支原体感染、化学性物质（炭末、铁末等吸入肺内）、过敏反应（小多孢菌、抗原性粉尘等），也可继发于支气管肺炎、大叶性肺炎、胸膜炎等。

上述病因经血源或气源途径到达肺泡中隔或肺泡，直接引起肺泡壁毛细血管受损，发生水肿和炎性渗出，也可间接地增加毛细血管壁的通透性，发生水肿和细胞浸润。肺泡上皮增生，同时间质淋巴细胞及单核细胞浸润，结缔组织增生。

（二）病理变化

眼观，肺组织呈黄白色或灰白色、质地硬实，呈结节状或小叶性、融合性甚至大叶性。切面平整，慢性过程可出现纤维化而变硬，用刀不易切割，切割后有纤维束的走向。

光学显微镜下，支气管、细支气管周围组织以及肺泡间隔明显增宽，不同程度的充血、水肿以及淋巴细胞和单核细胞浸润。肺泡壁水肿，淋巴细胞浸润，分泌性上皮细胞增生。肺泡腔内有少量肺泡上皮、淋巴细胞和巨噬细胞，很少有嗜中性粒细胞，只有继发感染时可见多量嗜中性粒细胞，甚至形成脓细胞。此外，在猪支原体性肺炎过程中，还可出现较为明显的肺气肿以及支气管淋巴结髓样肿胀，病程较长时，可出现肺胰样变。

（三）结局和对机体的影响

1. 消散

不破坏肺泡基底膜和肺泡中膈的急性间质性肺炎有可能完全消散。大多数急性间质性肺炎不完全消散，形成不同程度的纤维化。慢性间质性肺炎多以纤维化告终。

2. 对机体的影响

一般情况下，急性病理过程的间质性肺炎完全消散后，病情好转，可恢复正常。慢性间质性肺炎因弥散性或广泛性纤维化而导致肺硬化，患病动物可能出现肺心病和低氧血症，或者因纤维化的程度而出现严重程度不一的呼吸机能不全。

六、肺气肿

肺气肿可分肺泡性和间质性两种。肺泡性肺气肿因终末细支气管远端肺泡永久性扩张和肺泡壁非纤维化性损坏引起，又分为急性和慢性两种。间质性肺气肿是指肺泡支撑连接性组织（小叶间、胸膜下、纵隔、皮下）间有气体存在引起的气肿。

（一）急性肺泡性肺气肿

急性肺泡性肺气肿是指短时间内发生的肺气肿。

1. 病因和机理

急性肺泡性肺气肿常见于呼吸增强，如剧烈的咳嗽或濒死期呼吸增强等时，肺泡壁弹性减弱后，每次呼气与吸气之间的间隔时间缩短，肺泡内残留的气体逐渐增多，导致肺泡过度膨胀，发生肺气肿。

另外，当炎性渗出物和异物阻塞支气管后，导致呼气障碍，大量气体残留在肺泡内导致肺泡过度膨胀，严重的可出现肺泡破裂。

2. 病理变化

眼观，肺脏表面不平整，气肿部位隆起，高出肺表面，呈淡粉红色，弹性降低，触摸或刀刮出现捻发音，切面干燥。

光学显微镜下，肺泡腔增大，肺泡壁毛细血管闭锁。

3. 结局和对机体的影响

一般不会导致肺组织出现明显的损伤，病因消除后，肺泡内的气体排除或吸收后，可完全痊愈。

（二）慢性肺泡性肺气肿

慢性肺泡性肺气肿是指在一些慢性病过程中逐渐形成的肺气肿。

1. 病因和机理

慢性肺泡性肺气肿主要原因是长期不合理的使役、过劳或赶运。在上述过程中，机体反射性的呼吸加深加快，支气管扩张，吸入气体增多；但因呼吸频率加快，导致呼气时，支气管扩张不充分，肺泡内残留的气体增多。同时，压迫肺泡壁毛细血管，发生营养代谢障碍，肺泡壁弹性降低，促使发生肺气肿。

2. 病理变化

眼观，肺组织呈灰白色，体积膨大，边缘钝圆，质地柔软但缺乏弹性，指压留痕，重量减轻，刀刮表面可出现捻发音，切面呈海绵样。

光学显微镜下，肺泡极度扩张，肺泡壁变薄，肺泡间隔破裂，融合成囊腔。肺泡壁毛细血管闭锁。

3.结局和对机体的影响

发展过程缓慢。轻者，不表现明显的临床症状，在重剧使役或剧烈运动后可见呼吸迫促等表现，去除病因可恢复正常。严重的肺气肿可导致缺氧，甚至肺泡破裂形成气胸。慢性肺泡性肺气肿的动物，若治疗不利，最终常因心脏负担过重，导致心力衰竭而死亡。

（三）间质性肺气肿

1.病因和机理

间质性肺气肿常发生在牛再生热、急性间质性肺炎、牛甘薯黑斑病中毒等疾病过程中。因剧烈而持久的深呼吸或胸部外伤后，肺内压突然升高，细支气管破裂和肺泡发生破裂，空气进入肺间质而发生。

2.病理变化

眼观，胸膜下和小叶间结缔组织内有多量大小不等的串珠样气泡，有的可发生在全肺，肺泡间质增宽而疏松。

光学显微镜下，肺泡间质扩张，结构松散。

3.结局和对机体的影响

有的肺泡间质中的气泡破裂可发生气胸。有时胸腔中的气体可经肺根部进入纵隔或从胸腔入口处到达颈部、肩部或背部皮下而引起相应部位的气肿。随着呼吸面缩小，出现呼吸困难，进一步导致发生急性肺泡性肺气肿。

针对原发病进行治疗，发病程度可减轻。

项目 2　消化系统病理

●●●● **任务资讯单**

学习情境 5	常见动物疾病病理变化
项目 2	消化系统病理
资讯方式	教材、教学平台资源、在线开放课资源、网络资源等。
资讯问题	1.常见动物消化系统疾病发生的病因有哪些？ 2.常见动物消化系统疾病发生的机理是什么？ 3.常见动物消化系统疾病发生的病理变化有哪些？
资讯引导	1. 陆桂平. 动物病理. 北京：中国农业出版社，2001 2. 于洋等. 动物病理. 北京：中国农业大学出版社，2011 3. 张鸿等. 宠物病理. 北京：中国农业出版社，2016 4. 姜八一. 动物病理. 北京：中国农业出版社，2019 5. 於敏等. 动物病理. 北京：中国农业出版社，2019 6. 於敏等. 动物病理. 北京：中国农业出版社，2022 7. 中国知网

●●●●●**案例单**

学习情境5	常见动物疾病病理变化	学时	14
项目2	消化系统病理		
序号	案例内容	案例分析	
1.1	一匹经长时间使役的马，在休息时大量饮用冷水后，突然起卧不安、回头顾腹。临床症状主要见于排便次数增多，粪便稀，肠音强。根据病例，分析该病理过程的病因和机理。	案例中发病的马匹，主要的表现为在大量饮用冷水后，突然起卧不安、回头顾腹。临床症状主要见于排便次数增多，粪便稀，肠音强。其主要病理变化出现在消化系统，据此可进一步学习常见动物疾病病理变化。	

●●●●●**工作任务单**

学习情境5	常见动物疾病病理变化
项目2	消化系统病理

【任务】总结消化系统病理变化

根据教师提供的病例图片及视频，完成以下工作。

(1)根据教师给出的胃溃疡病例资料，描述其病理变化特点、病因和机理。

(2)根据教师给出的胃炎病例资料，描述其病理变化特点、病因和机理。

(3)根据教师给出的肠炎病例资料，描述其病理变化特点、病因和机理。

(4)根据教师给出的肝炎病例资料，描述其病理变化特点、病因和机理。

(5)根据教师给出的肝硬变病例资料，描述其病理变化特点、病因和机理。

(6)根据教师给出的胰腺炎病例资料，描述其病理变化特点、病因和机理。

请师生根据自己的学习工作实际情况自由选择案例进行解答。

必 备 知 识

【必备的专业知识和技能】

常见消化系统疾病病理

一、胃溃疡

胃溃疡是指胃黏膜至黏膜下层甚至肌层组织坏死脱落后留下明显的组织缺损病灶。

(一)病因和机理

目前认为，胃溃疡与饲料关系最为密切。粉碎较细的饲料容易混合，采食后胃排空较快，形成胃空虚，胃液分泌后，浓度增大；同样，应激时，垂体前叶分泌大量的促肾上腺皮质激素，促进胃液的分泌，也对导致胃液的浓度增大，胃黏膜被胃液中的盐酸腐蚀和胃蛋白酶溶化，胃液中盐酸促进胃溃疡(消化性胃溃疡)的发生。规模化猪场的断奶仔猪、生长猪发生胃溃疡多因饲料引起；运输过程和屠宰前饲养在隔离场的猪发生胃溃疡多与应激有关。

某些传染病、寄生虫病过程中常伴发胃溃疡，如猪丹毒、念珠菌病、猪腭口胃线虫病、马胃蝇蚴病等。

（二）病理变化

猪的胃溃疡多发生在胃食道部，犊牛由于粗硬饲料损伤胃粘膜而引起真胃溃疡多发生在胃大弯和幽门部等腺体部。

眼观，溃疡灶数量不定，大小不一，深浅不同，有的是浅表糜烂，有的可穿孔。多为椭圆或类圆形。溃疡灶中心下限，粗糙不平，急性期溃疡常呈黑红色或深褐色，病程较久的溃疡呈灰黄色，被覆黏液，周围有堤样隆起（结缔组织增生）。

光学显微镜下，表面可见炎性细胞和纤维素，接下来是坏死组织，再下层是肉芽组织，含有毛细血管、炎性细胞、成纤维细胞和纤维细胞。边缘有黏膜上皮轻度增生。

（三）结局和对机体的影响

溃疡趋向痊愈时，随着周围肉芽组织增生，最后形成星芒状或线条状瘢痕，可引起食道变形，造成贲门狭窄甚至闭塞。胃溃疡常常伴随出血，甚至出现大失血。如果波及浆膜或穿孔还可导致腹膜炎。

二、胃炎

（一）急性卡他性胃炎

1. 病因和机理

饲养管理失常或饲料品质不良可成为本病的起因，如突然改变饲料、饲喂不定时、饲料粗硬或尖锐异物刺激、饲喂后立即使役等。还常发生于猪瘟、副伤寒、焦虫病、马胃虫以及心脏、肝脏、肾脏、肺脏等多种器官疾病时。

2. 病理变化

眼观，胃黏膜肿胀、潮红，胃底较为明显。多数病例可见出血点或出血斑，黏膜表面覆盖浆液—黏性或脓性渗出物，有的伴有浅表糜烂和出血。

光学显微镜下，胃黏膜和黏膜下层血管扩张，黏膜上皮细胞变性、坏死和脱落，固有膜内淋巴小结肿胀，有时可见生发中心扩大或出现新生淋巴小结，组织间隙有大量水肿液和炎性细胞浸润，伴有化脓时可见多量脓细胞。

（二）慢性卡他性胃炎

1. 病因和机理

慢性卡他性胃炎由急性胃炎发展转化而来。

2. 病理变化

眼观，胃黏膜表面有灰白色、灰黄色或灰褐色浓稠分泌物附着。有的胃黏膜和黏膜下层腺体和结缔组织增生，黏膜和黏膜下层增厚而形成肥厚性胃卡他；有的胃腺萎缩，胃黏膜变薄和平坦而形成萎缩性胃卡他。如果二者均有则在胃黏膜上可见有纵横交错的皱襞。

光学显微镜下，肥厚性胃卡他时，胃腺增生。黏膜下和肌层有淋巴细胞浸润。萎缩性胃卡他时，壁细胞萎缩，后主细胞也萎缩。黏膜层可见许多杯状细胞，因其结构似肠的上皮，称之为肠上皮化生。黏膜和黏膜下层淋巴细胞与少量中性粒细胞浸润，有的可见新生淋巴小结。

（三）纤维素性—坏死性胃炎

1. 病因和机理

纤维素性—坏死性胃炎主要因消化道感染坏死杆菌引起。牛和羊的真胃内有奥斯特线虫寄生时也可发生。

2. 病理变化

眼观，胃底和近幽门部较为常见。胃黏膜糜烂缺损，形成溃疡灶。病变部位有灰白色或灰黄色的纤维素性薄膜覆盖，不易剥离。病灶周围黏膜肿胀、潮红，有出血点。

光学显微镜下，黏膜表面、固有层甚至黏膜下层可见大量纤维素渗出，黏膜上皮变性、坏死和脱落，固有层和黏膜下层血管扩张，有中性粒细胞浸润，含有红细胞。

三、肠炎

肠炎是肠道炎症的总称，根据发生炎症肠段而命名为十二指肠、空肠炎、回肠炎、盲肠炎、结肠炎及直肠炎等。有的发生在整个肠段甚至伴发胃炎，称其为胃肠炎。

(一)急性卡他性肠炎

急性卡他性肠炎是肠黏膜发生急性充血为主的一种炎症，伴有浆液性、黏液性或脓性渗出为特征，是较多见的一种急性肠炎。

1. 病因和机理

饲养管理不当、误食有毒物质、滥用抗生素、霉菌毒素中毒等营养性、中毒性因素均可引起急性卡他性肠炎。某些病毒、细菌、寄生虫等生物性因素通过感染、机械性作用也是引起该病的常见因素，如猪瘟病毒、传染性胃肠炎病毒、新城疫病毒、犬细小病毒、大肠杆菌、沙门氏菌、巴氏杆菌、组织滴虫等。

2. 病理变化

眼观，肠段松弛。肠腔内充满无色、灰白色或黄绿色黏性和脓性渗出物，黏膜表面呈半透明，肿胀，弥漫性充血，有些病例可见散出血点。黏膜下淋巴小结呈灰白色，呈半球状或球状肿胀，向黏膜表面突出，直径可达 2～3cm，周围有清晰的充血性红晕。

光学显微镜下，肠黏膜上皮细胞有不同数量的变性、坏死和脱落。黏膜和黏膜下层血管扩张，有不同程度的炎性细胞浸润。

3. 结局和对机体的影响

急性卡他性肠炎因组织细胞损伤轻微，及时去除病因和及时治疗，可完全痊愈；如果病程过长，可转为慢性过程，如肠道寄生虫即可引起由急性转为慢性的过程。

(二)慢性卡他性肠炎

慢性卡他性肠炎是以肠黏膜和黏膜下层结缔组织增生为主的一种炎症，伴有以淋巴细胞为主、少量浆细胞和组织细胞等炎性细胞浸润为特征，是一种病程较久的慢性肠炎。

1. 病因和机理

慢性卡他性肠炎多由急性肠炎转化而来。也可是病初即为慢性过程，如肠内容物异常发酵、肠段内寄生虫感染引起。导致肠管慢性淤血的心脏疾病(瓣膜病)、肝脏疾病(肝硬化)也可引起淤血性肠卡他。某些病原微生物(副结核分枝杆菌、专性胞内劳森菌)感染也会引起以慢性卡他性肠炎为特征的病理过程。

2. 病理变化

眼观，肠管积气，内容物稀少。黏膜呈苍白色或灰白色，表面覆盖多量灰白色黏稠的黏液。根据黏膜和肠腺上皮细胞增生或萎缩，又分为肥厚性卡他性肠炎或萎缩性卡他性肠炎。肥厚性卡他性肠炎肠黏膜显著增厚，表面形成许多皱褶，如副结核分枝杆菌引起的牛副结核性肠炎主要在空肠和回肠段形成大脑回样皱褶。由于细胞浸润和结缔组织增生，导致肠腺萎缩、结缔组织成熟收缩的萎缩性卡他性肠炎，肠壁变薄，黏膜平滑。

光学显微镜下，肠绒毛变短或消失，上皮细胞变性、萎缩、脱落，肠腺数量减少，间质中有炎性细胞浸润、结缔组织增生。肠黏膜下淋巴小结淋巴细胞消失。寄生虫感染引起的可见嗜酸性粒细胞浸润。肥厚性的可见淋巴细胞和上皮样细胞大量增生，有的可见多核巨细胞，上皮样细胞和多核巨细胞内吞噬有病原微生物，如副结核分枝杆菌。

3. 结局和对机体的影响

如不及时排除病因和治疗，最终导致死亡。

（三）坏死性肠炎

坏死性肠炎是指肠黏膜及黏膜肌层发生坏死的一种炎症，伴有以大量纤维素渗出为特征。一种是肠黏膜仅有浅层坏死，表面纤维素所形成的假膜容易剥离，称为浮膜性炎，又称为纤维素性肠炎。另一种是渗出的纤维素与坏死组织凝固在一起，在肠黏膜上形成一种不易剥离的假膜，称为固膜性肠炎，又称为纤维素性坏死性肠炎。

1. 病因和机理

病原微生物感染是本病发生的主要病因。如猪瘟病毒、新城疫病毒、小鹅瘟病毒、沙门氏菌等感染过程中。

2. 病理变化

眼观，浮膜性炎时，肠段内渗出物形成灰白色或灰黄色假膜，似条索状絮状物或圆筒样。黏膜表面有浅层糜烂，易于剥离，黏膜下组织有不同程度的充血和水肿。有的可随粪便排出体外。固膜性炎时，肠黏膜上纤维素与坏死组织的构成物多呈灰白色或灰黄色膜状物，黏膜有深层糜烂，难于剥离，强行剥离后可见较深的溃疡灶。如果是肠淋巴结部位则形成局部性类似圆形的纽扣状溃疡灶，大面积坏死则见弥漫性表面粗糙不平、糠麸样物覆盖的病灶。

光学显微镜下，肠黏膜有不同程度的均质无结构的坏死区，有大量纤维素。健患交界处有血管扩张、炎性细胞（主要是嗜中性粒细胞，其次是淋巴细胞、浆细胞和巨噬细胞）浸润和交织成网状纤维素渗出的反应带。

3. 结局和对机体的影响

坏死性肠炎为重型肠炎，多为急性或亚急性经过。炎性反应区与坏死组织的病变进一步变化，坏死组织被吸收或发生腐离、脱落，残缺的黏膜将由增生的结缔组织所取代和疤痕化。如果肠组织坏死病变加剧，当机体反应能力不足时，可导致肠壁穿孔和继发腹膜炎，后果较严重。

四、肝炎

肝炎是指在某些致病因素的作用下发生的以肝细胞变性、坏死或间质增生为主要特征的一种炎症过程。

（一）病毒性肝炎

1. 病因和机理

一些嗜肝性病毒引起肝脏的炎症，如雏鸭肝炎病毒、火鸡包涵体肝炎病毒、犬传染性肝炎病毒等。其他一些不以肝脏为靶器官的病毒也能引起肝脏的炎症，如猞猁疱疹病毒 I 型、鸭瘟病毒、马传贫病毒等。

2. 病理变化

眼观，肝脏不同程度肿大、边缘钝圆，被膜紧张，切缘外翻，呈暗红色与土黄色相间斑驳色彩，表面和切面可见灰黄、灰白色大小不一的坏死灶。

光学显微镜下，肝小叶中央静脉扩张，内出血和坏死灶。大部分肝细胞变性（水泡变性和气球样变），淋巴细胞浸润，肝窦充血。小叶间卵圆形细胞增生。有的肝细胞的胞浆、胞核内形成特异性包涵体。病毒性肝炎迁延时间较长可转为慢性经过，出现修复性反应，发生大量结缔组织增生，常以肝硬化告终。

（二）细菌性肝炎

1. 病因和机理

多种细菌都可引起肝脏的炎症。如沙门氏菌、坏死杆菌、钩端螺旋体和各种化脓性细菌等。常以肝组织变性、坏死、化脓或肉芽肿为主要病理特征。化脓菌可通过门静脉侵入导致发生以化脓为主的肝炎，肝脏附近的化脓灶（如牛创伤性网胃炎）还可通过蔓延和发生全身脓毒败血症时引起。结核分枝杆菌、鼻疽杆菌、放线菌等细菌引起的慢性传染病常出现以肉芽肿为主的肝炎。

2. 病理变化

（1）以变质为主的细菌性肝炎。

眼观，急性期，肝脏充血肿大，呈暗红色，有黄疸时呈土黄色或橙黄色，可见出血点或出血斑，以及灰黄或灰白色坏死灶。禽类患细菌性肝炎时，多数出现纤维素性肝周炎（被膜上有条状和膜状纤维素性渗出物）。

光学显微镜下，肝小叶中央静脉扩张、肝窦充血，肝细胞有广泛变性（颗粒变性、脂肪变性或水泡变性）和局灶性坏死，炎性细胞浸润以嗜中性粒细胞为主。

（2）以坏死为主的细菌性肝炎。

眼观，肝脏肿胀，被膜、切面散在大小和形态不一的灰白色或灰黄色凝固性坏死灶。病原微生物不同，各具特点，禽巴氏杆菌病引起的禽霍乱时，坏死灶细小、多密集分布（玉米粉肝或锯屑肝）；鸡白痢沙门氏菌引起的鸡白痢时，除坏死灶外，还可见有充血和出血；钩端螺旋体引起时，在切面上见有黄绿色的胆汁淤积点（胆栓）。

光学显微镜下，坏死灶呈局灶性或弥漫性分布，坏死灶内肝细胞为均质无结构的红染，完全坏死。外围常有炎性细胞浸润的炎性反应带。此外，肝细胞还常见有颗粒变性与脂肪变性。

（3）以化脓为主的细菌性肝炎。

眼观，肝脏表面或实质内可见大小不一的化脓灶，切面常见有大小不一的脓肿，充满脓汁。

光学显微镜下，肝组织溶解液化，可见大量的嗜中性粒细胞聚集，病程长的可见化脓灶周围有结缔组织增生形成膜，内含脓细胞。

（4）以肉芽肿形式出现的细菌性肝炎。

眼观，肝脏内出现大小不等的结节状病变，形成特异性肉芽肿（增生性结节中心为黄白色干酪样坏死物，伴有钙化时，切割见有磨砂声）。

光学显微镜下，结节中心为均质无结构的坏死物，或有钙盐沉积。周围由里到外先是以大量的上皮样细胞浸润，中间分布数量不多的多核巨细胞（胞体很大，胞核位于一侧边缘，似马蹄铁），接着是淋巴细胞浸润，最外围是结缔组织环绕。肉芽肿与周围组织分界明显。

（三）寄生虫性肝炎

1. 病因和机理

该类型的肝炎因某些寄生虫在肝实质或胆管中寄生繁殖，或某些寄生虫的幼虫移行造成。如鸡的组织滴虫引起盲肠肝炎，猪蛔虫幼虫移行引起增生性肝炎。

2. 病理变化

眼观，鸡盲肠肝炎时，肝脏肿大，表面有多量圆形下陷的坏死灶，呈黄色或黄绿色。猪蛔虫幼虫移行引起增生性肝炎时，肝脏表面有大量形态不一的白斑散在分布，白斑质地硬固，有的突起于肝脏表面，称为"乳斑肝"。

光学显微镜下，鸡盲肠肝炎时，多数肝小叶肝细胞弥漫性坏死，坏死灶周围有大量的组织滴虫和巨噬细胞，伴有大量的淋巴细胞浸润。病程较长时，有的较小的病灶因结缔组织增生而瘢痕化。"乳斑肝"时，坏死灶周围有大量嗜酸性粒细胞、少量嗜中性粒细胞和淋巴细胞浸润，小叶间质组织明显增生。病程较长时，多数坏死灶出现瘢痕化。

（四）中毒性肝炎

1. 病因和机理

引起该类型肝炎的病因主要有亲肝性毒物（有机氯化合物中的氯丹、多氯联苯胺等，有机磷化合物中的双硫磷，有机汞化合物中的赛力散）的化学物质、药物（汞剂、硫酸亚铁、氯仿、酒精、甲醛、羟基保泰松、呋喃唑酮等）毒性、体内毒性代谢产物蓄积以及严重的胃肠炎、肠梗阻和肠穿孔导致的腹膜炎。它们由于使用不当或用法不合理、治疗不及时对肝脏产生毒性作用，有的很快引起转氨酶升高。动物患有肝脏疾病时，毒物的毒性作用更加明显。中毒性肝炎主要引起肝脏营养不良性病变。

2. 病理变化

眼观，肝脏不同程度肿大，边缘钝圆，潮红，有的可见出血点或出血斑，伴有水肿时，重量增加，切面多汁。重度脂肪变性时，呈黄褐色或土黄色，质地脆弱。慢性肝淤血时，切面可见似槟榔肝的斑纹。表面及切面散在大小不一灰白色的坏死灶。有的急性中毒性肝炎因大量肝细胞坏死而体积缩小、边缘锐薄，呈黄色。

光学显微镜下，肝小叶中央静脉扩张，肝窦淤血或出血，肝细胞重度变性（脂肪变性和颗粒变性），肝小叶中肝细胞坏死呈散在分布。严重的整个肝小叶弥漫性坏死。有时可见少量淋巴细胞，炎性细胞浸润轻微。

急性中毒性肝炎时，可伴有多器官病理变化。耐过病例转为慢性，变性轻微的肝细胞可恢复正常，较小的坏死灶可瘢痕化，肝脏实质萎缩，结缔组织增生，导致肝硬化。

（五）霉菌性肝炎

1. 病因和机理

引起该类型肝炎的主要是黄曲霉菌，霉菌毒素引起急性肝炎。其他还有烟曲霉菌、灰绿曲霉和构巢曲霉等致病性真菌。

2. 病理变化

眼观，肝脏显著增大，边缘钝圆，切面隆起，呈土黄色，质地脆弱，伴有明显黄疸。

光学显微镜下，肝细胞脂肪变性、坏死和淋巴细胞增生，间质小胆管增生。慢性病例出现肉芽肿结节，结构与特异性肉芽肿相似，可发现大量菌丝。

五、肝硬变

肝硬变不是一种独立的原发性疾病，是大部分肝细胞由间质结缔组织取代和肝细胞结节状再生，使肝脏变形、变硬的一种慢性病变，也称肝纤维化，多为继发性疾病。

（一）病因和机理

肝硬变多继发于病毒性肝炎、中毒性肝炎、慢性肝炎、肿瘤、长期肝淤血等，都可能导致肝细胞大量坏死，并促使间质结缔组织增生。

（二）病理变化

眼观，肝脏被膜增厚，体积缩小，质地变硬，表面粗糙，常见凹凸不平的颗粒状或结节状。颜色不一，常染有胆汁。切面肝小叶结构消失，见许多圆形或类圆形的岛屿状淡黄色结节，大小和表面的一致。结节的周围为淡灰色结缔组织围绕。

光学显微镜下，结缔组织广泛增生，以淋巴细胞浸润为主。肝小叶缺乏中央静脉或偏移，肝细胞大小不一，排列不规则，形成假小叶。增生结缔组织形成无腔的假胆管。可见无网状纤维构成的干细胞结节，再生的肝细胞排列不规则，成堆，较大，可出现两个以上的核，胞浆染色较好。

（三）结局和对机体的影响

(1)因结缔组织增生，肝小叶静脉受压，肝窦内血液排出困难，门静脉的血液受阻，出现门静脉高压。引起胃肠淤血和脾脏淤血肿大，导致消化、吸收障碍，甚至出血和腹水，伴随不同程度的肝功能障碍。

(2)寄生虫引起的肝硬变，随着肝细胞萎缩，肝功能受到影响。阻塞胆管可发生胆汁淤积，出现胆色素代谢障碍和消化、吸收困难。

六、胰腺炎

（一）急性胰腺炎

急性胰腺炎指以胰腺水肿、出血、坏死为特征的胰腺炎，又称急性出血性胰腺坏死。多发生于犬、猫和禽类。

1.病因和机理

通常认为本病的发生大多在十二指肠的炎症、结石、肿瘤或寄生虫感染前提下，十二指肠憩室部阻塞或胰导管阻塞，胰液过多地在胰脏内蓄积而发生的组织自溶有关。另外，高脂肪的饮食可促进胰液分泌，可成为本病的诱因。

胰腺自溶是急性胰腺炎的发病学中心环节。在各种因素刺激下，在较短的时间内，胰液内的胰蛋白酶、糜蛋白酶、弹力蛋白酶、激肽蛋白酶以及溶血卵磷脂和脂酶大量生成，不能排出的情况下，胰腺小导管和腺泡破裂，溢出的胰液对自身的蛋白质和脂肪进行消化，出现组织坏死、溶解、出血、水肿等一系列病理过程。

2.病理变化

眼观，胰腺肿大、质脆，湿润，表面和切面见出血点和出血斑，以及灰白色或灰黄色的大小不等的坏死灶。大网膜和肠系膜上可见斑点状或小块状脂肪坏死。

光学显微镜下，胰腺广泛性充血、水肿、出血和微血栓形成。实质内可见局灶性凝固性坏死，有时则为大片弥漫性坏死(患流感的鸡)，坏死灶周围为中性粒细胞浸润。病变邻近组织的脂肪出现坏死灶。

3. 结局和对机体的影响

本病病程迅速，病情较为危重，不仅出现胰腺自溶，还可引起相邻器官损伤和腹膜炎，导致自体中毒，剧烈腹痛，严重的发生休克。本病伴有血清钙、血清钾和血清钠浓度降低、糖尿等不良后果。

（二）慢性胰腺炎

慢性胰腺炎是指以胰腺呈弥漫性纤维化、体积显著缩小为特征的胰腺炎，又称慢性复发性胰腺炎。

1. 病因和机理

慢性胰腺炎主要由急性病例转化而来，也可因病变由小到大，损害由轻到重，形成自发的慢性经过。

2. 病理变化

眼观，胰脏体积缩小，呈现卷曲、皱缩、结节团块状，质地坚硬，表面常有增生的突起结节，常与周围组织黏连。切面见胰导管扩张，含有多量黏稠的渗出物。

光学显微镜下，胰腺腺泡和胰岛组织数量减少，有的坏死灶有钙盐沉积。坏死组织周围有结缔组织增生和淋巴细胞为主的炎性浸润。间质内结缔组织增生和广泛纤维化，大多数胰岛和腺泡组织被增生的结缔组织所取代。胰阔盘吸虫引起的慢性胰腺炎可见胰管扩大和胰管上皮变性、坏死或增生，管腔内有时可见有虫体或其残骸。

3. 结局和对机体的影响

慢性胰腺炎可导致内、外分泌功能减退，出现消化、吸收功能障碍和糖尿病。病情发展缓慢，症状时隐时现，常反复发生。

项目 3　心血管系统病理

●●●●● 任务资讯单

学习情境 5	常见动物疾病病理变化
项目 3	心血管系统病理
资讯方式	教材、教学平台资源、在线开放课资源、网络资源等。
资讯问题	1. 常见动物心血管系统疾病发生的病因有哪些？ 2. 常见动物心血管系统疾病发生的机理是什么？ 3. 常见动物心血管系统疾病发生的病理变化有哪些？
资讯引导	1. 陆桂平. 动物病理. 北京：中国农业出版社，2001 2. 于洋等. 动物病理. 北京：中国农业大学出版社，2011 3. 张鸿等. 宠物病理. 北京：中国农业出版社，2016 4. 姜八一. 动物病理. 北京：中国农业出版社，2019 5. 於敏等. 动物病理. 北京：中国农业出版社，2019 6. 於敏等. 动物病理. 北京：中国农业出版社，2022 7. 中国知网

●●●● 案例单

学习情境 5	常见动物疾病病理变化	学时	14
项目 3	心血管系统病理		
序号	案例内容	案例分析	
1.1	一小型犬，重 10kg，近日，精神沉郁，不愿运动，稍加运动，即呈现疲劳、呼吸困难，烦躁不安。根据病例，分析该病理过程的病因和机理。	案例中的发病犬，根据其精神沉郁，不愿运动，稍加运动，即呈现疲劳、呼吸困难，烦躁不安，可考虑病理变化出现在心血管系统，据此可进一步学习常见动物疾病病理变化。	

●●●● 工作任务单

学习情境 5	常见动物疾病病理变化
项目 3	心血管系统病理

【任务】总结心血管系统病理变化
根据教师提供的病例图片及视频，完成以下工作。
(1)根据教师给出的心包炎病例资料，描述其病理变化特点、病因和机理。
(2)根据教师给出的心肌炎例资料，描述其病理变化特点、病因和机理。
(3)根据教师给出的心内膜炎病例资料，描述其病理变化特点、病因和机理。
(4)根据教师给出的心功能不全病例资料，描述其病理变化特点、病因和机理。
(5)根据教师给出的动脉炎变病例资料，描述其病理变化特点、病因和机理。
请师生根据自己的学习工作实际情况自由选择案例进行解答。

必 备 知 识

【必备的专业知识和技能】
常见心血管系统疾病病理
一、心包炎
心包炎是指心包的脏层(心外膜)和壁层的炎症，通常伴发于其他疾病的过程中。根据心包内炎性渗出物的性质，分为浆液性、纤维素性、化脓性、出血性、腐败性和混合性等类型。下面主要介绍较常见的浆液—纤维素性心包炎、创伤性心包炎。

(一)浆液—纤维素性心包炎
浆液—纤维素性心包炎是指大量浆液和纤维素渗出为特征的心包炎症。

1. 病因和机理
病原微生物是引起该病的主要原因，多发生在各种传染病的经过中，如牛传染性胸膜肺炎、气肿疽、猪格塞尔氏病、猪瘟、巴氏杆菌病、链球菌病、禽伤寒以及猪与羊、马的链球菌病等。饲养管理不当、受凉、过劳等可促进浆液—纤维素性心包炎的发生、发展。
病原微生物通常经血液或心肌、胸膜等相邻器官的直接蔓延或随淋巴渗透侵入心包，导致心包炎症。炎症初期，渗出物多为浆液性，随着炎症的发展，毛细血管损伤加重，通透性增强，纤维蛋白原大量渗出，在酶的作用下，炎性渗出物变为浆液—纤维素性或纤维素性。

2. 病理变化

眼观，心包表面的血管扩张充血，心包内有数量不等的渗出物，量多的心包外观紧张。马可多达 30～40L、牛 18.5L、犬 0.5L。浆液性渗出物初期呈淡黄色、透明的水样，混有脱落的间皮细胞和白细胞则稍浑浊。浆液—纤维素性渗出物呈灰黄色、浑浊，混有絮状的纤维素团块和较多的白细胞，有的可见少量红细胞，心包因炎性水肿而增厚。心脏外膜小血管扩张充血，可见散发出血点，无光泽，表面被覆一层黄白色、易于剥离的纤维素性假膜。病程较长的，因纤维素不断沉积、增厚，随心脏跳动的摩擦、牵引，心脏外膜上的纤维素形成纤毛状，俗称绒毛心。在慢性经过时，被覆心包壁层和脏层的纤维素常发生机化。

光学显微镜下，初期心外膜上有少量浆液—纤维素性渗出物，可见一定数量的白细胞。心外膜下血管扩张，充满红细胞。间皮肿胀、增生、变性及脱落。与外膜相邻的心肌可见颗粒变性、脂肪变性，心肌间质有充血、水肿和白细胞浸润等炎性反应。

3. 结局和对机体的影响

病情较轻的，随着渗出物的液化、吸收而痊愈。渗出物不能完全吸收的，因新生肉芽组织发生机化导致心包增厚，心包壁层和脏层可发生黏连。

心包炎多呈慢性病理过程。随着渗出液的增多，限制心脏的舒张，导致静脉回流受阻。当壁层和脏层大面积黏连时，心脏的收缩和舒张均受限制，出现心功能不全。

（二）创伤性心包炎

创伤性心包炎是尖锐异物依次刺破反刍动物的网胃、膈肌和心包而引起心包壁层和脏层的炎症。该病主要发生于牛。

1. 病因和机理

因牛的采食特点容易将尖锐异物（如铁钉、铁丝、玻璃碎片等）混入食团而误咽入胃内。在解剖学上，网胃的前部仅以薄层的膈肌与心包相邻，当网胃肌肉收缩时，混入食物中的尖锐异物有机会刺破网胃和膈肌，穿入心包，胃内病原微生物趁机侵入，引发心包炎症。

2. 病理变化

眼观，心包增厚，扩张而紧张。在心包的后缘、膈肌和网胃可见创伤，有时可见异物。有的可见心包与膈肌黏连，有的可见含脓汁的结缔组织管道。心包腔的渗出物中或于心尖、心脏左侧或右缘上，常可发现尖锐的异物。心包腔内蓄积多量浆液—纤维素—化脓性渗出物。如继发腐败菌感染，渗出物呈污绿色，混有气泡，恶臭味。心脏外膜被覆较厚的污浊或污绿色的纤维素—化脓性渗出物，剥离后心外膜浑浊粗糙，可见充血和出血点。

光学显微镜下，渗出物中可见浆液、纤维素、变性坏死的白细胞、巨噬细胞、红细胞与脱落的间皮等。心外膜间皮细胞消失，下方结缔组织水肿、充血、出血以及白细胞浸润。慢性经过时，渗出物溶崩、浓缩而变成干酪样，发生机化。损伤心肌时，可引起化脓性心肌炎。

3. 结局及对机体的影响

创伤性心包炎与浆液—纤维素性心包炎相比，更易发生腐败性脓肿，当伴发肺炎、胸膜炎、心肌炎、中毒和心力衰竭等时，常可导致动物死亡。

二、心肌炎

心肌炎是指由各种原因引起心肌的局部性或弥漫性炎症。

(一)实质性心肌炎

实质性心肌炎是指心肌纤维以变质性变化(变性、坏死)为主的炎症,心肌间质内可见不同程度的渗出和增生性变化。

1. 病因和机理

该类型心肌炎较为常见,见于一些病毒性传染病过程中,如犊牛和仔猪恶性口蹄疫、牛恶性卡他热、马传染性贫血、猪脑心肌炎病毒感染、犬细小病毒感染以及猫传染性腹膜炎等。这些病毒具有亲心肌的特性,直接破坏,或通过细胞免疫反应间接损害心肌细胞,引发实质性心肌炎。

2. 病理变化

眼观,心脏扩张,心肌颜色变淡、无光,质地松软,似煮肉样。在心脏外膜、心内膜下和心房肌、心室肌、房室中膈的切面上,可见散在多发性灰黄色或灰白色斑块或条纹状病灶,形似虎皮,俗称"虎斑心"。

光学显微镜下,心肌纤维可见颗粒变性或脂肪变性,有的可见水泡变性、蜡样坏死,甚至出现断裂、崩解。坏死的心肌纤维常见钙化。在变性、坏死的心肌纤维周围常见不同数量的中性粒细胞或异嗜性白细胞(鸡、兔)、淋巴细胞、巨噬细胞、浆细胞等浸润。心肌间质中出现不同程度的渗出性变化,主要表现为毛细血管充血、出血以及浆液性渗出、单核细胞和淋巴细胞浸润。病程较长的,可见成纤维细胞明显增生。

3. 结局和对机体的影响

实质性心肌炎常呈急性经过,病灶可发生机化,形成心肌纤维化而告终,心肌收缩力明显减弱。

初期,使心脏窦房结兴奋性升高,发生窦性心动过速,可使每分输出量保持正常水平甚至增加,具有一定代偿意义。代偿较久后,可促进心力衰竭的发生,还可发生心脏节律的紊乱。当导致完全传导阻滞,可引起血压急剧下降,脑贫血,继而出现肌肉抽搐、发绀、呼吸困难而危及生命。

(二)间质性心肌炎

间质性心肌炎是心肌间质以渗出性与增生性变化为主的炎症,而心肌纤维变质性变化比较轻微。

1. 病因和机理

引起该类型心肌炎的主要原因有某些寄生虫感染及变态反应。如肉孢子虫、猪囊尾蚴、猪浆膜丝虫、旋毛虫以及弓形虫等寄生虫,寄生在心肌纤维内导致变质性变化,之后转为以间质炎性渗出为主的病理过程。如羊布鲁氏菌病、风湿病、犬系统性红斑狼疮、结节性多动脉炎以及某些药物(如磺胺、青霉素、四环素等)过敏情况下,引发的变态反应,致敏作用导致心肌的免疫性病理损伤,可能与第Ⅲ型和第Ⅳ型超敏反应有关。

2. 病理变化

眼观,间质性心肌炎与实质性心肌炎基本相似。

光学显微镜下,心肌纤维出现局灶性变性、坏死。心肌间质内充血、出血、渗出和炎性细胞(单核细胞、淋巴细胞和浆细胞为主)浸润与增生明显,呈局灶性,沿较大的血管分布,与正常心肌相交织。慢性过程中,间质结缔组织明显增生,伴有炎性细胞浸润。

此时心脏硬度增加，色泽变淡，表面可见较明显的灰白色斑块。

变态反应性心肌炎还可见心肌间小血管壁发生纤维素样坏死，还存在较多的嗜酸性粒细胞浸润。

3. 结局和对机体的影响

间质性心肌炎与实质性心肌炎的结局和对机体的影响相似。

（三）化脓性心肌炎

化脓性心肌炎是以大量嗜中性粒细胞渗出和脓液形成为特征的心肌炎症。

1. 病因和机理

该类型心肌炎常由葡萄球菌、链球菌等化脓性细菌引起。一是子宫、乳房、关节、肺脏等处的转移性细菌栓子，随血流转移至心肌，在心肌内形成化脓性栓塞，继而引起心肌化脓（脓肿）。二是溃疡性心内膜炎、化脓性心外膜炎、牛创伤性网胃心包炎等直接蔓延，引发化脓性心肌炎。

2. 病理变化

眼观，心肌内见有大小不一的化脓灶，或散在性脓肿；新的化脓灶，周围心肌充血、出血的炎性反应带；慢性经过时，化脓灶由结缔组织增生形成的包囊。

镜检，初期可见血管栓塞部的出血性浸润，其后为纤维蛋白—化脓性渗出，周围血管扩张，红细胞和嗜中性粒细胞聚集。邻近心肌纤维发生变性，心肌间有嗜中性粒细胞浸润。脓肿周围有结缔组织性包围，其中含有组织化脓崩解产物和部分以中性粒细胞为主的炎性细胞。

（四）结局及对机体的影响

化脓性心肌炎多以钙化、包囊形成和纤维化为结局。除了与非化脓性心肌炎对机体影响相同外，有的脓肿可向心腔内破溃，脓汁和细菌混入血液，扩散至全身，形成转移性化脓灶，甚至出现脓毒败血症。

三、心内膜炎

心内膜炎是指心内膜的炎症。

（一）疣状心内膜炎

疣状心内膜炎是以心瓣膜轻微损伤和形成疣状赘生物为特征的心内膜炎症，又称为单纯性心内膜炎。

1. 病因和机理

细菌感染是该类型炎症的主要病因，如丹毒杆菌、链球菌、肠球菌等。发生机理是免疫性损伤，是一种变态反应的表现。细菌感染后，通过抗原抗体反应，在瓣膜局部产生局部损伤，出现纤维素样坏死。同时，内皮细胞变性、坏死、脱落，内皮胶原纤维暴露后，局部形成血栓，即疣状心内膜炎的早期赘生物。病程较久后，血栓被机化，即形成赘生物。

实验证明，用猪丹毒杆菌培养物，多次注射健康猪可得到典型的疣状心内膜炎。

2. 病理变化

眼观，疣状物常见于二尖瓣的左心房面以及主动脉半月瓣的左心室面，集中在关闭缘上。瓣膜增厚，失去正常光泽，血流面可见一种黄白色、微细颗粒状赘生物，易于剥离。有的因结缔组织增生，赘生物变硬，呈灰白色，不易剥离。

光学显微镜下，疣状赘生物由血小板、少量纤维蛋白和白细胞组成。炎症初期心内膜内皮细胞变性、坏死及脱落，内皮下结缔组织水肿，结缔组织细胞肿胀变圆，白细胞浸润，胶原纤维呈现纤维素样坏死。后期由于肉芽组织(成纤维细胞和毛细血管增生)的形成，血栓被结缔组织取代而机化。

3.结局和对机体的影响

疣状赘生物形成过程中，可溶解、脱落，随着血液，流至脑、肾、脾和心脏等组织器官造成栓塞，可引起梗死。被肉芽组织取代机化，纤维化后导致受损的瓣膜皱缩或互相黏连，出现瓣膜口闭锁不全或瓣膜口狭窄，导致心脏瓣膜病的发生。

瓣膜病时，心脏发生代偿功能，心肌收缩力增强，病程较长可出现心脏肥大，如果代偿超过了心脏的适应能力，出现代偿失调，心肌收缩力减弱，有效循环血量减少，血压下降。

(二)溃疡性心内膜炎

溃疡性心内膜炎是以瓣膜受损较为严重、瓣膜深层出现炎症、发生明显的坏死为特征的心内膜炎症，也称为败血性心内膜炎。

1.病因和机理

毒力较强的化脓菌感染是引起该类型炎症的主要原因，如化脓棒状杆菌、溶血性链球菌、金黄色葡萄球菌等。当上述细菌引起脓毒败血症或经邻近化脓性炎症蔓延时，经血液直接侵入瓣膜后，损伤内皮细胞而导致炎症。另外，疣状心内膜炎的瓣膜继发细菌感染也可引起溃疡性心内膜炎。

2.病理变化

眼观，溃疡灶常见于二尖瓣，有时也见于三尖瓣和肺动脉瓣。初期瓣膜上出现淡黄色、浑浊的小斑点，融合后形成干燥、坚实、表面粗糙的坏死灶。脓性分解后形成溃疡。在溃疡面形成的血栓与坏死组织混合在一起成为椰菜状的赘生物，周围有炎性反应带，也可见肉芽组织增生，坏死严重的可导致瓣膜穿孔或破裂，可使腱索和乳头肌产生损伤。

光学显微镜下，瓣膜正常结构消失，坏死灶较深，HE染色时，呈均匀粉红色。周围有大量嗜中性粒细胞浸润和肉芽组织形成，表面可见有纤维蛋白和血小板组成的白色血栓，混有坏死的细胞和细菌团块。

3.结局和对机体的影响

溃疡性心内膜炎除了能导致栓塞和梗死外，其脱落含有细菌的碎片形成败血性栓子，随着血液形成转移性炎症灶。与疣状心内膜炎相似，可以引起心脏瓣膜病。

四、心功能不全

临床上也称心力衰竭，指由于心肌收缩力减弱，心输出量减少和静脉回流受阻，出现心脏搏出的血量不能满足机体组织细胞物质代谢的需要，发生全身性机能、代谢和结构改变的病理过程。它不是一种独立的疾病，可出现在多种疾病过程中。

按疾病的发展速度，分为急性心功能不全和慢性心功能不全。按疾病发生搏血机能障碍的部位，分为左心心功能不全(二尖瓣闭锁不全、主动脉瓣口狭窄、高血压、左心室心肌梗死等疾病过程中)、右心心功能不全(三尖瓣闭锁不全、肺动脉瓣口狭窄，肺循环高压、右心室心肌梗死等疾病过程中)和全心心功能不全(左右心室先后或同时出现机能障碍，见于严重的心肌炎以及左、右心室广泛性心肌梗死等疾病过程中)。按疾病时心输出量的大小，分为高输出量心功能不全(心输出量也并不高，可在正常范围的高水平或稍高于正常水平)和低输出量心功能不全(如慢性心瓣膜病、原发性心肌病、高血压性心脏病等疾病过程中，心输出量低于正常）。

（一）病因

引起心肌收缩力减弱、心输出量降低的因素，自身不能适应、代偿排除时，都可成为心机能不全的病因。常见于心肌炎、心包炎、心脏瓣膜病以及一些传染病的过程中。

1. 心肌受损

常见于冠状动脉痉挛、血栓形成或栓塞、休克、弥漫性血管内凝血、缺氧、严重的贫血以及传染病、中毒病、营养代谢病（如硒缺乏、维生素 B_1 缺乏）、脓毒败血症、免疫性病理损伤等疾病过程中，心肌供血供氧不足，引起心肌变性、坏死（心肌梗死），心肌炎及心肌纤维化。从而心肌收缩力减弱，导致心脏机能不全。

2. 心脏负荷过重

（1）容量负荷过重，是指心舒期末期，心脏中血量过多，每搏输出量增加而导致心脏做功超过了正常范围。见于瓣膜闭锁不全时，血量增多的来源是心舒期从血管中反流的血液。如主动脉瓣关闭不全时，在心舒期主动脉内有部分血液返流入左心室，使左心室舒张期末容积增加；治疗疾病过程中，大量快速输液也可以导致心脏容量负荷过重。

（2）压力负荷过重，是指心室搏血阻力增大，心缩期心室内压升高而导致心脏做功超过了正常范围。主要见于主动脉瓣狭窄、肺栓塞、肺气肿、肺纤维化、肺动脉高压等。如主动脉瓣口狭窄引起的左心室压力负荷过重；肺气肿、肺脏纤维化引起的右心室压力负荷过重。

3. 心搏动受限

心搏动受限是指心包内压升高或心脏搏动阻力增大，静脉回流受阻、心室充盈不足以及妨碍心脏的收缩和舒张，心输出量减少，导致心搏动受限制，影响心脏泵血机能。心脏充盈不足，心输出量减少，引起冠状循环供血、供氧不足，发生心肌收缩力减弱，心脏机能不全。主要见于心包炎，如有大量炎性渗出物的浆液—纤维素性心包炎、纤维素性渗出物被机化造成心包脏层和壁层黏连的慢性心包炎。

此外，心机能不全的发生、发展与电解质代谢紊乱、酸碱平衡失调、心律不齐、妊娠、分娩以及感染（特别是呼吸道）等有关。

（二）机制

心肌收缩力减弱是心机能不全的中心环节。心肌结构被破坏、心肌能量代谢障碍、钙离子运转障碍等都会导致心肌收缩力减弱，当心肌收缩力进一步减弱或心脏代偿功能不全时，引发心机能不全。

1. 心肌结构的破坏

心肌受损时，大量心肌坏死可使心室收缩力明显减弱，是心功能不全的主要原因之一。如左心室心肌梗死范围达到 20% 以上即可导致左心功能不全。另外，可影响心肌生物电活动，导致受损区域与其他区域心肌活动在时间和空间上不协调，心肌的舒张和收缩不同步，心输出量减少，导致心机能不全。

在心脏容量性负荷过重的情况下，代偿时，心肌的肌节（心肌舒张和收缩的基本单位）的长度可增加，心肌收缩力加强，心脏扩张，称之为紧张源性扩张。当代偿失调时，心脏高度扩张，肌节超过正常的耐受长度，心肌收缩力反而减弱，称之为肌源性扩张。此时肌节受到破坏，引起心肌收缩力减弱或丧失。

在心肌受损和心搏动受限的情况下，心室容积不能随着心室单位压力的变化而改变。心室舒张不全，影响血液充盈，造成每搏输出量减少；同时，心室舒张期缩短，影响冠状动脉灌流，加重心肌缺血、缺氧，形成恶性循环。

2. 心肌的能量代谢障碍

（1）能量产生障碍。

ATP是心脏活动的主要供能物质。在心肌缺血、缺氧时，糖的无氧酵解加强，有氧分解和氧化磷酸化减弱，ATP生成减少，供能物质减少直接影响心肌的收缩能力。

维生素 B_1 是丙酮酸脱氢酶系的辅酶，当其缺乏时，影响丙酮酸进入三羧酸循环，可使心肌内的 ATP 生产减少和酸性产物蓄积而导致心肌收缩力减弱。

（2）能量储存障碍。

磷酸肌酸（CP）是心肌内重要的储能物质。ATP 和肌酸在磷酸肌酸激酶作用下生产 ADP 和 CP。在心肌缺血、缺氧以及酸中毒的情况下，线粒体内磷酸肌酸激酶的活性降低，导致 CP 生成减少。如甲状腺机能亢进时，甲状腺素分泌过多，心肌的代谢过程加强，引起氧化磷酸化过程减弱，产生的能量以热能形式消耗，导致心肌能量储存不足。

（3）能量利用障碍。

ATP 酶活性的高低对心肌能量的利用具有决定性作用。肌球蛋白头部的 ATP 酶分解 ATP，将化学能转化为机械能而完成心脏的舒张和收缩运动。如在因主动脉轻度或中度狭窄，引起心肌肥大时，ATP 酶活性增高；当重度狭窄时，ATP 酶活性显著降低，不能为心肌转化足够的能量。

3. 钙离子运转障碍

钙离子（Ca^{2+}）与细肌丝上的肌钙蛋白结合，参与细肌丝和粗肌丝的肌动球蛋白复合体的形成。同时，还能提高肌球蛋白分子头部 ATP 酶活性。当钙离子运转障碍，可引起心肌收缩力减弱。

（1）肌浆网对钙离子摄取、储存、释放障碍。

心功能不全时，ATP 酶活性降低，心肌肌浆网对钙离子的摄取、储存发生障碍。心肌兴奋时，胞浆中的钙离子减少，浓度不能迅速达到激发心肌收缩的阈值，可导致兴奋-收缩偶联障碍。

（2）钙离子由细胞外内流受阻。

钙离子内流的通道受心肌细胞膜上 β-受体和去甲肾上腺素（NE）控制。心功能不全时，心肌细胞膜上 β-受体密度降低和去甲肾上腺素含量明显减少，影响钙离子内流，可导致兴奋-收缩偶联障碍。

（3）钙离子与肌钙蛋白结合障碍。

氢离子（H^+）与肌钙蛋白的亲和力远高于钙离子。心肌酸中毒时，氢离子浓度升高，竞争性地抑制钙离子与肌钙蛋白的结合，可导致兴奋—收缩偶联障碍。

（4）钙离子复位延缓。

心肌完成一次收缩后，钙离子重新摄入肌浆网或排到细胞外，为下次心脏的舒张与收缩做准备。心功能不全时，钙离子与肌钙蛋白的解离受抑制，导致钙离子脱离肌钙蛋白变慢变缓。钙离子复位延缓引起心肌舒张延迟或舒张不全，影响心脏充盈。

（三）对机体的主要影响

急性心功能不全，发生急骤，机体代偿失调，常导致严重后果；慢性心功能不全，发生缓慢，病程较长，代偿期也较长，心脏呈现明显的心肌肥大和心脏扩大，而且对其他组织、器官、系统也有较大的影响。

1. 血液流动的变化

急性心功能不全时，心输出量急剧减少的同时动脉压也迅速下降，严重的发生心源性休克。慢性心功能不全可发生心肌肥大，当心输出量减少时，出现静脉回流受阻，静脉压升高。左心功能不全可引起肺淤血、肺水肿；右心功能不全可引起体循环淤血，导致肝、脾、胃肠、肾等器官淤血、水肿，伴发机能障碍。静脉淤血，血液中血氧含量降低，还原血红蛋白增多，皮肤和可视黏膜呈蓝紫色，称之为发绀。

2. 呼吸机能的变化

呼吸困难是左心功能不全的较明显的症状，呼吸频率加快、程度浅。肺淤血、肺水肿时，呼吸中枢兴奋，发生呼吸困难；慢性肺淤血和肺水肿，出现吸气动作提前结束，呼气动作提前出现，呼吸节律变浅而频数。因呼吸困难和静脉淤血，组织细胞缺氧，导致代谢性酸中毒，进一步加重心机能不全。

3. 其他

（1）消化机能变化。

右心功能不全，肝淤血、水肿，肝细胞变性，肝糖原和蛋白质合成障碍，肝脏的解毒机能降低；病程较久，转化为慢性肝淤血，因结缔组织增生而导致淤血性肝硬变。胃肠道淤血、水肿，消化液的分泌、蠕动和吸收机能发生障碍，内容物容易腐败发酵、产气增多。

（2）泌尿机能变化。

肾脏淤血和肾血流量减少，出现少尿；肾小管上皮细胞变性、坏死，肾小球毛细血管通透性增强，尿中出现蛋白质和管型，可导致代谢性酸中毒。

五、动脉炎

动脉炎是指动脉管壁的炎症。

（一）急性动脉炎

1. 病因和机理

常见的主要原因是细菌（如坏死杆菌）、支原体（丝状支原体）、病毒（如马动脉炎病毒）、免疫复合物沉积以及机械、物理、化学等因素。

致病因素经血管外围蔓延侵入血管壁，即先引起动脉周围炎，之后发生动脉中膜炎、动脉内膜炎。可见于牛传染病胸膜肺炎的肺脏、牛坏死杆菌病的子宫。

经动脉管壁滋养血管侵入动脉壁，即首先引起动脉外膜炎和动脉中膜炎，之后发生动脉内膜炎。

经管腔内血液侵入动脉壁，即首先引起动脉内膜炎，之后发生动脉中膜炎、动脉外膜炎。如在化脓性子宫内膜炎或化脓性脐静脉炎病理过程中，细菌性栓子进入静脉血液，通过血液循环，经右心转移到肺动脉，可在肺动脉分支中形成细菌性栓塞，从而引起化脓性动脉内膜炎。

2. 病理变化

眼观，动脉管壁增粗、变硬，血管内膜粗糙不平、管腔变窄，有的可见血栓形成。

　　光学显微镜下，动脉血管内皮细胞肿胀、变性、脱落，管腔可见血栓。血管内膜和中膜水肿、嗜中性粒细胞浸润、弹性纤维断裂溶解，血管中膜平滑肌细胞发生变性、坏死。血管外膜可见充血、出血、水肿、胶原纤维肿胀和多种炎性细胞浸润的病理现象。

（二）慢性动脉炎

1. 病因和机理

　　常见的慢性动脉炎主要是急性动脉炎转变而来。马普通圆形线虫幼虫在动脉壁内寄生，可引起马前肠系膜动脉及其分支发生慢性动脉炎。

2. 病理变化

　　眼观，动脉管壁增厚、变硬，有的病例可见瘤样结节，管腔变窄，血管壁肥厚，血管内膜粗糙不平、有血栓形成。

　　光学显微镜下，动脉管壁原有结构被破坏，局部结缔组织明显增生，可见炎性细胞浸润，血管内膜可见血栓形成，并有机化现象存在。

（三）结节性动脉周围炎

　　结节性动脉周围炎主要发生在中型、小型动脉，曾见于牛、猪、犬、马、绵羊、鹿等动物的病理中。

1. 病因与机理

　　结节性动脉周围炎主要原因可能是在某些传染病过程中，其抗原抗体免疫复合物沉积在血管壁，而引起的变态反应导致的，如在马传染性贫血过程中。

2. 病理变化

　　眼观，中型动脉呈结节状肥厚。血管壁显著增厚，管腔变窄，甚至闭锁。小型动脉的结节状变化只有通过显微镜检查才能发现。

　　光学显微镜下，初期，动脉外膜和动脉中膜水肿和大量嗜中性粒细胞浸润，中膜平滑肌和弹性纤维崩解，出现纤维素样坏死，有的动脉管壁各层均出现坏死性变化。血管内皮细胞变性、脱落，血管内可见血栓形成。后期，血管壁坏死组织可见肉芽组织取代，可见单核细胞浸润；因血管壁的修复性过程出现结节状变粗。

项目 4　泌尿系统病理

●●●● 任务资讯单

学习情境5	常见动物疾病病理变化
项目 4	泌尿系统病理
资讯方式	教材、教学平台资源、在线开放课资源、网络资源等。
资讯问题	1. 常见动物泌尿系统疾病发生的病因有哪些？ 2. 常见动物泌尿系统疾病发生的机理是什么？ 3. 常见动物泌尿系统疾病发生的病理变化有哪些？
资讯引导	1. 陆桂平. 动物病理. 北京：中国农业出版社，2001 2. 于洋等. 动物病理. 北京：中国农业大学出版社，2011 3. 张鸿等. 宠物病理. 北京：中国农业出版社，2016

资讯引导	4. 姜八一. 动物病理. 北京：中国农业出版社，2019 5. 於敏等. 动物病理. 北京：中国农业出版社，2019 6. 於敏等. 动物病理. 北京：中国农业出版社，2022 7. 中国知网

●●●● 案例单

学习情境 5	常见动物疾病病理变化	学时	14
项目 4	泌尿系统病理		

序号	案例内容	案例分析
1.1	一奶牛，体温 40.5℃，脉搏数为 75 次/min，呼吸数为 24 次/min。食欲减退，反刍减退，尿量减少，呈暗红色。直肠检查，肾脏肿大，触之敏感。尿液中含有大量红细胞、白细胞、肾上皮细胞和管型。根据病例，分析该病理过程的病因和机理。	案例中的发病牛，根据其体温、脉搏、呼吸数的变化，以及直肠检查，肾脏肿大，触之敏感。尿液中含有大量红细胞、白细胞、肾上皮细胞和管型，可考虑病理变化出现在泌尿系统，据此可进一步学习常见动物疾病病理变化。

●●●● 工作任务单

学习情境 5	常见动物疾病病理变化
项目 4	泌尿系统病理

【任务】总结泌尿系统病理变化

根据教师提供的病例图片及视频，完成以下工作。

(1)根据教师给出的肾炎病例资料，描述其病理变化特点、病因和机理。

(2)根据教师给出的肾病病例资料，描述其病理变化特点、病因和机理。

(3)根据教师给出的肾功能不全病例资料，描述其病理变化特点、病因和机理。

请师生根据自己的学习工作实际情况自由选择案例进行解答。

必 备 知 识

【必备的专业知识和技能】

常见泌尿系统疾病病理

一、肾炎

(一)肾小球肾炎

肾小球肾炎是指原发于肾小球血管丛的炎症，也称肾炎。也可继发于过敏性肾炎、红斑狼疮性肾炎、高血压、代谢性疾病及糖尿病等疾病过程中，这里仅介绍原发性肾小球肾炎。

1.病因和机理

目前，认为免疫反应是引起肾小球肾炎的重要因素，主要机制是抗原抗体免疫复合物在肾小球毛细血管上的沉积而引起变态反应过程。

（1）免疫复合物性。

动物机体在外源性（如链球菌的胞浆膜抗原和异种蛋白等）或内源性（如感染或自身组织破坏后产生的变性物质等）抗原作用下产生相应抗体。在血液中形成抗原抗体复合物，随着血液循环沉积在肾小球血管内皮下，或血管间质内，或肾小球囊脏层的上皮细胞下。激活补体系统，肥大细胞释放组胺，血管壁的通透性升高；同时吸引嗜中性粒细胞在肾小球内积聚，毛细血管内即形成血栓，内皮细胞、上皮细胞和系膜细胞增生，出现肾小球肾炎。

（2）抗肾小球基底膜性。

在感染或其他因素作用下，细菌或病毒的某些成分与肾小球基底膜结合，形成自身抗原，刺激机体产生相应的抗体。或某些细菌或其他物质与肾小球毛细血管基底膜有共同的抗原，刺激动物机体产生抗体，出现抗原抗体反应；也与肾小球基底膜发生反应，同时激活补体等释放炎症介质，出现肾小球肾炎。

2. 病理变化

（1）急性肾小球性肾炎。

眼观，肾脏体积轻度肿大，表面充血，质地柔软。被膜紧张，易于剥离，剥离后，表面和切面潮红，称为"大红肾"。有出血点；皮质增厚不显著；出血性肾小球肾炎时，肾脏表面和切面皮质部可见散在针尖大小出血点。

光学显微镜下，急性期，肾小球毛细血管丛和肾小囊内的病变较明显。开始毛细血管充血，后因内皮细胞、系膜细胞的肿胀增生，管腔变窄甚至阻塞而缺血，加之嗜中性粒细胞和单核细胞渗出，可见肾小球呈现细胞明显增多的现象。肾小囊内几乎被膨大的毛细血管占据，还可见白细胞、红细胞和浆液。有的毛细血管内形成纤维素性的血栓，可引起坏死和出血，肾小囊的囊腔中出现较多的红细胞。渗出性变化明显时，肾小球内可见多量的白细胞、红细胞、浆液和纤维素，血管球体积变小、出现贫血。肾小管上皮细胞可见颗粒变性和脂肪变性。肾小管管腔内可见有细胞和蛋白质形成的各种管型，随着尿液排出，称为管型尿。如果炎症过程以渗出为主，称为急性渗出性肾小球肾炎；如果以增生为主，则称为急性增生性肾小球肾炎。该类型肾炎，肾脏间质可见充血、水肿和少量白细胞浸润。

（2）亚急性肾小球性肾炎。

眼观，肾脏肿大，颜色苍白，称为"大白肾"。表面光滑，有多量出血点，切面隆起，皮质增宽，与髓质界限明显。

光学显微镜下，肾小囊的上皮细胞增生是最为突出的病理变化。肾小囊壁层上皮细胞增生、重叠、被覆在肾小囊壁层的尿极侧，呈新月形增厚则称为"新月体"或"半月体"。如增殖的上皮细胞包围在肾小球囊壁时，称为"环状体"。细胞增生早期为纺锤形，后为立方体形。"新月体"的上皮细胞见有纤维蛋白、嗜中性粒细胞、红细胞。病程较长时，"新月体"的上皮细胞之间可见成纤维细胞，并逐渐增多，最后形成纤维性"新月体"。有"新月体"的毛细血管丛，可发生灶性坏死、萎缩塌陷，与"新月体"黏连，肾小球囊腔闭锁，后期，整个肾小球出现纤维化或玻璃样变。该时期，肾小管上皮细胞出现脂肪变性、坏死，肾小管管腔内有蛋白性物质、白细胞和各种管型。

（3）膜性肾小球肾炎。

膜性肾小球肾炎是肾小球毛细血管壁基底膜外侧有免疫复合物沉积，毛细血管壁均匀增厚的一种慢性肾小球肾炎。可见于子宫积脓的雌性动物、绵羊的妊娠毒血症、犬的糖尿病和慢性病毒感染等疾病过程中。

眼观，肾脏体积明显增大，颜色苍白。病程后期，肾脏体积缩小和纤维化，表面凹凸不平。

光学显微镜下，肾小球毛细血管壁呈均匀一致的增厚（HE 染色，PAS 和银浸染色效果更好），肾小球的上皮细胞肿胀，近曲小管上皮细胞内有小泡。荧光光学显微镜下，肾小球毛细血管壁上可见钉状突起，是免疫复合物在上皮下沉积的结果。

在基底膜损伤过程中，毛细血管壁通透性增强，引起严重的蛋白尿和肾病综合征。后期，肾小球毛细血管壁增厚，管腔闭塞，可导致严重的肾功能不全。

（4）膜性增生性肾小球肾炎。

膜性增生性肾小球肾炎是以肾小球系膜细胞增生和基底膜增厚为特征的一种慢性肾小球肾炎。

眼观，早期，肾脏体积无明显变化；后期，肾脏体积缩小，表面呈颗粒状。

光学显微镜下，肾小球肥大，呈分叶状，系膜细胞增生，系膜区增宽。荧光光学显微镜下，见有补体的第三成分沿着肾小球毛细血管呈现不连接的荧光颗粒，系膜内也可见荧光团块或环。电子显微镜下可见基底膜不规则增厚，有高度电子致密的物质积聚，导致肾小球毛细血管壁增厚。

（二）间质性肾炎

间质性肾炎是肾间质呈现以单核细胞浸润和结缔组织增生为特征的原发性非化脓性炎症。

1. 病因与机理

该病通常是血源性感染和全身性疫病的一部分。发生的原因一般与感染和中毒有关。感染性因素如马传染性贫血、布鲁氏菌病、大肠杆菌病、牛恶性卡他热、弓形虫病以及钩端螺旋体病等病过程中，其中以大肠杆菌病和其他杂菌上行性感染造成的肾盂肾炎较为常见；中毒性因素如植物毒素、寄生虫毒素及代谢性毒物等病过程中；其他病因还有过敏反应、免疫损伤等。过敏性因素如 β-内酰胺类抗生素、非类固醇抗炎药物、利尿药、磺胺类药物等；免疫损伤如抗基底膜抗体、狼疮性肾炎和干燥综合征等免疫复合物沉积过程中。

经血源性导致肾小管间质开始出现炎症，细胞浸润和成纤维细胞增生压迫肾小管和肾小球，导致肾小管和肾小球萎缩和崩解消失，如果肾单位大量被破坏，患病动物常死于尿毒症。

2. 病理变化

眼观，急性期，肾脏体积稍肿大，被膜紧张，容易剥离，表面平滑，皮质表面和切面皮质部有灰白色或灰黄色点状病灶。亚急性期，病灶为大小不一的灰白色斑块，称为白斑肾。病灶呈现油脂样光泽，有的髓质部也可见。肾脏质地稍硬，被膜增厚，不易剥离。慢性期，结缔组织显著增生，肾脏质地变硬，实质萎缩。随着结缔组织纤维的收缩，肾脏体积缩小，表面呈现凹凸不平的颗粒状，也称为皱缩肾。

光学显微镜下，急性期，肾小管间质内可见淋巴细胞、浆细胞、巨噬细胞及嗜中性粒细胞等炎性细胞浸润，或局灶性聚集，结缔组织不同程度的增生。局部病灶周围有明显的充血、出血。此时，肾小球和肾小管变化不明显。亚急性期，肾小球和肾小管可见不同程度的萎缩。肾小管上皮细胞呈现颗粒变性或脂肪变性。慢性期，肾小球的压迫性萎缩较为明显，可变成透明变性和纤维化。肾小管管腔狭窄，上皮细胞扁平。有的肾小管管腔堵塞，随着病程的发展，逐渐消失。排尿困难，少数肾小管扩张呈大小不等的囊泡状，其他正常的肾小球呈现代偿性肥大。

(三)化脓性肾炎

化脓性肾炎是由化脓性细菌引起肾实质发生的化脓性炎症。

1.病因和机理

引起该类型炎症的细菌有多种，在牛主要是肾棒状杆菌、化脓棒状杆菌；在马主要是马放线杆菌；在猪主要是猪棒状杆菌；在猫主要是大肠杆菌、葡萄球菌、链球菌；在犬主要是金黄色葡萄球菌、变形杆菌、大肠杆菌。在发病过程中，也常出现混合感染。化脓性肾炎常因其他器官的化脓性炎症的细菌团块转移到肾脏导致发病，如化脓性肺炎、创伤性心包炎、蜂窝织炎、化脓性关节炎、化脓性脐炎、化脓性膀胱炎等。

细菌感染的过程，一是化脓菌经血液循环进入肾脏，在肾小球毛细血管丛形成细菌性栓塞，形成化脓灶，向四周扩散，出现以肾小球为中心的化脓灶；二是尿路感染时，化脓性细菌沿输尿管或其周围的淋巴结上行至肾盂，并在肾盂处形成炎症灶、化脓灶，再经肾乳头集合管进入肾实质，发生化脓性肾炎

2.病理变化

眼观，肾脏肿大，被膜容易剥离，表面有粟粒至黄豆大稍隆起的黄色或黄白色圆形化脓灶。化脓灶周围有红色充血、出血的炎症反应带。切面肾髓质内有黄色或灰白色条纹，呈放射状向皮质延伸，条纹融合处多见脓肿。

光学显微镜下，尿路感染引起时，肾盂黏膜血管扩张充血、出血，组织水肿和炎性细胞浸润，以嗜中性粒细胞为主，还有淋巴细胞、炎性渗出和细菌团块。肾小管中充满嗜中性粒细胞，形成白细胞管型；经血液循环感染时，肾皮质常现发生病变，以肾小球及其周围间质尤为明显。之后炎症灶向周围组织蔓延至肾盂。急性经过后，炎性细胞主要是巨噬细胞、淋巴细胞和浆细胞等逐渐出现以纤维结缔组织增生为主的瘢痕组织。

二、肾病

肾病是指肾小管发生以变性和坏死为主而炎症变化不明显的非炎症性肾脏疾病。

(一)病因和机理

引起该病的病因主要是内源性和外源性的高肾毒物。内源性的主要来自体内代谢障碍时，体内某些有毒的代谢产物增多，或某些疾病过程中产生的毒素经肾脏排除时，浓缩、沉积在肾脏，引起肾小管上皮细胞变性、坏死。外源性的毒性物质有铅、砷、汞、铬、铋等重金属毒物，氯仿、四氯化碳、栎树叶及其籽实等有机化合物，新霉素、多黏霉素、磺胺类等抗菌药物。常见肾病的有铅肾病、高钙血症性肾病、淀粉样变性肾病和尿酸肾病。

(二)常见类型

1.铅肾病

铅肾病是指铅在肾小管内蓄积而导致慢性型肾小管性肾病，导致肾小管上皮细胞变性、线粒体肿胀，出现多量细胞核内嗜酸性包涵体。病程较长时，肾小管上皮细胞萎缩，肾小球缺血，小动脉外膜纤维化和皮质内有局灶性瘢痕，后期，肾脏体积缩小，发生萎缩。

铅肾病可导致出现进行性氮质血症、肾性糖尿和氨基尿，尿液中铅、胆汁色素含量增加。慢性铅肾病者独特的尿酸血症，可能是滤过的尿酸盐吸收增多引起。

2. 高钙血症性肾病

高血钙也可引起肾病。如人类原发性副甲状腺功能亢进、肺癌、肾癌、多发性骨髓瘤、变形性骨炎和维生素 D 中毒等可造成慢性的高钙血症,可导致肾小管间质损伤和进行性肾功能不全。

组织学病理变化先出现在远曲小管、亨利氏降袢和集合管,可见局灶性上皮细胞变性、坏死,因上皮坏死导致肾小管堵塞和尿液在肾内滞留,引起钙盐沉淀和病原微生物感染。随后,肾小管萎缩,代偿性扩张,肾间质纤维化、单核细胞浸润和钙盐沉积。肾小球和肾动脉管上也可见有钙盐沉积。

高钙血症性肾病导致多尿症和夜泻症。远曲小管酸中毒和存在大量的钾和钠,最终导致肾小管间质严重损伤和明显的肾功能衰竭。在犬,自发性高血钙性肾病较为常见,常伴发淋巴瘤、恶性肝门周腺瘤和副甲状腺功能亢进等疾病过程中,可导致肾功能衰竭。

在马,采食了含有合成维生素 D 生物活性物质的植物后,诱导发生高血钙症,伴发肾硬化、肾结石。恶性肿瘤和原发性肾功能衰竭可继发高血钙性肾病。

3. 淀粉样变性肾病

淀粉样变性肾病是指以淀粉样变为主的肾脏疾病。

病变肾脏弥漫性肿大,质地硬实而脆,表面呈灰白色,切面呈灰黄色半透明的蜡样、油脂状。光学显微镜下可见淀粉样物质(刚果红染色,呈砖红色)沉积于肾脏之中,肾小球部较为明显。病变初期沉积在肾小球的系膜区,接着毛细血管基底膜弥漫性增厚,管腔变窄、闭锁,甚至肾小球功能衰竭。肾脏的小动脉和系动脉血管壁也见有淀粉样物质。严重的肾小管基底膜和肾间质中也见有淀粉样物质。

4. 尿酸性肾病

尿酸性肾病是在高尿酸血症的过程中发生的肾脏疾病。尿酸是嘌呤类化合物在动物体内分解代谢的产物,正常代谢情况下,尿酸在体内维持动态平衡,当尿酸排泄障碍或生成过多,则导致高尿酸血症。此时,造成尿酸及其盐类在肾脏内沉积,即可引起尿酸性肾病。如在鸡,饲喂高蛋白日粮、钙含量过高和维生素 AD 缺乏的饲料,可引起该病。

一是急性型,大量核蛋白分解,血液中的尿酸短时间内骤增,导致肾小管、集合管、肾盂等处沉积大量的尿酸盐结晶,肾小管内压增高,肾小管滤过率下降,出现急性肾功能衰竭;二是慢性型,也称痛风,肾小管和肾间质中有大量的尿酸和尿酸盐结晶样沉积,以髓质和肾乳头(钠离子浓度较高)处较明显;三是逐渐沉积增多出现尿酸盐结石形成。

5. 低钾血症性肾病

低钾血症性肾病是因长期钾的摄入不足或排出过多,长期缺钾,引起低钾血症,使肾脏的功能和结构发生改变的一种肾脏疾病。钾摄入不足可见于禁食、昏迷、神经性厌食、消化道梗阻等疾病过程中;经胃肠道丢失过多可见于呕吐、腹泻、引流及胃肠瘘管等疾病过程中;经尿液丢失过多可见于大量利尿、肾小管酸中毒及慢性肾脏疾病等疾病过程中。

在血钾过低时,近曲小管上皮细胞的基底部可见大空泡,又称为空泡性肾病。长期严重地缺钾,形成空泡的肾小管上皮细胞进一步崩解、肾小管萎缩和肾间质纤维化,后期可引发肾小球硬化。在低血钾症状纠正后,可逐渐恢复正常。

6. 糖尿病性肾病

糖尿病性肾病是糖尿病时引起肾小球、肾小管、肾血管和肾间质出现损伤的严重并发的肾脏疾病，糖尿病导致肾小管形成硬化。肾脏体积肿大，皮质增厚，颜色苍白。组织病理学观察肾小球发生两种病变表现。一是结节性硬化。在肾小球的系膜区出现圆形或卵圆形的嗜伊红结节，镀银染色可见同心圆样结构，结节周围毛细血管有压迫现象，有的扩张似血管瘤样。一个肾小球中可见一个结节性硬化，也可见有多个。二是弥漫性硬化。肾小球系膜基质弥漫性增多，肾小管基底膜和毛细血管基底膜都弥漫性增厚。近曲小管上皮细胞中有较多的糖原，出现空泡变性，称为糖原性肾病，随着硬化的发展，肾小管可见萎缩、肾间质纤维化和淋巴样细胞浸润。

三、肾功能不全

肾功能不全是肾脏泌尿和重吸收功能严重障碍，不能将代谢产物和有毒物质排除，水分和电解质不能重吸收，内环境平衡紊乱，称为肾功能不全。

（一）急性肾功能不全

急性肾功能不全是指由各种病因引起肾脏泌尿功能在短时间内急剧降低，以致不能维持体液内环境的稳定，从而引起水、电解质和酸碱平衡紊乱及代谢产物聚积体内的一种急性综合征。最明显的表现是少尿或无尿。

1. 病因

按引起急性肾功能不全的发生原因将其分为以下三类。

（1）肾前性因素。

各种病因导致的全身血液循环障碍、水盐代谢障碍和/或神经体液调节机能障碍，引起肾脏血液灌流减少，出现肾脏缺血和肾小球滤过率降低，可造成急性肾功能不全，如严重创伤、失血、脱水、休克、感染等。严重的或持久的肾脏缺血、缺氧，肾小管变性和坏死，病变呈局灶性或片状分布，基底膜常破损。

（2）肾性因素。

各种病因导致肾脏发生器质性病变而引起急性肾功能不全，最常见的有中毒、缺血性损伤引起的急性肾小管坏死，如汞、砷、铅等重金属中毒，四氯化碳、磺胺类药物、庆大霉素、链霉素等化学药物中毒及生物毒素（蛇毒）中毒等。另外，肾脏原发病病变导致的损伤也可导致急性肾功能不全，如急性肾小球肾炎、肾动脉血栓形成及肾脏肿瘤等。

（3）肾后性因素。

各种病因导致尿路急性梗阻而引起急性肾功能不全，如双侧尿路结石、血凝块、磺胺类药物结晶、尿酸盐结晶堵塞尿路，或者输尿管受附近肿瘤、妊娠子宫的压迫等引起尿路急性梗阻。

2. 机理

（1）急性肾小管坏死。

急性肾小管坏死脱落的上皮细胞所形成的管型阻塞肾小管管腔。广泛性阻塞后，近侧肾小管扩张，内压升高，导致肾小球有效滤过压降低，滤过率减少。药物析出及肾小管上皮水肿压迫等情况，也可引起肾小管阻塞，加重肾功能不全。

急性肾小管上皮细胞广泛性坏死和基底膜断裂，引起肾小管内液反漏，原尿经损伤的肾小管反漏入间质。反流的原尿，还可进入邻近的血管。血管外的原尿在间质中聚积，引起间质水肿，间质内压力升高，压迫肾小管及其周围的毛细血管，阻碍原尿通过肾小管。肾小管滤过率进一步降低，对肾脏的损害也加重。

（2）持续性肾缺血。

肾功能不全时，肾血管持续性收缩，肾血流量下降，肾小球滤过率降低，引起交感肾上腺髓质系统兴奋，肾上腺分泌增加，肾脏皮质部血管痉挛性收缩。肾脏血液循环短路和重新分布，因肾脏血液灌流不足而导致急性肾功能不全。

左心房与肺静脉交接处有 A、B 两种压力感受器，当左心房和肺静脉压力降低时，A 压力感受器受到刺激，冲动沿迷走神经传入增加，肾交感神经兴奋。反之肾交感神经活动受抑制。

当动脉血压降低或血液循环血量减少，肾脏血压降低及血流量减少，刺激入球动脉的压力感受器和球旁器的致密斑载体，引起球旁细胞释放肾素。肾素分解血浆中的血管紧张素原，生成血管紧张素，引起血管收缩。

流经肾近曲小管的血流减少，重吸收机能受损，对钠离子和氯离子的重吸收减少。反之远曲小管尿液中的钠离子和氯离子浓度增高，激活致密斑载体，引起球旁细胞释放肾素，经肾素—血管紧张素，引起入球小动脉痉挛性收缩，肾小球的滤过过程停止，称为肾小管—肾小球反馈调节。氯离子是激活致密斑的物质。

3. 结局和对机体的影响

肾功能不全的少尿或无尿到多尿期，该过程一般为两周左右。随着血液循环的改善，肾小球的滤过机能逐渐恢复，潴留在肾小球的水和电解质逐渐排泄，毒性物质也随着排出，受损的肾小管逐渐得到修复。此时，尿量逐渐增多，尿的比重偏低。氮质血症、尿毒症引起的症状和病理变化并不明显减轻。因排出大量电解质，可突发低钾血症，出现呼吸困难、心力衰竭。

随着新生的肾小管上皮细胞逐渐恢复重吸收和分泌能力，血中非蛋白氮及其他代谢产物可随尿液排出，毒性物质含量下降、水和电解质失调逐渐得到纠正，尿液逐渐减少，直至接近正常。

（1）尿液成分的变化。

①蛋白尿。尿液中出现蛋白质。肾功能不全时，肾小球滤过膜通透性增加，导致蛋白质滤出增多。加之，肾小管不能吸收大分子蛋白质，或肾小管损伤后对蛋白质重吸收能力下降或丧失，因而产生蛋白尿。

②血红蛋白尿。尿中出现游离的血红蛋白。伴有溶血反应的肾功能不全时，由于大量的血管内溶血，血液中游离血红蛋白显著增多，经肾小球滤出，故呈现血红蛋白尿。

③肌红蛋白尿。尿中出现肌红蛋白。由于肌肉损伤（如创伤、中毒和感染），可见到肌红蛋白随尿排出，呈现肌红蛋白尿。

④管型尿。尿液中出现圆柱状管型样物质。肾功能不全时，尿液中的某些成分（蛋白质、脱落的肾小管上皮细胞、红细胞、白细胞、血红蛋白、肌红蛋白等）经酸化（氢离子浓度升高）、水分被吸收浓缩后，在远曲小管和集合小管内沉淀、凝固，形成与肾小管形状相适应的管型，随尿液流出，出现管型尿。

（2）少尿或无尿。

肾功能不全时，持续性肾血管痉挛或肾脏缺血、肾小球滤过率降低、肾间质水肿、肾小管阻塞等，可导致尿量减少。

（3）电解质紊乱。

①高钾低钠血症。高钾血症主要是由于钾从肾脏排出减少及体内细胞破坏崩解（如肾小管上皮细胞崩解、溶血等）释放钾离子增多所致。血钾过高可引起心肌中毒、心律失常、心室颤动，甚至心脏停搏。低钠血症主要是由于水潴留导致钠离子浓度降低或使钠离子随水肿液进入组织间隙所致。此时体内总钠量不减少，仅是血浆钠浓度降低。低钠血症一般无临床症状，严重的低血钠症可引起脑细胞水肿，出现全身无力、嗜睡，甚至出现惊厥、昏迷等神经症状。

②高磷低钙血症。高磷血症是因肾脏排出磷减少引起。由于血磷不能从肾脏排出，而由肠道随粪便排出，排出过程中形成难溶的磷酸钙，从而妨碍钙离子在肠道中的吸收，导致低钙血症。低钙血症可引起患病动物抽搐（神经、肌肉的兴奋性升高），并可加重高血钾对心肌的毒性作用。

③高镁血症。高镁血症是镁的排出减少以及从细胞内释放增多引起。血清镁升高可抑制中枢神经和心肌的功能。

（4）代谢性酸中毒。

急性肾功能不全时，由于尿液生成减少，酸性代谢产物（如硫酸盐、磷酸盐及有机酸等）不能及时排除，同时体内分解代谢增强，可导致酸性代谢产物增多。肾小管变性、坏死，分泌 H^+ 和 NH_3 以及重吸收 $NaHCO_3$ 减少，因而造成代谢性酸中毒。

（5）氮质血症。

血液中残余氮（非蛋白氮）含量增多，称为氮质血症。急性肾功能不全时，肾小球滤过功能障碍，蛋白质分解产生的含氮代谢产物（尿素、尿酸、肌酐、氨基酸、氨等）随尿排除受阻，导致血液中非蛋白氮含量增多，出现氮质血症。另外，严重的创伤、休克、感染等情况下，由于组织严重损伤和分解，以及蛋白质分解代谢旺盛，非蛋白氮产生增多，而肾脏的排除功能障碍，则更易出现氮质血症。

（6）肾性水肿。

在急性肾功能不全时，特别是肾前性病因引起的肾小球滤过率降低，而肾小管仍有回收钠的功能时，常导致水、钠在体内潴留而发生水肿。肾功能不全在少尿时期，如补液过多，心脏负担过重，也会加重肾性水肿。由于水潴留体内，细胞外液渗透压降低，导致细胞水肿，动物机体表现为全身软组织水肿、稀释性低血钠症。严重时可引起肺水肿、脑水肿和心功能不全。

（7）尿毒症。

尿毒症是指急性或慢性肾功能不全发展到严重阶段（即肾功能衰竭）时，由于代谢产物蓄积以及水、电解质和酸碱平衡紊乱以致内分泌功能失调，引起机体出现自体中毒的综合征候群。此时，尿液中非蛋白氮明显增多，称为真性尿毒症；尿液中非蛋白氮不增多，称为假性尿毒症。

①病因和机理。胍类物质是体内蛋白质分解产生的一类化合物，包括甲基胍、胍乙酸和胍基琥珀酸等。甲基胍能抑制乳酸脱氢酶、ATP 酶活性、从而抑制氧化磷酸化，导致出现抽搐等神经症状；胍乙酸还可生成胍基琥珀酸，胍乙酸可抑制脒基转移酶，胍基琥珀酸可抑制血小板黏着和淋巴细胞转化的作用。

肾功能不全时，肝脏解毒机能降低，来自肠道的酚、酪胺、苯乙二胺等化合物在血液中蓄积而引起中毒。

多数尿毒症的动物，血液中尿素含量升高。经吸收入血的尿素，在肠道内细菌尿激酶的作用下，可分解成氨和碳酸铵、氨基甲酸铵等铵盐，氨则可导致神经系统中毒症状。其代谢产物氰酸盐可与蛋白质作用后产生氨基甲酰衍生物，在血液中可抑制酶活性，从而导致中毒过程。

出现尿毒症后，可导致酸性代谢产物排出障碍而发生酸中毒过程，并引起呼吸、心脏活动障碍，甚至出现昏迷症状。

②对机体的影响。肾功能不全可引起的水、电解质代谢和酸碱平衡障碍以及氮质血症，从而引起机体自体中毒导致其他器官系统的机能障碍。

出现尿毒症性肺炎时，患病动物可出现呼吸加深加快，严重时可出现周期性呼吸。

因氨对肠道刺激，引起小肠后段和结肠前段发生浮膜性炎，患病动物可出现食欲降低、呕吐和腹泻。

尿素随汗液排出时，刺激皮肤感受器，皮肤可出现瘙痒。

出现严重尿毒症时，心脏可出现纤维素性心包炎。

出现尿毒症时，脑组织明显充血、水肿，伴有小点状出血，引起神经细胞变性。患病动物可出现神经症状，如精神沉郁、昏迷或抽搐等。

(二)慢性肾功能不全

慢性肾功能不全是指各种慢性肾脏疾病使肾功能恶化，引起代谢产物及有毒物质在体内潴留，肾脏排泄分泌和调节机能减退，引起水和电解质代谢紊乱、肾实质发生病变的一种慢性综合征。

1. 病因和机理

引起慢性肾功能不全最常见的原因主要是慢性肾小球性肾炎、慢性肾盂肾炎、多囊肾、慢性尿路阻塞、肾硬化及尿道结石等，也可继发于急性肾功能不全，但都比较少见。

一般认为，在慢性肾炎过程中，一部分受损的肾单位完全丧失了功能，另一部分未受损的肾单位仍能进行代偿功能。随着受损的肾单位逐渐增多，肾脏的代偿机能逐渐减弱，肾脏出现失代偿过程，逐步发展为慢性肾功能不全。受损的肾单位和未受损的肾单位比例多少，对慢性肾功能不全发展过程起决定性作用。

2. 对机体的影响

(1)尿量的变化。

多尿是慢性肾功能不全的主要临床特征。此时肾小管扩张，重吸收机能减弱，尿量增加；肾单位受损过多时，还可发生少尿。

(2)尿质的变化。

由于肾小球毛细血管壁通透性增强和肾小管对蛋白质的重吸收能力下降，故出现蛋白尿，甚至出现血尿和管型尿。

(3)肾性脱水。

慢性肾功能不全时，由于肾小管对水、钠的重吸收能力降低，出现多尿现象，并伴有脱水倾向。如果补液不及时，容易引起肾性脱水。

(4)电解质代谢紊乱。

因多尿的病理过程，钠离子、钾离子通过尿液排出增多，产生低钠血症、低钾血症。

发病初期，钙离子和磷离子血液中含量变化不明显，后期因少尿、无尿和磷排出受阻，可出现高磷血症，加之肠道对钙离子吸收减少，导致低钙血症。同时，也出现低钠高钾血症。

（5）代谢性酸中毒。

慢性肾功能不全时，发病初期，不会出现明显的酸碱平衡紊乱，病程后期，因肾单位受损过多，滤过机能降低，排酸保碱机能减退，可出现代谢性酸中毒。

（6）氮质血症。

慢性肾功能不全的初期，无明显变化，后期，因代谢产物不能充分经肾排出，血液中非蛋白氮含量升高，可出现氮质血症。

项目 5　生殖系统病理

●●●● 任务资讯单

学习情境 5	常见动物疾病病理变化
项目 5	生殖系统病理
资讯方式	教材、教学平台资源、在线开放课资源、网络资源等。
资讯问题	1. 常见动物生殖系统疾病发生的病因有哪些？ 2. 常见动物生殖系统疾病发生的机理是什么？ 3. 常见动物生殖系统疾病发生的病理变化有哪些？
资讯引导	1. 陆桂平 . 动物病理 . 北京：中国农业出版社，2001 2. 于洋等 . 动物病理 . 北京：中国农业大学出版社，2011 3. 张鸿等 . 宠物病理 . 北京：中国农业出版社，2016 4. 姜八一 . 动物病理 . 北京：中国农业出版社，2019 5. 於敏等 . 动物病理 . 北京：中国农业出版社，2019 6. 於敏等 . 动物病理 . 北京：中国农业出版社，2022 7. 中国知网

●●●● 案例单

学习情境 5	常见动物疾病病理变化		学时	14
项目 5	生殖系统病理			
序号	案例内容		案例分析	
1.1	一奶牛，乳汁中出现凝块，乳汁酸臭，乳腺发热、肿胀。根据病例，分析该病理过程的病因和机理。		案例中的发病牛，根据其乳汁中出现凝块，乳汁酸臭，乳腺发热、肿胀，可考虑病理变化出现在生殖系统，据此可进一步学习常见动物疾病病理变化。	

●●●●● 工作任务单

学习情境 5	常见动物疾病病理变化
项目 5	生殖系统病理

【任务】总结生殖系统病理变化

根据教师提供的病例图片及视频，完成以下工作。

(1)根据教师给出的子宫内膜炎病例资料，描述其病理变化特点、病因和机理。

(2)根据教师给出的乳腺炎病例资料，描述其病理变化特点、病因和机理。

(3)根据教师给出的睾丸炎病例资料，描述其病理变化特点、病因和机理。

(4)根据教师给出的附睾炎病例资料，描述其病理变化特点、病因和机理。

请师生根据自己的学习工作实际情况自由选择案例进行解答。

必 备 知 识

【必备的专业知识和技能】

常见生殖系统疾病病理

一、子宫内膜炎

子宫内膜炎是指子宫黏膜或内膜的炎症。它是母畜常发的疾病之一，尤其乳牛较多见，也是最常见的一种子宫的炎症。

(一)病因和机理

细菌感染是引起子宫内膜炎主要原因。常见的细菌有链球菌、葡萄球菌、化脓性棒状杆菌、大肠杆菌、坏死杆菌及恶性水肿杆菌等。另外，胎儿弯杆菌、坏死杆菌、恶性水肿杆菌、结核杆菌和布鲁氏菌等也可引起子宫内膜炎。对于非妊娠动物，通常是由精液或者细菌感染所致。

疱疹病毒感染也会引起牛的子宫内膜炎。妊娠期动物微生物感染导致胎盘炎和胎儿感染。妊娠失败同样可引起子宫内膜的炎症。

产后子宫内膜炎是指正常的妊娠期和分娩结束后引起的炎症，不正常的分娩过程或子宫复原不良可导致子宫内膜炎。另外，产后排出的恶露又有适宜细菌繁殖的主要营养物质，也易导致子宫内膜炎。

病原菌侵入子宫的途径可分上行性感染(阴道感染)和下行性感染(血源性或淋巴源性感染)两种，其中以上行性感染较常见。其发病机理是，分娩时，胎儿产出或胎盘剥离易导致子宫黏膜受损，同时子宫内还可能滞留胎盘、胎膜碎片和血液凝块。尤其是产道开张或胎衣停滞，细菌更加容易感染和繁殖，从而引起子宫内膜炎。下行性感染是当机体某些器官、组织存在败血性病灶(如腹腔内败血性病灶)时，可经血液和淋巴液蔓延到子宫，引起子宫内膜炎。此外，母畜分娩时，机体抵抗力降低，不仅容易发生外源性感染，而且子宫或阴道内的常在细菌有机会进入机体迅速繁殖，毒性增强，导致自体感染而引起子宫内膜炎。

(二)病理变化

1.急性卡他性子宫内膜炎

眼观，子宫黏膜通常无明显变化。严重的病例子宫肿大、松软。子宫内有多量炎性渗出物，黏膜潮红肿胀，呈皱褶状，表面被覆污红色的浆液—黏液性渗出物，尤其是在子宫及其周围充血与出血更为严重。较为严重的病例,黏膜表面粗糙、混浊和坏死,并有坏死组织碎片覆盖,碎片可脱落而游离于子宫内。当发生纤维蛋白性子宫内膜炎时,可见多量纤维蛋白性渗出物在黏膜表面形成一层糠麸样坏死组织碎片,严重时可见到糜烂或溃疡灶。

光学显微镜下,可见黏膜上皮变性、坏死和脱落。毛细血管和小动脉显著扩张、充血、出血和微血栓形成,同时见大量嗜中性粒细胞、巨噬细胞及淋巴细胞等炎性细胞广泛浸润。黏膜上皮和部分浅层子宫腺管上皮发生变性、坏死和脱落,黏膜表面被覆大量含有脱落上皮及白细胞的黏液。病变严重时,白细胞浸润和水肿可侵及子宫壁深层。纤维蛋白性子宫内膜炎时,可见多量纤维蛋白性渗出物凝集,内含有白细胞、红细胞与坏死脱落的黏膜上皮细胞等,坏死灶内见大量炎性细胞浸润,肌层肌纤维变性。急性化脓性子宫内膜炎时,初期可见黏膜层有大量中性粒细胞和浆细胞浸润,随后浸润的细胞与黏膜组织呈现变性、坏死、溶解以致脱落。黏膜固有层见浆细胞、中性粒细胞和淋巴细胞等炎性细胞显著浸润,子宫腺有不同程度萎缩。

2. 慢性子宫内膜炎

(1)慢性卡他性子宫内膜炎。

初期,黏膜显著充血、水肿。之后出现浆细胞和淋巴细胞大量浸润、成纤维细胞增生等变化,浆细胞多密集于黏膜浅层、子宫腺管及其周围,造成子宫黏膜肥厚。由于黏膜内细胞浸润、腺体和腺管间的纤维结缔组织增生不均匀,变化显著的部位则向腔内呈息肉状隆起,形成所谓慢性息肉状子宫内膜炎。随着炎症的发展,黏膜表层增生,由于纤维性结缔组织大量增生使子宫腺受压以致堵塞,分泌物蓄积在部分腺腔内,构成大小不等的囊腔,内含无色或混浊的液体,此称为慢性囊性子宫内膜炎。有的病例黏膜层结缔组织呈弥漫性增生,使黏膜均匀地增厚。继而因结缔组织收缩和腺体萎缩,使子宫内黏膜变薄,此称为慢性萎缩性子宫内膜炎。

(2)慢性化脓性子宫内膜炎(子宫积脓)。

慢性化脓性子宫内膜炎常继发于子宫内膜炎或者子宫炎,以子宫扩张和子宫内脓汁蓄积为主要特点。慢性化脓性子宫内膜炎常见于猪和牛,常发生于分娩和流产后,因胎儿或胎膜滞留时感染化脓菌所致。

由于子宫腔内蓄积大量脓液,以致子宫腔显著扩张、子宫体积明显增大,触摸时有波动感。子宫腔内有大量脓液流出,脓液的颜色依感染化脓菌的种类不同而不同。感染大肠杆菌时,脓液为棕色浓稠状;感染葡萄球菌时,脓液呈米黄色;有的可呈黄白色、黄绿色,脓液有时混浊浓稠,有时则稀薄如水,有时则似干酪状。子宫内膜面可见有坏死灶、溃疡灶和出血灶,并可见干燥白色增厚的变化或细小囊状区域,黏膜面粗糙不平、污秽无光,常呈糠麸样变化。组织病理学观察可见黏膜内有大量嗜中性粒细胞、淋巴细胞和浆细胞浸润。残存的子宫腺腺腔显著扩张,其内充满中性粒细胞和坏死组织碎片。上述干燥白色增厚的区域为增生或鳞状化生变化,囊状区域是囊状的黏膜增生所致。

二、乳腺炎

乳腺炎指母畜乳腺(乳房)的炎症,又称为乳房炎。各种哺乳动物均可发生,其中以乳牛和奶山羊最常发生。

(一)病因和机理

大多数乳腺炎由细菌感染所致,主要有葡萄球菌、链球菌、大肠杆菌、沙门氏菌、化脓性棒状杆菌、绿脓杆菌、坏死杆菌、牛放线菌、克雷伯氏菌、多杀性巴氏杆菌、蜡样芽孢杆菌、布鲁氏菌、结核分枝杆菌、林氏放线菌和星形诺卡氏菌等，其中以金黄色葡萄球菌、无乳链球菌、停乳链球菌和乳房炎链球菌最为重要。乳腺炎有时为混合感染。

病原微生物的来源如下。一类是乳腺处的内源性微生物，如无乳链球菌、金黄色葡萄球菌和支原体；另一类是来源于外环境排泄物、土壤、水或垫料中的外源性微生物，如大肠杆菌。内源性或外源性菌群有乳酸链球菌和停乳链球菌。对于内源性微生物感染途径为牛群之间的相互传播，而外源性微生物主要是通过乳头末端感染。奶牛为期 60 天干奶期的第 1 周和后 2 周较易感染环境中的病原微生物，此时奶牛发生乳腺炎的概率最高。

病原体可通过三个途径引起乳腺炎。一是通过乳头孔、输乳管进入乳腺，这是主要的感染途径。二是经血液循环运行至乳腺。结核性和布鲁氏菌乳房炎是经血液循环感染，其他病原微生物侵入的门户为乳头孔和乳头管。三是机械性和物理性因素（如挤奶方法和技术不当）所致的乳头创伤，某些毒性物质的作用也可引起乳腺炎。不按时挤奶、产后无仔畜吸乳或断奶后喂给大量多汁饲料以致乳汁分泌过于旺盛时，可使乳汁在乳腺内积滞、发生酸败等，均可使细菌在乳腺内生长繁殖引起乳腺炎。

（二）病理变化

1. 急性弥漫性乳腺炎

急性弥漫性乳腺炎多由葡萄球菌、大肠杆菌感染或由链球菌、葡萄球菌和大肠杆菌混合感染所引起。此类乳腺炎的发生无固定的单一特异病菌，发病后易于波及乳房的大部分乳腺，所以也称为非特异性弥漫性乳腺炎。

眼观，乳腺肿大、坚实、易于切开。切面可见多量炎性渗出物。如浆液性乳腺炎可见乳腺湿润有光泽、颜色稍苍白，乳腺小叶呈灰黄色；卡他性乳腺炎时乳腺切面稍干燥、呈淡黄色颗粒状，压之有混浊的液体流出；出血性乳腺炎乳腺切面光滑、暗红；纤维素性乳腺炎乳腺硬实、切面干燥、呈白色或黄白色；化脓性乳腺炎可见乳池和输乳管内有灰白色脓液，黏膜糜烂或溃疡。此外，多数乳腺炎时乳腺淋巴结常肿大，切面呈灰白色髓样肿胀。

光学显微镜下，急性弥漫性乳腺炎可见腺泡上皮细胞发生颗粒变性或脂肪变性，不同程度的坏死脱落，嗜中性粒细胞、单核细胞及淋巴细胞等炎性细胞广泛浸润。浆液性乳腺炎时，可见乳腺小叶和间质明显充血、水肿。卡他性乳腺炎时，可见腺泡内有大量的白细胞浸润和脱落的腺泡上皮，间质明显水肿。出血性乳腺炎时，可见腺泡内有多量红细胞蓄积，乳腺间质充血和微血栓形成。纤维素性乳腺炎时，腺泡内有较多的纤维素渗出，并见少量中性粒细胞和大单核细胞浸润。化脓性乳腺炎时，可见腺泡内的渗出物中有大量坏死崩解的组织碎片和脓细胞，间质内见大量中性粒细胞浸润。

2. 慢性乳腺炎

慢性乳腺炎是由无乳链球菌和乳腺炎链球菌引起的一种链球菌性乳腺炎，也可由急性乳腺炎转化而来。慢性乳腺炎常呈慢性经过，乳用母牛较多见。病变特征是乳腺实质萎缩，间质结缔组织增生。

眼观，初期病变以卡他性或化脓性炎症为特征。病变乳叶肿大、硬实，容易切开，切面呈白色或灰白色。乳池和输乳管扩张，其内充满黄褐色或黄绿色的脓样液体，或混有血液和乳凝块的黏稠物，挤压流出多量混浊的液体。乳池和输乳管黏膜充血，呈颗粒状结构。

随后，病变由初期的卡他性化脓性炎症逐渐发展为慢性增生性炎症，即表现为间质内结缔组织显著增生、乳腺组织逐渐减少。继而因结缔组织纤维化收缩，使病变部乳腺萎缩和硬化，乳腺淋巴结显著肿胀。

光学显微镜下，乳腺腺泡缩小，腺泡腔内的炎性渗出物中混有多量中性粒细胞和脱落上皮。随后输乳管周围可见淋巴细胞和浆细胞显著浸润，结缔组织增生，乳腺组织萎缩，甚至可见腺上皮化生现象。

3. 慢性化脓性乳腺炎

当化脓性细菌如金黄色葡萄球菌和链球菌不能诱发急性坏疽、血管病变或全身病症时，就可能发生慢性化脓性乳腺炎。化脓隐秘杆菌、牛支原体、停乳链球菌及各种好氧和厌氧微生物是主要病原体。诺卡氏菌乳腺炎也可包含在内。这些病原微生物尤其是化脓隐秘杆菌引发的感染，会造成非哺乳期或干奶期乳牛长期用药。对于干奶期乳牛，若病情发生在夏季，则称为"夏季乳腺炎"。这时细菌培养可发现有隐秘杆菌、链球菌属、类杆菌属、消化链球菌属和梭菌属的细菌。这些细菌属于环境性病原微生物。干奶期乳牛不常监视，所以通常形成典型的慢性乳腺炎。

病变可见有些乳房腺泡内有大量的分泌物，有时乳房腺泡发生纤维化。化脓隐秘杆菌引起的乳腺炎在哺乳期、非哺乳期甚至是幼龄奶牛乳腺中出现乳导管脓肿。从肉眼到镜检都可以观察到脓肿的结构。脓肿可能从乳头基部形成瘘管。脓肿壁的纤维化会导致小的乳导管减少、卷绕和实质纤维化而无法排乳。

4. 支原体性乳腺炎

由支原体引起的奶牛乳腺炎，呈个体散发或群体暴发。多种支原体都能引起牛的乳腺炎，但牛支原体是最常见的致病原因。牛支原体引发的乳腺炎能感染一个或所有乳房。血液传播和乳头创伤感染是乳腺感染支原体的主要途径。

受感染的 1/4 部分最初呈扩大、硬实淡棕色的、含有一个结节的软组织。结节可扩大形成直径为 10cm 左右的脓疮。在感染早期，可在小叶间质和腺泡中发现大量的嗜中性粒细胞浸润。若为慢性经过，炎性细胞中还可见淋巴细胞和巨噬细胞。腺泡上皮在形成空泡和变性后会出现增生，然后化生为相对未分化的多层的上皮组织。乳导管上皮可因感染化脓发生点状溃疡，这些溃疡灶可被肉芽组织替代。小叶间质和周围的乳导管有淋巴细胞浸润。在后期，发生间质纤维化和小叶萎缩。

5. 肉芽肿性乳腺炎

奶牛肉芽肿性乳腺炎可由经乳头注射防治药物时感染星形诺卡氏菌、新型隐球菌、非典型性分枝杆菌（不同于牛型结核菌）或念珠菌时引起。这些传染性病原体可导致动物体自发的乳房疾病。诺卡氏菌乳腺炎会在牛群中出现暴发性感染。严重感染的奶牛可出现持续数周的发热。由于感染引发体内全身性细胞因子的释放，病牛变得嗜睡且体重减轻。

乳腺发热、膨胀并可能出现多发性脓肿或肉芽肿。分泌液中可能会发现小的白色微粒。因为乳管炎症状突出，所以乳腺的损害主要集中在乳突导管和乳池。由于感染呈慢性并上行，所以小叶的感染程度不同。组织学病变主要为肉芽组织或脓性肉芽组织，通常被纤维化组织包围，导致乳腺被纤维化组织所替代，出现大量炎性细胞浸润和中心坏死的组织碎片。患隐球菌乳腺炎时，乳房的典型病变是出现黄色凝胶状物质，这种病变在身体的其他部位也可以见到。

三、睾丸炎

睾丸炎是指发生于睾丸的炎症。

（一）病因

原发性的睾丸炎通常是血源性的，包括公牛的流产布鲁氏菌病、公羊的假结核棒状杆菌病和公猪的布鲁氏菌病。

（二）病理变化

1. 小管内睾丸炎

小管内睾丸炎主要发生在曲精细管内，被认为是睾丸炎症反应的开始。起初受感染的曲精细管内可见有急性炎症碎片，管壁的内层结构被破坏，但曲精细管的轮廓依然存在。炎灶由单个曲精细管逐渐扩大，当达到 1cm 大小的黄色病灶时，开始转变为质地坚实的白色病灶，即开始转为慢性炎症。精子肉芽肿也时常伴随发生。在肉芽肿中心区的巨噬细胞和组织中有游离的精子，巨噬细胞和淋巴细胞环绕精子，随时间推移病灶边缘可见胶原纤维沉积。当主要病变发生于间质时，即为间质性睾丸炎。此时可见大量结缔组织增生，精子聚集的周围有肉芽肿性炎，破损的曲精细管内可见钙盐沉积，炎灶周围的间质中有淋巴细胞和浆细胞浸润。

2. 坏死性睾丸炎

坏死性睾丸炎主要由流产布鲁氏菌和猪布鲁氏菌引起，它是睾丸炎最严重的一种形式。坏死性睾丸炎是小管内或间质性睾丸炎更为严重的表现形式，在某些病例中受侵袭的部位呈现严重的炎症反应，固有的结构呈干酪样坏死。灰褐色病灶起初柔软，后期变坚实，大部分睾丸实质被不规则的坏死灶替代。少数极为严重的病例可形成阴囊瘘。猫患传染性腹膜炎时主要病变之一可表现为睾丸的纤维化和坏死。

3. 肉芽肿性睾丸炎

肉芽肿性睾丸炎尤其是结核性睾丸炎在已经根除了牛分枝杆菌的国家已不多见，但在我国还时有发生。

急性睾丸炎时，睾丸肿胀，被膜紧张、发红，质地变硬、切面湿润，实质明显隆起，炎症常波及被膜，引起睾丸鞘膜炎。当大量渗出物压迫引起局部血液循环障碍时，睾丸实质发生广泛凝固性坏死。光学显微镜下可见曲精小管内及间质中有中性粒细胞、淋巴细胞和浆细胞浸润，毛细血管充血、炎性水肿，可见组织坏死。

慢性睾丸炎多继发于急性炎症，以局灶性或弥漫性肉芽组织增生为特征。睾丸体积小、质地坚硬、表面粗糙、被膜增厚、切面干燥，常见有钙盐沉着。

四、附睾炎

附睾炎经常与其他副性腺炎症同时发生，在大部分动物中比睾丸炎常见。

（一）病因

睾丸炎通常伴有附睾炎，并可能是附睾炎的延伸。散发性附睾炎可由泌尿生殖道感染引起，但常发生于布鲁氏菌病、放线菌病、结核病和犬瘟热等疾病。

（二）病理变化

眼观，急性附睾炎附睾肿胀、发热，尤其单侧性附睾炎两侧不对称更加明显。大约 90% 的附睾病变发生在附睾尾部，附睾内有一个或几个囊肿，囊内含有黄白色液体，睾丸一般正常。慢性附睾炎其附睾尾可能肿大 4～5 倍，质地变硬，白膜有纤维素性渗出物附着，鞘膜腔内含有大量浆液，炎症后期白膜与鞘膜之间一处或多处黏连，睾丸萎缩。

光学显微镜下，附睾炎早期在附睾尾部血管周围发生水肿和淋巴细胞浸润，随后渗出物中出现中性粒细胞、巨噬细胞和可能已吞噬精子的多核巨细胞。附睾小管扩张，甚至形成囊肿，间质内结缔组织增生，由于纤维化和小管上皮增生，使管腔闭塞，引起内容物停滞。由于中性粒细胞浸润或邻近阻塞处的小管萎缩与破裂，使上皮崩解，附睾管破裂，精子外渗。大多数外渗发生在附睾尾闭塞部附近，少数精子外渗发生在附睾头和附睾体。外渗的精子可引起精子肉芽肿，或者精子进入鞘膜腔引起严重的炎症，进而发生黏连。患这种类型的附睾炎，没有原发性睾丸炎，睾丸的变化是继发于曲精小管内精子停滞，常引起钙化，组织学上可以见到大小不等的精子肉芽肿、纤维化或小囊肿。

项目6　免疫系统病理

●●●●● 任务资讯单

学习情境5	常见动物疾病病理变化
项目6	免疫系统病理
资讯方式	教材、教学平台资源、在线开放课资源、网络资源等。
资讯问题	1. 常见动物免疫系统疾病发生的病因有哪些？ 2. 常见动物免疫系统疾病发生的机理是什么？ 3. 常见动物免疫系统疾病发生的病理变化有哪些？
资讯引导	1. 陆桂平 . 动物病理 . 北京：中国农业出版社，2001 2. 于洋等 . 动物病理 . 北京：中国农业大学出版社，2011 3. 张鸿等 . 宠物病理 . 北京：中国农业出版社，2016 4. 姜八一 . 动物病理 . 北京：中国农业出版社，2019 5. 於敏等 . 动物病理 . 北京：中国农业出版社，2019 6. 於敏等 . 动物病理 . 北京：中国农业出版社，2022 7. 中国知网

●●●●● 案例单

学习情境5	常见动物疾病病理变化		学时	14
项目6	免疫系统病理			
序号	案例内容		案例分析	
1.1	一病死猪，剖检后疑似猪瘟，淋巴结出血，切面呈大理石样花纹，脾脏边缘有出血性梗死。根据病例，分析该病理过程的病因。		案例中的病死猪，根据其尸体病理剖检，淋巴结出血，切面呈大理石样花纹，脾脏边缘有出血性梗死，据此可进一步学习常见动物疾病病理变化。	

●●●●● 工作任务单

学习情境 5	常见动物疾病病理变化
项目 6	免疫系统病理

【任务】总结免疫系统病理变化

根据教师提供的病例图片及视频，完成以下工作。

(1)根据教师给出的脾炎病例资料，描述其病理变化特点、病因和机理。

(2)根据教师给出的淋巴结炎病例资料，描述其病理变化特点、病因和机理。

(3)根据教师给出的法氏囊炎病例资料，描述其病理变化特点、病因和机理。

(4)根据教师给出的扁桃体及黏膜相关淋巴组织常见病例资料，描述其病理变化特点、病因和机理。

请师生根据自己的学习工作实际情况自由选择案例进行解答。

必 备 知 识

【必备的专业知识和技能】

常见免疫系统疾病病理

一、脾炎

脾脏的炎症称为脾炎。脾炎是脾脏最常见的一种病理过程，主要伴发于各种传染病、血液原虫病等急性过程中。

(一)急性脾炎

急性脾炎是指伴有脾脏明显肿大的急性脾脏炎症。

1. 病因

炭疽、急性猪丹毒、急性副伤寒、急性马传染性贫血等急性败血性传染病过程中的脾脏会出现炎症，常称为败血脾。也可见于急性经过的血液原虫病，如牛泰勒虫病、马梨形虫病等血液原虫病急性过程中，也会伴发急性脾炎。

2. 病理变化

眼观，脾脏体积增大，一般比正常大 2～3 倍、有的甚至增大 5～10 倍，被膜紧张，边缘钝圆。切面隆起、流出血样液体、混有血液，有的明显肿大时犹如血肿样，呈暗红色或黑红色。白髓和脾小梁结构不清，脾髓质软，用刀轻刮切面，可刮下大量富含血液的软化的脾髓。

光学显微镜下，脾髓内充血、淤血，可见大量红细胞。脾实质细胞弥漫性坏死、崩解，淋巴细胞、网状细胞明显减少，中央动脉周围可见少量淋巴细胞；红髓中的固有的细胞成分也大为减少；在充血的脾髓中还可见病原菌和散在的炎性坏死灶(由渗出的浆液、中性粒细胞和坏死崩解的脾实质细胞混杂组成，大小不一，形状不规则)。

3. 结局

急性脾炎在病因消除后，炎症可逐渐消散。这时，脾脏因实质细胞减少而皱缩，切面干燥呈褐红色；之后淋巴组织再生和支持组织的修复，一般可完全恢复正常结构和功能。有的病例可因机体修复能力降低而引发脾萎缩，此时，脾脏体积缩小，质地变软，被膜和脾小梁因结缔组织增生而增厚变粗。

(二)坏死性脾炎

坏死性脾炎是指脾脏实质坏死明显而体积不肿大或轻度肿大的急性脾脏炎症。

1. 病因

巴氏杆菌病、弓形虫病、猪瘟、鸡新城疫和鸡传染性法氏囊病等急性传染病过程中，脾脏会出现坏死性炎症。

2. 病理变化

眼观，脾脏体积不肿大或轻度肿大，在表面或切面可见针尖大至粟粒大坏死灶，其他部分外形、颜色、质度与正常脾无明显差别。猪瘟时可在脾脏的边缘见有出血性梗死灶。

光学显微镜下，脾脏实质细胞坏死较为明显。白髓和红髓均可见散在的坏死灶，其中多数淋巴细胞和网状细胞已坏死，胞核溶解或破碎，细胞肿胀、崩解。少数细胞还可见淡染而肿胀的胞核。坏死灶内见浆液渗出和中性粒细胞浸润，有些粒细胞也发生核破碎。脾脏含血量不增多，故脾脏肿大不明显。

3. 结局

坏死性脾炎的病因消除后，炎症过程可以消散，随着坏死物液化和渗出物吸收，淋巴细胞和网状细胞再生，一般可以完全再生，恢复脾脏的正常结构和功能。如果是脾实质和支持组织坏死严重的病例，脾脏就不能完全恢复，实质减少，可出现纤维化，支持组织中结缔组织明显增生而导致脾小梁增粗和被膜增厚。

(三)慢性脾炎

慢性脾炎是指伴有脾脏肿大的慢性增生性脾脏炎症。

1. 病因

亚急性或慢性马传染性贫血、结核、牛传染性胸膜肺炎和布鲁氏菌病等病程较长的传染病过程中，脾脏会出现慢性脾炎。

2. 病理变化

眼观，脾脏体积轻度肿大或比正常增大 1~2 倍，被膜增厚，边缘稍显钝圆，质地硬实。切面平整或稍隆突，红髓上可见灰白色增大的颗粒状淋巴小结向外突起；有的不见突起，只见整个脾脏切面颜色较淡，呈灰红色。白髓和小梁区域扩大。

光学显微镜下，淋巴细胞和/或巨噬细胞分裂增生过程明显，支持组织内结缔组织增生，因而使被膜增厚和小梁变粗。脾髓中可见散在的细胞变性坏死。

3. 结局

慢性脾炎通常出现不同程度的纤维化。伴随慢性传染病过程的结束，脾脏中增生的淋巴细胞逐渐减少，局部网状纤维胶原化，上皮样细胞转变为成纤维细胞，脾脏内结缔组织增多，出现纤维化；被膜、脾小梁应结缔组织增生而增厚、变粗，从而导致脾脏体积缩小、质度变硬。

二、淋巴结炎

淋巴结的炎症称为淋巴结炎，是致病因素经血液或淋巴液进入淋巴结而引起的淋巴结发生炎症的过程。以变质和渗出为主要病理过程的淋巴结炎，称为急性淋巴结炎。根据病变特点，分为浆液性淋巴结炎、出血性淋巴结炎、坏死性淋巴结炎、化脓性淋巴结炎等。由病原因素反复或持续作用所引起的以细胞或结缔组织显著增生为主要病理过程的淋巴结炎，称为慢性淋巴结炎，也称为增生性淋巴结炎。

(一)浆液性淋巴结炎

浆液性淋巴结炎是以充血和浆液渗出为主要表现的急性淋巴结炎，也称为单纯性淋巴结炎，是其他各种渗出性淋巴结炎的基础，常见于急性传染病的早期，或某器官有急性炎症时。

1. 病因

浆液性淋巴结炎常见于急性传染病的早期，或某器官的急性炎症过程中。

2. 病理变化

眼观，淋巴结肿大，被膜紧张，质地柔软，颜色呈粉红色或红色，切面隆起、潮红、湿润多汁。

光学显微镜下，被膜和淋巴组织内的毛细血管扩张、充满红细胞，网状细胞肿大、增生和脱落，淋巴窦明显扩张，内含多量浆液或纤维素，其中混有中性粒细胞、淋巴细胞和数量不等的红细胞，巨噬细胞肿大、增生，有时在窦内大量堆积（称为窦卡他）。

3. 结局

浆液性淋巴结炎在病因消除后，可逐渐恢复正常。如果损伤进一步加剧，可发展成为坏死性淋巴结炎或出血性淋巴结炎。病因持续作用可转为慢性淋巴结炎。

（二）出血性淋巴结炎

出血性淋巴结炎是指伴有严重出血的单纯性急性淋巴结炎。

1. 病因

出血性淋巴结炎常见于炭疽、巴氏杆菌病、猪瘟、急性猪链球菌病等出血性败血性传染病过程中。也可见于牛泰勒虫病等急性原虫病过程中。

2. 病理变化

眼观，淋巴结肿大，颜色呈暗红或黑红色，被膜紧张，质地变实，切面隆突、湿润。出血轻的，被膜潮红、散在少许出血点；中等程度出血时，于被膜下和沿小梁出血而呈黑红色花纹，使淋巴结切面呈大理石样外观；严重出血的淋巴结，酷似血肿。

光学显微镜下，出血的淋巴窦内有多量的红细胞，淋巴小结、副皮质区内也可见红细胞，也可见淋巴细胞坏死、浆液性渗出和炎性细胞浸润。

3. 结局

出血性淋巴结炎的结局与其实质损伤程度和出血数量有关。如损伤较轻、出血量较少，病因消除后，病灶可消散，漏出的血细胞被吞噬、溶解，局部还可出现含铁血黄素沉着，组织缺损经再生后即可修复。出血量大、实质损伤较重的淋巴结炎通常转变为坏死性淋巴结炎。

（三）坏死性淋巴结炎

坏死性淋巴结炎是指实质伴有明显坏死性变化为主的急性淋巴结炎。

1. 病因

坏死性淋巴结炎常见于坏死杆菌病、炭疽、牛泰勒虫病和猪弓形虫病等疾病过程中，多数是在浆液性淋巴结炎或出血性淋巴结炎的基础上转化而来。

2. 病理变化

眼观，淋巴结肿大，呈灰红色或暗红色，切面湿润、隆突，有大小不一的灰黄色坏死灶呈散在分布，坏死灶周围有充血、出血的炎性反应带。后期，淋巴结的切面干燥，出血、坏死后呈现砖红色。

光学显微镜下，淋巴组织坏死，形成大小不等、形状不一的坏死灶，有的坏死灶内有大量红细胞。坏死灶周围血管扩张，充满红细胞，还可见有嗜中性粒细胞和巨噬细胞浸润。

3. 结局

坏死性淋巴结炎的结局与坏死性病变的程度有关。小的坏死灶常出现溶解、吸收，组织缺损经再生而修复。大的坏死灶常被新生的肉芽组织机化或包囊形成。在淋巴结广泛性坏死时，虽然可被肉芽组织取代形成包囊，可导致淋巴结纤维化。

（四）化脓性淋巴结炎

化脓性淋巴结炎是指伴有组织脓性溶解的急性淋巴结炎。

1. 病因

化脓性淋巴结炎常见于马腺疫和猪链球菌病的下颌淋巴结化脓，也继发于组织、器官化脓性炎症时累及的局部淋巴结。

2. 病理变化

眼观，淋巴结肿大，呈灰黄色，表面或切面有大小形状不一、数量不等的化脓灶，脓肿的周围组织充血、出血。脓液多为灰黄色或灰绿色。有时形成较大的脓肿，并由结缔组织包囊包裹，甚至脓液取代整个淋巴结。后期脓液干涸。

光学显微镜下，淋巴结内出现脓性溶解灶，淋巴—网状组织坏死溶解，大量嗜中性粒细胞聚集，多数发生核碎裂；脓肿灶的周围组织充血、出血、嗜中性粒细胞浸润，淋巴窦内可见大量脓性渗出物。脓性溶解的病理过程可逐渐扩大，小的脓肿融合后形成较大的脓肿。病程较久的可见化脓灶周围形成结缔组织包囊。

3. 结局

化脓性淋巴结炎的结局与化脓菌的性质、强度和淋巴结实质的损伤程度有关，还与机体的状态有关。小脓肿可被肉芽组织取代而形成瘢痕；大脓肿可形成结缔组织包囊而被包裹，脓肿内的脓汁逐渐浓缩、钙化。化脓性淋巴结炎还可导致化脓性淋巴结周围炎。当脓肿的被膜及相邻组织被溶解后，可向外表排脓，形成脓性溃疡或窦道。化脓性淋巴结炎还可经淋巴蔓延至相邻的淋巴结。如果脓性物质在溶解过程中，侵入血管，可经血液循环引起其他器官也出现化脓，甚至引起脓毒败血症。

（五）慢性淋巴结炎

慢性淋巴结炎是指病原因素反复或持续作用所引起以增生为主要表现的慢性淋巴结炎，如果以细胞显著增生为主，称为增生性淋巴结炎。如果以纤维结缔组织增生和网状纤维胶原化为主，称为纤维性淋巴结炎。

1. 病因

慢性淋巴结炎常见于布鲁氏菌病、副结核病、慢性马传染性贫血等慢性经过的传染病过程中或组织器官发生慢性炎症时；也可以由急性淋巴结炎转变而来。

2. 病理变化

眼观，以细胞增生为主时，淋巴结肿大，呈灰白色，质地稍硬实。切面皮质、髓质结构很难分清，呈一致的灰白色，似脊髓或脑组织的切面，有髓样肿胀之称。特异性肉芽肿性时，切面可见灰白色结节状病灶，结节中心发生干酪样坏死或钙化。以纤维结缔组织增生和网状纤维胶原化为主时，淋巴结体积不肿大，甚至可能缩小，质地硬实。切面可见灰白色的纤维成分不规则地交错分布，淋巴结的固有结构消失。

光学显微镜下，以细胞增生为主时，淋巴小结增大、增多，并具有明显的生发中心。

皮质、髓质界限消失，淋巴窦也被增生的淋巴组织挤压或占据，淋巴细胞弥漫地分布于整个淋巴结。在淋巴细胞之间也可见巨噬细胞有不同程度的增生。有的可见浆细胞散在分布或小的聚集灶。充血和渗出现象不明显。白细胞浸润和变性、坏死较少见。以纤维结缔组织增生和网状纤维胶原化为主时，淋巴结被膜、小梁和血管周围的结缔组织明显增生，网状细胞变粗并纤维化，甚至，最后整个淋巴结形成一种纤维性结缔组织小体。

3. 结局

慢性淋巴结炎可持续很长时间，随着病因的消失，增生过程停止，淋巴细胞数量逐渐减少，网状纤维胶原化，小梁和被膜的结缔组织增生，导致淋巴结内的实质细胞不同程度的减少，其他组织相应增多。在上皮样细胞明显增生的淋巴结炎时，病原菌被清除后，上皮样细胞可转化为成纤维细胞，从而淋巴结内结缔组织的成分增多，实质成分明显减少，形成纤维化。

三、法氏囊炎

法氏囊炎是由病原微生物引起的禽类法氏囊的炎症。

（一）病因

法氏囊炎常见于鸡传染性法氏囊病、鸡新城疫、禽流感及禽隐孢子虫感染等传染性疾病过程中。

（二）病理变化

眼观，法氏囊肿大，质地硬实，表面潮红或呈紫红色，似血肿。囊腔可见灰白色黏液、血液或干酪样坏死物，黏膜肿胀、充血、出血，或见灰白色坏死点。后期，法氏囊萎缩，囊壁变薄，黏膜皱褶消失，颜色变暗无光泽，囊腔内可含有灰白色或紫黑色干酪样坏死物。

光学显微镜下，法氏囊的淋巴滤泡内实质细胞不同程度的变性、坏死，有许多崩解破碎的细胞核，淋巴滤泡可充满浆液或血液，滤泡间充血、出血、炎性细胞浸润。后期，淋巴滤泡萎缩，甚至消失，滤泡间质结缔组织增生，有的病例可见法氏囊淋巴组织被结缔组织取代而发生纤维化。

四、扁桃体及黏膜相关淋巴组织常见病变

家畜的咽部扁桃体，禽的盲肠扁桃体、眼结膜哈德氏腺，兔的回盲交界处的圆小囊和盲肠部的蚓突，畜禽的消化道、呼吸道及生殖道黏膜固有层的淋巴滤泡或相对集中的弥散性淋巴组织，是免疫系统的重要组成部分，在防御疾病的过程起着重要作用。

（一）病因

扁桃体及黏膜相关淋巴组织常见病变多见于引起全身性损伤的急性传染病过程中，淋巴组织常出现不同程度的炎症反应，多为特征性病变，如猪瘟、鸡新城疫、兔病毒性出血病等病时。

（二）病理变化

淋巴滤泡的细胞排空或坏死呈散在分布，呈"星空样变"。

1. 急性出血—坏死性炎

眼观，病变淋巴组织部位的黏膜肿胀、充血、出血或者溃疡，有的形成局部化脓灶，甚至穿孔。如兔伪结核病或沙门氏菌病时，圆小囊、蚓突可见散在或弥漫性分布灰白色坏死灶。

光学显微镜下，淋巴组织坏死、崩解，坏死灶可见充血、出血，伴有浆液、纤维素渗

出和炎性细胞浸润。

2. 慢性增生性炎

眼观，病变部黏膜局灶性肿胀隆起，兔圆小囊及盲肠蚓突壁显著增厚。如鸡新城疫时，肠黏膜常发生局部表面坏死性灶。慢性猪瘟时，大肠黏膜淋巴组织发生纤维素性—坏死性炎，出现典型的纽扣状溃疡。

光学显微镜下，病变部淋巴组织显著增生。淋巴滤泡数量增多，体积增大、生发中心明显，滤泡间有淋巴细胞、巨噬细胞弥漫性增生。

项目 7　神经系统病理

●●●●● 任务资讯单

学习情境 5	常见动物疾病病理变化
项目 7	神经系统病理
资讯方式	教材、教学平台资源、在线开放课资源、网络资源等。
资讯问题	1. 常见动物神经系统疾病发生的病因有哪些？ 2. 常见动物神经系统疾病发生的机理是什么？ 3. 常见动物神经系统疾病发生的病理变化有哪些？
资讯引导	1. 陆桂平. 动物病理. 北京：中国农业出版社，2001 2. 于洋等. 动物病理. 北京：中国农业大学出版社，2011 3. 张鸿等. 宠物病理. 北京：中国农业出版社，2016 4. 姜八一. 动物病理. 北京：中国农业出版社，2019 5. 於敏等. 动物病理. 北京：中国农业出版社，2019 6. 於敏等. 动物病理. 北京：中国农业出版社，2022 7. 中国知网

●●●●● 案例单

学习情境 5	常见动物疾病病理变化	学时	14
项目 7	神经系统病理		

序号	案例内容	案例分析
1.1	一病死猪，死亡前四肢划动，似游泳状，脑软膜血管充血、出血。根据病例脑部病变，分析该病理过程的病因。	案例中的病死猪，根据其生前死亡前四肢划动，似游泳状，死后尸体病理剖检，脑软膜血管充血、出血，可考虑病理变化出现在神经系统，据此可进一步学习常见动物疾病病理变化。

● ● ● ● ● 工作任务单

学习情境 5	常见动物疾病病理变化
项目 7	神经系统病理

【任务】总结神经系统病理变化

根据教师提供的病例图片及视频，完成以下工作。

(1)根据教师给出的脑炎病例资料，描述其病理变化特点、病因和机理。

(2)根据教师给出的脑膜炎病例资料，描述其病理变化特点、病因和机理。

(3)根据教师给出的脑软化病例资料，描述其病理变化特点、病因和机理。

请师生根据自己的学习工作实际情况自由选择案例进行解答。

必 备 知 识

【必备的专业知识和技能】

常见神经系统疾病病理

一、脑炎

（一）非化脓性脑炎

非化脓性脑炎是指主要由病毒感染引起的脑组织的炎症过程。血管周围间隙中有单核细胞(淋巴细胞、浆细胞、组织细胞)浸润，形成包围血管的"管套"，因不会产生化脓过程，称为非化脓性脑炎。

1. 病因

非化脓性脑炎常见于病毒性传染病过程中，也称病毒性脑炎，如猪瘟、狂犬病、非洲猪瘟、猪传染性水疱病、猪伪狂犬病、日本乙型脑炎、捷申病、马传染性贫血、马脑炎、牛恶性卡他热、牛瘟、鸡新城疫、禽传染性脑脊炎等。

2. 病理变化

血管壁及其周围间隙的变化是恒定不变的。在血管外膜和血管周围间隙有细胞聚集，称为管套，由单核细胞和增生的血管外膜细胞组成。以淋巴细胞为主，在猪，还可见少量嗜酸性粒细胞。血管壁可能发生透明变性和纤维素样变，是牛恶性卡他热的典型病变，也可见于马脑脊髓炎。

脑实质受损，即可发生神经胶质细胞增生，是非化脓性脑炎的特征性病理表现，由小胶质细胞组成的炎症灶呈局灶性和/或弥漫性分布。增生的病灶内可见有一些淋巴细胞，有的可见少量浆细胞，病灶中心的小胶质细胞变性。

神经元常呈中心性染色质溶解，有的整个细胞肿胀苍白，细胞核消失。较多的神经元凝固、收缩、变圆与伊红深染，细胞核浓缩或消失。

脑或脊髓的炎症经血管周隙很可能蔓延引起脑膜炎，某些病原对脑膜有选择性亲和力，如牛散发性脑脊髓炎、恶性卡他热和犬瘟热病毒。脑膜中的反应细胞与脑内细胞为同一类，且自由漂浮在蛛网膜腔内。

有的传染病过程中，可见包涵体，以嗜酸性包涵体居多，也有嗜碱性和双染性，可出现在细胞浆和/或细胞核内。有的(如狂犬病)出现在神经元中，有的在神经胶质细胞中，或同时存在。

（二）化脓性脑炎

化脓性脑炎是指脑组织由于化脓菌感染所引起的有大量中性粒细胞渗出，同时伴有局部组织的液化性坏死和形成脓汁为特征的炎症过程。

1. 病因与机理

化脓性脑炎常见于引起化脓性的细菌引起，如葡萄球菌、链球菌、棒状杆菌、巴氏杆菌、李氏杆菌、大肠杆菌等。

血源性脓肿的原发性病灶转移、某些革兰氏阴性菌的菌血症阶段引起脑内出现单个或多发性脓肿，如猪丹毒性、各种动物的链球菌性、牛化脓棒状杆菌性心内膜炎、绵羊溶血性巴氏杆菌性白血病、驹的马肾性志贺氏菌感染、绵羊嗜血杆菌感染、牛嗜血杆菌性败血症、某些大肠杆菌感染等。

筛板、内耳、垂体窝、副鼻窦发生感染后，病原经神经和血管进入脑组织，因没有硬膜外腔对脑的保护而发生化脓性炎症。

牛去角、绵羊筛窦化脓（蝇蛆病），常因化脓棒状杆菌感染，脓肿可扩大而导致脑膜和大脑实质发生化脓性炎症。

由化脓棒状杆菌，或与绿脓杆菌、多杀性巴氏杆菌联合感染引起化脓性中耳炎，侵蚀筛骨泡或沿天然孔蔓延，引发小脑桥脑角周围发生脓肿。

2. 病理变化

眼观，脑组织可见灰黄色或灰白色小化脓灶，周围有一薄层脓肿膜，内含脓汁。

光学显微镜下，血源性脓肿的原发性病灶转移引起时，小血管内常可见细菌性栓塞，呈蓝染的粉末状团块，周围有大量嗜中性粒细胞渗出、崩解破碎，局部可见化脓性软化灶。化脓灶的周围血管充血、水肿，常伴有化脓性脑膜炎和化脓性室管膜炎的发生。还可见小胶质细胞和单核细胞增生、浸润，血管周围嗜中性粒细胞和淋巴细胞浸润形成管套。

由链球菌引起的化脓性脑炎和脑膜炎多见于猪。轻者，脑脊髓膜可见化脓性炎。脑脊髓的蛛网膜及软膜血管充血、出血。有大量中性粒细胞、少量单核细胞及淋巴细胞浸润和增生形成的管套。

由李氏杆菌引起的化脓性脑炎在脑实质形成细小化脓灶和血管管套，血管周围为以单核细胞为主的管套结构。同时脑膜充血，有淋巴细胞、单核细胞和中性粒细胞浸润。

3. 结局

一般化脓性脑炎同时出现化脓性脑脊髓膜炎。在多发性脓肿时，一般病程短，动物在短期内死亡，而孤立性脓肿时可能存活较长时间。下丘脑或大脑脓肿可通过白质侵入脑室，引起迅速致命的脑室积脓。大的脓肿最终可蔓延至脑膜引起黏连性脑膜炎和脑积水。

二、脑膜炎

脑膜炎是发生于脑膜的炎症。

（一）病因和机理

脑膜炎最常见的是由大肠埃希菌、链球菌等细菌感染引起。另外，单核细胞增多性李氏杆菌、巴氏杆菌和化脓性放线菌感染均可引起脑膜炎。

这些细菌通过血液循环穿过软脑膜和蛛网膜下腔侵入软脑膜，细菌还可以直接通过血液或白细胞的聚集而播散。单核细胞增多性李氏杆菌感染时，感染源除了可直接通过血液或白细胞的聚集而播散外，还可沿着神经轴突逆行扩散。

（二）病理变化

动物患细菌性化脓性脑膜炎时，在蛛网膜下腔出现由嗜中性粒细胞、单核细胞和细菌、细胞碎片、水肿液及纤维蛋白混合组成的淡黄色、浓稠的渗出液，这些渗出液还可出现在脑沟中。由于炎性水肿及脑实质受挤压，整个脑的脑回变平整。脑垂体脓肿时，垂体的切面可见浓而黏稠不透明的黄褐色至黄色的渗出物，可蔓延到垂体周围的硬脑膜。

（三）结局

在化脓过程中，常发生脑膜血管炎，周围的组织水肿，静脉有白细胞浸润。甚至在少数有血栓性血管炎的病例未见梗死。在慢性病例中，脑膜构架受到较大的破坏时，可发生结缔组织性愈合。蛛网膜黏连可使蛛网膜腔内产生囊肿性小腔，使髓孔或基底蛛网膜腔闭塞，动物因脑室积水而缓慢死亡。

三、脑软化

脑软化是指脑组织坏死后，坏死部脑组织分解变软液化。软化的脑组织光学显微镜下呈现微细空腔如海绵状，甚至形成肉眼可见的空腔与囊肿。

（一）病因

1. 生物性因素

生物性因素主要是朊病毒感染，引起羊痒病、牛海绵状脑病、人类的克雅氏病等；经口感染后病毒先集聚在被感染动物的脾脏，随淋巴组织扩散至中枢神经系统。而机体对朊病毒的感染不能产生炎性反应和免疫应答。

2. 中毒或化学性因素

一些化学物质中毒可导致动物发生脑软化。如猪食盐中毒、牛铅中毒在大脑皮质发生层状坏死；马霉玉米中毒引起脑组织白质软化；羔羊局灶性对称性脑软化与产气荚膜杆菌产生的 D 型毒素中毒有关。

食盐中毒导致脑软化的发病机理可能与硫胺素缺乏有关。马霉玉米中毒的发病机理是霉玉米中的镰刀菌毒素对马属动物的脑白质具有选择性毒性作用，毒素损伤髓鞘使其溶解。

3. 营养性因素

维生素 B_1、维生素 E 和硒缺乏，以及缺铜常引起动物脑软化。

维生素 B_1 缺乏引起脑软化的机理尚不完全清楚，一般认为与引起丙酮酸代谢障碍有关。维生素 E 和微量元素硒具有抗氧化作用。维生素 E 能降低自由基的产生和中和细胞膜形成的自由基；硒是谷胱苷肽过氧化物酶的组成成分，谷胱苷肽过氧化物酶能分解过氧化物，保护细胞膜及细胞器的膜性结构不受破坏。另外，硒也能加强维生素 E 的抗氧化作用，并通过谷胱苷肽过氧化物酶阻止自由基产生的脂质过氧化物反应，维持细胞的正常结构，使 DNA、RNA 和酶进行正常的合成与分解代谢，保证细胞正常的分裂生长过程。机体缺铜时，胺氧化酶和细胞色素氧化酶活性降低，神经脱髓鞘和神经细胞损伤，出现脑软化。

（二）病理变化

1. 马霉玉米中毒

眼观，硬膜下腔、蛛网膜下腔、脑室和脊髓中央管均见积液，大脑半球、丘脑、脑桥、四叠体、延脑的白质中可见有大小不等的液化性坏死灶，大的有鸡蛋大，坏死灶表面的脑膜常有明显的水肿和出血。

光学显微镜下，脑膜和脑内血管扩张充血，血管周围间隙增宽，水肿液中混有红细胞。脑内神经元变性、坏死，液化灶内见组织疏松，崩解为颗粒状物质。脑软化灶可见周围胶质细胞增生，呈卫星现象和噬神经元现象，有的形成胶质结节。

2. 羊肠毒血症（D 型产气荚膜梭菌引起）

眼观，神经系统主要病变为基底神经节、灰质和丘脑背侧出现两侧对称性的软化灶，软化灶直径可达 1～1.5cm，呈红色，病程较长的变为灰黄色，常伴有出血。

光学显微镜下，可见内囊、皮质下白质和小脑脚的神经纤维髓鞘脱失，神经元坏死、液化、出血较为明显，初期有嗜中性粒细胞浸润，后期则见小胶质细胞增生。

3. 雏鸡营养不良性脑软化（维生素 E 缺乏所致）

眼观，发生于小脑，可见小脑肿胀，质软，甚至不成形，软脑膜充血，表面散在有出血点。

光学显微镜下，可见脑组织呈现程度不同的坏死性变化，小脑神经元变性、坏死，脊髓神经束脱髓鞘，软脑膜充血、水肿，坏死的脑组织形成软化灶。

●●●●● 作业单

学习情境 5	常见动物疾病病理变化
作业完成方式	书面报告。
作业题 1	选择一例常见动物疾病的病例报告，说明报告中病例的具体发生原因、病理变化、影响与结局。
作业解答	（如空位不足，请另附纸张）
作业题 2	历年执业兽医师资格考试真题。
作业解答	66. 肝硬化的后期组织学病变特点是（　　）(2009) 　A. 肝水肿　　　　　　　　　B. 肝窦扩张、淤血 　C. 肝细胞大量坏死　　　　　D. 假小叶生成和纤维化 　E. 胆管上皮呈乳头状增生 62. 急性胰腺炎最基本的致病机理是胰腺内激活酶的自体消化过程，下列描述错误的是（　　）(2011) 　A. 胰腺内蛋白质溶解　　　　B. 胰腺内脂肪溶解 　C. 胰腺内卵磷脂溶解　　　　D. 分解血管弹力纤维组织 　E. 胰腺内自体组织的修复 63. 以心瓣膜严重损伤并散发多数溃疡为特征的心内膜炎是（　　）(2011) 　A. 瓣膜性心内膜炎　　　　　B. 心壁性心内膜炎 　C. 败血性心内膜炎　　　　　D. 腱索性心内膜炎 　E. 乳头肌性心内膜炎

80. 发生急性猪瘟时，脾脏的病变特征是（　　）(2012)

A. 急性脾炎　　　　　　　　　B. 慢性脾炎

C. 化脓性脾炎　　　　　　　　D. 坏死性脾炎

E. 淤血性梗死

67. 引起小叶性肺炎的常见原因是（　　）(2013)

A. 细菌　　　　　　　　　　　B. 病毒

C. 毒物　　　　　　　　　　　D. 缺氧

E. 营养缺乏

69. "白斑肾"见于（　　）(2013)

A. 急性肾小球肾炎（大红肾）　B. 膜性肾小球肾炎（大白肾）

C. 亚急性肾小球肾炎　　　　　D. 化脓性肾炎

E. 间质性肾炎

（98—100 题共用题干）(2013)

某鸡场发生大量雏鸡死亡，剖检病死雏鸡见小脑肿胀，质地变软，软脑膜充血，镜下出现大小不一的坏死灶。

98. 发生的疾病最可能是（　　）

A. 维生素 A 缺乏症　　　　　B. 维生素 B_{12} 缺乏症

C. 维生素 C 缺乏症　　　　　D. 维生素 D 缺乏症

E. 维生素 E－硒缺乏症

99. 病鸡脑组织病变的机制是（　　）

A. 缺乏性梗死　　　　　　　　B. 干酪样坏死

C. 蜡样坏死　　　　　　　　　D. 液化性坏死

E. 湿性坏死

100. 引起雏鸡脑病变的机制是（　　）

A. 氧化磷酸化过程障碍　　　　B. 抗氧化功能障碍

C. 突触传递障碍　　　　　　　D. 神经递质生成障碍

E. 离子通道障碍

65. 原发性肾小球肾炎的发病机制是（　　）(2015)

A. 内源性毒物质损伤　　　　　B. 外源性毒物质损伤

C. 应激反应　　　　　　　　　D. 缺血损伤

E. 变态反应

（81—83 题共用备选答案）(2017)

A. 浆液性淋巴结炎　　　　　　B. 出血性淋巴结炎

C. 坏死性淋巴结炎　　　　　　D. 化脓性淋巴结炎

E. 增生性淋巴结炎

81. 剖检猪瘟病死猪，见淋巴结肿大，周边呈暗红色或黑红色，切面隆突湿润，呈"大理石"样外观。此病变为（　　）

82. 剖检一副结核病死牛，见淋巴结肿大，呈灰白色髓样外观，质地稍硬实。此病变为（　　）

作业解答

83. 马腺疫病马颌下淋巴结肿胀，有波动，局部皮肤变薄，后自行破溃，流出大量黄白色黏稠液体。此病变为(　　)

A. 浆液性淋巴结炎　　　　　　　B. 出血性淋巴结炎

C. 坏死性淋巴结炎　　　　　　　D. 化脓性淋巴结炎

E. 增生性淋巴结炎

(84—86题共用备选答案)(2017)

A. 淋巴细胞　　　　　　　　　　B. 中性粒细胞

C. 嗜酸性粒细胞　　　　　　　　D. 单核细胞

E. 多核巨细胞

84. 鸡患新城疫时，脑组织中形成血管套的炎性细胞是(　　)。

85. 李氏杆菌引起的脑膜脑炎中形成血管套的主要炎性细胞是(　　)。

86. 猪食盐中毒时，脑组织中形成血管套的炎性细胞是(　　)。

92. 3岁犬，精神沉郁、食欲减退，黏膜轻度发绀，听诊发现第二心音性质显著改变，其原因是(　　)(2017)

A. 肺动脉闭锁不全　　　　　　　B. 主动脉口闭锁不全

C. 肺动脉口狭窄　　　　　　　　D. 主动脉口狭窄

E. 左房室口狭窄

75. 一病犬，临床检测肝功能指标升高，尸体剖检见肝表面散在灰白色小斑点；镜检可见肝实质中散在大小不一的坏死灶，肝管区有大量淋巴细胞浸润。该犬的肝脏病变为(　　)(2020)

A. 实质性肝炎　　　　　　　　　B. 化脓性肝炎

C. 寄生虫肝炎　　　　　　　　　D. 出血性肝炎

E. 中毒性肝炎

79. 3月龄病死猪，剖检见肠黏膜潮红、肿胀，被覆有多量的黏液。镜检见黏膜上皮细胞变性、坏死、脱落，杯状细胞数量增多且黏液分泌亢进，固有层充血，炎性细胞浸润。比病变为(　　)(2020)

A. 出血性肠炎　　　　　　　　　B. 急性卡他性肠炎

C. 纤维素性坏死性肠炎　　　　　D. 慢性增生性肠炎

E. 纤维素性肠炎

100. 创伤性网胃—心包炎见于(　　)(2020)

A. 牛　　　　B. 猪　　　　C. 兔　　　　　D. 马　　　　　E. 鸡

班级		第　　组		组长签字	
学号		姓名			
教师签字		教师评分		日期	

作业评价　评语：

●●●●● 学习反馈单

学习情境5	常见动物疾病病理变化
评价内容	评价方式及标准。
知识目标达成度	评价方式：学生自评、组内评价、教师评价。 评价标准：（40%） 1. 能描述常见疾病中，病理现象的发生原因。（6%） 2. 能描述常见疾病中，病理现象的发生机理。（9%） 3. 能描述常见疾病中，病变器官的解剖学变化与组织学变化。（8%） 4. 能描述常见疾病中，病变器官的结局与影响。（7%） 5. 历年执业兽医师资格考试真题答案。（10%） E、D、C、D、A、E、E、D、B、E B、E、D、A、D、C、B、A、B、A
技能目标达成度	评价方式：学生自评、组内评价、教师评价。 评价标准：（30%） 1. 能准确辨别疾病中，病变器官的解剖学变化与组织学变化。（15%） 2. 能运用病理知识对动物疾病进行初步诊断。（15%）
素养目标达成度	评价方式：学生自评、组内评价、教师评价。 评价标准：（30%） 1. 通过课前预习，培养学生的自主学习能力。（10%） 2. 通过小组内对案例分析结果的展示，找到不足，自我提升，强化团体合作习惯和严肃认真的工作作风，同时增强集体荣誉感。（10%） 3. 通过对病理组织大体标本的观察，了解动物疾病的特点，深化学农爱农、关爱生命的意识。（10%）
反馈及改进	
针对学习目标达成情况，提出改进建议和意见。	

学习情境5线上练习

学习情境 6

尸体剖检诊断

●●●●● **学习任务单**

学习情境 6	尸体剖检诊断		学　时	4
布置任务				
学习目标	【知识目标】 1.能解释动物死后,进行尸体剖检的意义。 2.能说出动物死后,尸体会出现的变化。 3.能分析并叙述动物死后,进行尸体病理剖检的一般顺序。 【技能目标】 1.能正确使用剖检器械,规范进行动物尸体剖检的操作。 2.能准确辨别病变器官的解剖学变化与组织学变化。 3.能运用病理知识对动物疾病进行初步诊断。 【素养目标】 1.通过课前预习,培养学生的自主学习能力。 2.通过小组内对案例分析结果的展示,找到不足,自我提升,强化团体合作习惯和严肃认真的工作作风,同时增强集体荣誉感。 3.通过对病理组织大体标本的观察,了解动物疾病的特点,深化学农爱农、关爱生命的意识。 4.通过动物尸体剖检的训练及其注意事项的学习,深化敬业、精益、专注的大国工匠精神。			
任务描述	1.正确使用剖检器械,规范进行动物尸体剖检的操作。 2.准确辨别病变器官的解剖学变化与组织学变化。 3.运用病理知识对动物疾病进行初步诊断。			
提供资料	1.资讯单。 2.教材。 3.在线开放课程:上智慧树网站查找动物病理课程(黑龙江职业学院)。			

对学生要求	1. 前程课程：动物解剖生理、动物微生物及免疫。 2. 按任务资讯单内容，认真准备资讯问题，预习课程内容。 3. 以小组为单位完成学习任务，充分发挥团结协作精神。 4. 按各项工作任务的具体要求，认真设计及实施工作方案。 5. 严格遵守相关实验室管理制度，爱护实验设备用具等，避免安全事故发生。 6. 严格遵守动物剖检、检验等技术的操作规程，避免散播病原。

项目　尸体剖检诊断

●●●●● 任务资讯单

学习情境 6	尸体剖检诊断
项目	尸体剖检诊断
资讯方式	教材、教学平台资源、在线开放课资源、网络资源等。
资讯问题	1. 动物尸体病理剖检的意义是什么？ 2. 动物死后的尸体变化有哪些？ 3. 动物尸体剖检的场地有什么要求？ 4. 动物尸体剖检的器械有什么要求？ 5. 动物尸体剖检的时间有什么要求？ 6. 动物尸体剖检的步骤通常是什么？ 7. 动物尸体剖检时，进行病理组织学材料的选取和运送有什么要求？ 8. 动物尸体剖检时，进行实验室诊断病料的采集与运送有什么要求？ 9. 马属动物尸体的病理剖检方法是什么？ 10. 反刍动物（牛、羊）尸体的病理剖检方法是什么？ 11. 单胃动物（猪、犬等）尸体的病理剖检方法是什么？ 12. 家禽尸体的病理剖检方法是什么？
资讯引导	1. 陆桂平.动物病理.北京：中国农业出版社，2001 2. 于洋等.动物病理.北京：中国农业大学出版社，2011 3. 张鸿等.宠物病理.北京：中国农业出版社，2016 4. 姜八一.动物病理.北京：中国农业出版社，2019 5. 於敏等.动物病理.北京：中国农业出版社，2019 6. 於敏等.动物病理.北京：中国农业出版社，2022 7. 中国知网

●●●● 案例单

学习情境 6	尸体剖检诊断	学时	4
序号	案例内容	案例分析	
1.1	某养鸡户养鸡 500 只，鸡群突然发病，呈急性经过，病鸡早期可见雏鸡啄肛，而后主要表现精神不振，闭眼，翅膀下垂，羽毛松乱无光，怕冷挤堆，采食量下降，饮水量增多，不愿走动，排牛奶样、水样白色粪便，肛门周围有粪便污染，步态不稳，最后脱水死亡。根据上述案例，请同学们分析动物尸体剖检的意义、尸体变化、尸体剖检术式。	尸体剖检诊断是运用病理学的基本知识，通过检查尸体的病理形态学变化，来研究疾病发生、发展和转归的规律，为临床诊断和疾病防治提供科学依据。通过尸体剖检可以检验生前对疾病的诊治是否正确，及时总结经验，积累资料，不断提高诊疗工作的质量，为促进兽医学科和医学的发展积累更多的资料。　　对该案例中的病鸡、死亡鸡及时准确地进行尸体剖检诊断，可以为临床诊断和疾病防治提供依据，同时也可以减少养殖户的经济损失。	

●●●● 工作任务单

学习情境 6	尸体剖检诊断
项目	尸体剖检诊断

一养鸡场，现有约 500 只成年蛋鸡。5 月开始，发现有个别鸡出现腹泻、精神沉郁、腹部肿胀、呼吸困难、产蛋率下降。

【任务 1】说出动物死后，尸体有哪些变化

➤参考答案

尸冷、尸僵、尸斑、尸体的腐败和自溶、动物死后血液的凝固。

【任务 2】说出尸体剖检的一般顺序

➤参考答案

外部检查→剥皮和皮下检查→内部检查→腹腔脏器的取出和检查→盆腔脏器的取出和检查→胸腔脏器的取和检查→颅腔检查以及脑的取出和检查→口腔及颈部器官的取出和检查→鼻腔的剖开和检查→脊椎管的剖开和检查→肌肉和关节的检查→骨和骨髓的检查。

【任务 3】规范操作鸡的尸体剖检诊断，并准确记录尸体剖检记录单

➤参考答案

1. 体外检查

检查羽毛是否粗乱、有无脱落、泄殖腔周围羽毛有无粪便污染；检查口、鼻、眼等天然孔有无分泌物及其数量与性状。检查鼻窦时可用剪刀在鼻孔前将口喙的上颌横向剪断，以手稍压鼻部，注意有无分泌物流出。视检泄殖腔内黏膜的变化、内容物的性状及其周围

的羽毛有无粪便污染等；检查皮肤、头冠、肉髯；检查腹壁及嗉囊表面皮肤的色泽；检查各关节；检查营养状况等。检查完毕后，用水或消毒水将羽毛打湿，防止羽毛飞扬。

2. 体腔剖开与内部检查

切开大腿与腹侧连接的皮肤，用力掰开两腿，使髋关节脱位，禽体背卧位平放入瓷盘。

由于鸡没有像哺乳动物那样完整的膈，因此鸡的胸腹腔可同时打开。剪开胸腹部皮肤，打开体腔后，把肝、脾、腺胃、肌胃和肠管一同取出后，置于另一干净的瓷盘中进行检查。然后切去胸部肌肉，用骨剪剪去胸骨与肋骨的连接部，去掉胸骨，打开胸腔全部并进行检查。

用骨剪剪开喙角，打开口腔，将舌、食管、嗉囊从颈部剥离下来。再用手术刀柄钝性分离肺脏，将肺、心脏和血管一起采出。肾脏位于脊椎深凹处，也应用钝性剥离方法取出，将取出的脏器置于另一干净的瓷盘中进行检查。

鼻腔可用骨剪剪开，轻轻压迫鼻部，检查鼻腔及其内容物。脑的采出，需将头部皮肤剥离，用骨剪将颅顶骨做环形剪开，小心将大脑、小脑采出，并进行检查。

3. 剖检后的处理

剖检后鸡的尸体、内脏等要做无害化处理，并对剖检室、器械及人员及时消毒。

需要进一步做实验室诊断的病料要注意保存，并及时送往实验室。

所有内脏检查后及时做好记录，完整填写剖检记录单，并给出病理剖检诊断建议。

必 备 知 识

【必备的专业知识和技能】

尸体剖检诊断

动物病理剖检也称为尸体剖检，是兽医病理学的一种基本研究方法和技术。它是运用病理学的基本知识，通过检查尸体的病理形态学变化，来研究疾病发生、发展和转归的规律，为临床诊断和疾病防治提供科学依据。

一、动物尸体剖检概述

（一）病理剖检的意义及病理剖检诊断的依据

尸检技术是动物疾病诊断的重要方法之一，其特点是方便、迅速、客观、直接、准确。通过尸体剖检可以检验生前对疾病的诊治是否正确，及时总结经验，积累资料，不断提高诊疗工作的质量，为促进兽医学科的发展积累更多的资料。

不同致病因素引起的动物疾病，有的病理变化可能缺乏特异性，但有些疾病却具有比较典型的形态变化。例如，牛结核可在肺部、胸膜、淋巴结等处形成具有特殊形态结构的结核结节；患口蹄疫动物在口腔黏膜、蹄部和乳房皮肤发生水疱和溃烂；硒与维生素 E 缺乏可引起多种仔畜的白肌病、肝坏死，鸡渗出性素质。掌握并应用病理学的基本知识和技能，正确识别病理变化是建立病理剖检诊断的依据，也是进一步做出病理组织学诊断的基础。

（二）动物死后的尸体变化

动物死亡后，受体内存在酶和环境中细菌的作用，将逐渐发生一系列的变化。

1. 尸冷

动物死亡后，由于动物体内新陈代谢的停止，产热过程停止，尸体温度逐渐降至与外界环境温度一致的水平。尸体温度下降的速度，在最初几小时较快，以后逐渐变慢。通常在室温（24～26℃）条件，平均每小时下降1℃。当外界温度低时，尸冷发生快。尸温的检查有助于确定死亡的时间。

2. 尸僵

动物在死亡后，肢体的肌肉收缩变硬，关节固定，整个尸体发生僵硬，称为尸僵。尸僵一般在死后3～6h发生，10～20h最明显，24～48h开始缓解。尸僵通常是从头部开始，而后向颈部、前肢、躯干和后肢发展，检查尸僵是否发生，可按下颌骨的可动性和四肢能否屈伸来判定。解僵时，尸体按原来尸僵发生的顺序开始消失，肌肉变软。根据尸僵的发生和缓解情况，大致可以判定家畜死亡的时间。心肌的尸僵在死后半小时左右即可发生。肌肉发达的动物尸僵较明显。死于破伤风的动物，尸僵发生快而明显；死于败血症的动物，尸僵不显著或不出现；心肌变性或心力衰竭的心肌，则尸僵不出现或尸僵不完全。

3. 尸斑

家畜死亡后，全身肌肉僵直收缩，心脏和血管也发生收缩，将心脏和动脉系统内的血液驱入到静脉系统中，并由于重力的关系，血管内的血液逐渐向尸体下垂部位发生沉降，一般反映在皮肤和内脏器官（如肺、肾等）的下部，呈青紫色的淤血区，称为坠积性淤血。尸体倒卧侧皮肤的坠积性淤血现象，称为尸斑（死后2～4h出现）。初期，用指压该部位可使红色消退，并且这种暗红色的斑可随尸体位置的变动而改变。后期，由于发生溶血使该部位组织染成污红色（死后24h左右出现），此时指压或改变尸体位置时也不会消失。

在某些中毒病例，尸斑的颜色可以作为推测死因的参考，如一氧化碳、氰化物中毒时尸体呈樱桃红色；而亚硝酸盐中毒时为灰褐色；硝基苯中毒时为蓝绿色。尸斑检查，对于判定死亡时间和死后尸体位置有一定的意义。

4. 尸体自溶和腐败

尸体自溶是指体内组织受到酶（细胞溶酶体酶）的作用而引起自体消化过程，表现最明显的是胃和胰腺。尸体腐败是指尸体组织蛋白由于细菌作用而发生腐败分解的现象。参与腐败过程的细菌主要是厌氧菌，它们主要来自消化道，但也有从体外进入的。尸体可表现为腹围膨大、尸绿、尸臭、内脏器官腐败等。

5. 死后凝血

动物死后不久，在心脏和大血管内的血液即凝固成血凝块。死亡快时，血凝块呈一致的暗紫红色。死亡较慢时，血凝块往往分为两层，上层呈黄色鸡油样，是血浆层，下层是暗红色红细胞层（鸡脂样凝血块）。死于败血症或窒息、缺氧的动物，血液凝固不良或不凝固。

（三）剖检前的准备

1. 剖检场地的要求

为了防止病原扩散和污染环境，同时也为了保护剖检人员的自身安全和便于消毒，剖检尸体、特别是传染病尸体，应在有一定条件的病理剖检室内进行。在室外剖检时，应选择地势较高、环境较干燥，远离水源、道路、房舍和畜禽舍的地点进行。剖检前挖深达2m的深坑，剖检后将内脏、尸体连同被污染的土层投入坑内，再撒上石灰或10%的石灰水、3%～5%的来苏尔或臭药水，然后用土掩埋。

2. 器械和药品的准备

剖检最常用的器械有剥皮刀、脏器刀、脑刀、外科剪、肠剪、骨剪、外科刀、镊子、骨锯、锯、斧、阔唇虎头钳、量尺、量杯、注射器和针头、天平等。

剖检常用的消毒药品有3%～5%来苏尔、石炭酸、臭药水、0.2%高锰酸钾液、75%酒精、3%碘酒等。最常用的固定液是10%福尔马林溶液。此外，还应准备凡士林、滑石粉、肥皂、棉花和纱布等。

剖检人员的工作服、胶皮或塑料围裙、胶手套、线手套、工作帽、胶鞋、口罩和眼镜也应置备齐全。

3. 剖检前尸体的处理

剖检前应在尸体体表喷洒消毒液。搬运尸体时，特别是搬运炭疽、开放性鼻疽等传染病尸体时，应先用浸透消毒液的棉花团塞住天然孔，并用消毒液喷洒体表，然后方可运送。运送用的车辆和绳索等工具，都要严格消毒。污染的土层、草料等要焚烧后深埋。

4. 临床病史的了解

进行尸体剖检前，剖检者必须先仔细了解病死畜禽生前的病史，包括临床各种化验、检查、诊断和死因。根据临床症状，流行病学等检查所做出的初步诊断，确定动物尸体能否进行剖检。属于国家规定的禁止剖检的患病动物尸体，一定不能剖检，如炭疽。

(四)剖检的注意事项

1. 了解病史

尸体剖检前，应先详尽了解患病动物所在地区的疾病的流行情况、生前病史，包括临床症状、检查、临床诊断治疗，以及饲养管理和临死前的表现等。

2. 尸体剖检的时间

剖检应在动物死后立即进行。尸体放久后，容易腐败分解，尤其在夏天，这会影响对原有病变的观察和诊断。一般死后超过 24h 的尸体，就失去剖检意义。此外，剖检最好在白天进行，因在灯光下，一些病变颜色(如黄疸、变性等)不易辨认。

3. 脏器的检查、摘取和取材

在采取某一脏器前，应先检查与该脏器有关的各种联系。例如，发现肝脏有慢性淤血时，应对心脏、肾脏和肺脏进行检查，以判明原因。

已摘下的器官，在未切开之前，先称其质量，然后测其长、宽和厚度。切脏器的刀、剪应锋利，切开脏器时要由前向后，一刀切开，不要由上向下挤压，或做拉锯式的切法。切未经固定的脑和脊髓时，应先使刀口浸湿，然后再下刀，以使切面平整。

(五)剖检的步骤

为了保证剖检质量和提高工作效率，尸体剖检必须按一定的方法和顺序进行。但有时因剖检的目的和具体条件不同，也可有一定的灵活性。通常采用的剖检顺序为：外部检查→剥皮和皮下检查→内部检查→腹腔脏器的取出和检查→盆腔脏器的取出和检查→胸腔脏器的取出和检查→颅腔检查和脑的取出和检查→口腔和颈部器官的取出和检查→鼻腔的剖开和检查→脊椎管的剖开和检查→肌肉和关节的检查→骨和骨髓的检查。

(六)剖检病变的描述

对于病理变化的描述，要客观地运用通俗易懂的语言文字加以表达，不可直接用病理学术语或名词代替病变的描述。如病变情况复杂，可绘图并配以文字说明，以求尽可能客观地反映病变的真实情况。为了描述不失真，用词必须准确，不能含糊不清。

1. 位置

指各脏器的位置有无异常表现，脏器彼此间或脏器与体腔壁间有无黏连等，如肠扭转时可用扭转 180°、360° 等来表示。

2. 大小、质量和体积

最好用数字表示，一般用 cm、g、mL 为单位。如因条件所限，也可用实物比喻，如针尖大、米粒大、黄豆大、蚕豆大、鸡蛋大等，不宜用"肿大""缩小""增多""减少"等主观判断的术语。

3. 形状

形状一般用实物比拟，如圆形、椭圆形、菜花形、结节状等。

4. 表面

当指脏器表面及浆膜的异常表现时，可采用絮状、绒毛样、凹陷或凸起、斑点、干酪样、粉末样、光滑或粗糙、晦暗等来表示。

5. 颜色

单一的颜色可用鲜红、淡红、苍白、棕色、灰色、淡黄、鲜黄、暗黄等。两种颜色应用紫红、灰白、棕黄等（前者表示次色，后者表示主色）来形容。

6. 湿度

湿度一般用湿润、干燥等来表述。

7. 透明度

透明度一般用浑浊、透明、半透明等来表述。

8. 切面

切面常用平整或突起、详细结构不清、血样物流出、呈海绵状等来表示。

9. 质地和结构

质地和结构用坚硬、柔软、有弹性、脆弱、胶样、水样、粥样、干酪样、髓样、肉样、颗粒状、结节状等来表示。

10. 气味

气味常用恶臭、酸败味等。

11. 管状结构

管状结构常用扩张、狭窄、闭塞、弯曲等来表示。

12. 正常与否

对于无肉眼变化的器官，一般不用"正常""无变化"等名词，因为无肉眼变化不一定说明无细胞组织变化，通常可用"无肉眼可见变化"来概括。

(七)剖检记录的整理分析和病理报告的撰写

病理报告的内容主要包括以下四部分：概述、剖检记录、病理解剖学诊断和结论。

1. 概述

概述部分主要记载动物的主人包括动物所属单位及畜主姓名，动物的种类、性别、年龄、毛色、用途、特征等，临床病症摘要及临床诊断，发病日期，死亡时间，剖检时间，剖检地点和剖检者的姓名等。

临床摘要及临床诊断的内容，包括简要病史、发病经过、主要症状、临床诊断、治疗经过、有关流行病学材料及有关实验室检验的各项结果等。上述内容可作为诊治疾病时的一个参考，作为查明发病原因的一个线索。

2. 剖检记录

病理剖检记录是对剖检所见动物呈现的病理变化和其他有关情况所做的客观记载，是病理报告的重要依据，也是进行综合分析病症、研究疾病的原始资料之一。剖检记录最好在尸体剖检过程中进行，一般由剖检者口述，专人记录。条件不允许时，应在剖检完毕后立即补记。尸检记录可用预先印好的表格，临用时填写，也可用空白纸直接记录。最好用印制的剖检报告书写，可以避免遗漏(内容可参看表 6-1 尸体剖检记录单)。

表 6-1 尸体剖检记录单

序号		畜别		品种		综合诊断结果	
性别		年龄		毛色			
特征				用途	单位		
剖检地点				死亡时间		剖检时间	
临床病例概要							
剖检记录 　一、外部检查 　二、内部检查							
病理学诊断							
结论 　剖检人：　　　　　记录人：							

(1)尸体剖检记录要客观,在剖检过程中或补记时,对观察到的病变要进行如实描述,实事求是,应反映出发生的病理变化的原貌。

(2)尸体剖检记录既要详细全面,又要突出重点。详细全面表现为在剖检时,应仔细地、尽可能地找到尸体的全部病变,同时把这些病理变化逐一记录下来。同时,在记录时应突出重点,就是要全力找出主要病变,以便进行诊断。

3. 病理解剖学诊断

病理解剖学诊断是根据剖检所见眼观变化,结合病理组织学检查,进行综合分析,判断病变主次,采用病理学术语加以概括,肯定病变的性质。例如,出血性肠炎、肝淤血、肺水肿、肝脂肪变性等。

4. 结论

根据病理解剖学诊断,结合患病动物生前的临床症状及其他临床诊断资料进行综合分析,找出病变之间、病变与临床症状之间的关系,最后做出结论性判断,阐明动物发病和致死的原因,进一步做出疾病诊断,提出处理意见和建议,如猪瘟、棉籽饼中毒等。

若无法做出疾病诊断,则仅列出病理解剖学诊断,最后主检者签名并注明报告时间。

(八)病理组织学材料的选取和运送

为了详细查明原因,做出正确的诊断,需要在剖检同时选取病理组织学材料,及时固定,送至病理切片实验室制作切片,进行病理组织学检查。

(1)有病变的器官或组织,要选择病变显著部分或可疑病灶。取样要全面而具有代表性,能显示病变的发展过程。在同一块组织中应包括病灶和正常组织两个部分，且应包括器官的重要结构部分。如胃、肠应从浆膜到黏膜各层组织，肾脏应包括皮质、髓质和肾盂，心脏应包括心房、心室及其瓣膜各部分。在较大而重要病变处，可分别在不同部位采取组织多块，以代表病变各阶段的形态变化。

（2）各种疾病病变部位不同，选取病理材料时也不完全一样。遇病因不明的病例时，应多选取组织，以免遗漏病变。

（3）选取病理材料时，切勿挤压或损伤组织。切取组织块所用的刀剪要锋利，切取组织块时必须迅速而准确。

（4）组织块在固定前最好不要用水冲，非冲不可时只可以用生理盐水轻轻冲洗。

（5）为了防止组织块在固定时发生弯曲、扭转，对易变形的组织如胃、肠、胆囊等，切取后将其浆膜面向下平放在稍硬厚的纸片上，然后徐徐浸入固定液中。对于较大的组织片，可用两片细铜丝网放在其内外两面系好，再行固定。

（6）选取的组织块的大小：通常长宽1~1.5cm，厚度为0.4cm左右，必要时组织块的长宽可增大到1.5~3cm，但厚度最厚不宜超过0.5cm，以便容易固定。

（7）组织块固定时，应将病例编号用铅笔写在小纸片上，随组织块一同投入固定液里，同时将所用固定液、组织块数、编号、固定时间写在瓶签上。相类似的组织应分别置于不同的瓶中或切成不同的形状。

（8）为了尽量保持生前状态，切取的组织块要立即投入固定液中。常用的固定液是10%福尔马林固定液，固定时间只需24~48h即可。为避免材料的挤压和扭转，装盛容器最好用广口瓶。固定液要充足，最好要10倍于该组织体积。固定液容器不宜过小；容器底部可垫以脱脂棉花，以防止组织固定不良或变形。肺脏组织含气多，易漂浮于固定液面，要盖上薄片脱脂棉花，保证固定效果。

（9）将固定完全和修整后的组织块，用浸渍固定液的脱脂棉花包裹，放置于广口瓶或塑料袋内，并将其口封固，即可派人运送。同时应将整理过的尸体剖检记录及有关材料一同送出；并在送检单上说明送检的目的要求，组织块的名称、数量等。

（九）实验室诊断病料的采集与运送

剖检者不但要注意病尸的形态学变化，而且需要研究病原生物学和各种毒物。因为有时形态学的变化比较轻微，而病原微生物检查或毒物的分析却能找到动物发病与死亡的原因，故剖检者要负责采集材料。如果要运送至外单位进行检查化验时，剖检者还应将采集的材料做初步处理，附上详细说明，方可寄送。

为了使结果可靠，采集病原材料等应在患病动物死后愈早愈好，夏天不超过24h，冬天可稍长一些。同时各种材料的采集最好在剖开胸腹腔后、未取出脏器之前，以免受污染而影响检查结果。

在运送材料时，应说明该动物的饲养管理情况、死亡日期与时间，病料采集的日期与时间，申请检查之目的，病料性状及可疑疾患等。若疑为传染病，应说明家畜发病率、死亡率及剖检所见。

1. 细菌学检查病料的采集与运送

采集细菌学检查用的病料，要求无菌操作，以避免污染。使用的工具要煮沸消毒，使用前再经火焰消毒。在实际工作中不能做到时，最好取新鲜的整个器官或大块的组织及时送检。

在剖检时，器官表面常污染，故在采集病料之前，应先清洁及杀灭器官表面之杂菌。在切开皮肤之前，局部皮肤应先用来苏尔消毒；采取内脏时，不要触及其他器官。如果当场进行细胞培养，可用调药刀在灯上烤至红热，烧灼取材部位，使该处表层组织发焦，而后立即取材接种。

(1)心血。以毛细吸管或20mL的注射器穿过心房，刺入心脏内。毛细吸管之制法：将玻璃管加热拉长，从中折断即可。或用普通吸管，但应将其钝端连一橡皮管及一短玻璃管，以免吸血时把血吸入口内。现在常用一次性注射器采血，但针头要粗些。心血抽取困难时可以挤压肝脏。

(2)实质脏器。用灭菌用具采取组织块放于灭菌的试管或广口瓶中，取的组织块大小约2cm²即可。若不是当时直接培养而是外送检查时，组织块要大些；要注意各个脏器组织分别装于不同的容器内，避免相互感染。

(3)采取胸腹水、心囊液、关节液及脑脊髓液时，以消毒的注射器和针头吸取，分别注入经过消毒的容器中。

(4)其他。脓汁和渗出物用消毒的棉花球采取后，置于消毒的试管中运送。检查大肠杆菌、肠道杆菌等时可结扎一段肠管送检；或先烧灼肠浆膜，然后自该处穿破肠壁，用吸管或棉花球采取内容物检查，或装在消毒的广口瓶中送检。痰液的采取也可用此法。细菌性心瓣膜炎可采取赘生物培养及涂片检查。

(5)涂片或印片。此项工作在细菌学检查中颇有价值，尤其是对于难培养的细菌更是不可缺少的手段。普通的血液涂片或组织印片用美兰或革兰氏染色。结核杆菌、副结核杆菌等用抗酸染色。一般原虫疾病，则需做血液或组织液之薄片及厚片。厚片的做法：用洁净玻片，滴一滴血液或组织液于其上，使之摊开约1cm大小，平放于洁净的37℃温箱中，干燥2h后取出，浸于2%冰醋酸4份及2%酒石酸1份之混合液中，5~10min，以脱去血红蛋白，取出后再脱水，并于无水酒精中固定2~5min，进行染色检查。若是本单位缺乏染色条件需寄送外单位进行检查的，还应该把一部分涂片和印片用甲醇固定3min后不加染色一齐寄出。此外，脓汁和渗出物采取也可以采用本方法。

(6)取作凝集、沉淀、补体结合及中和试验用的血液、脑脊髓液或其他液体。采取均需用干燥消毒的注射器及针头进行，并置于干的玻璃瓶或试管中。如果是血液，应该放成斜面，避免震动，防止溶血，待自然凝固析出血清后再送检或者抽出血清送检。

上述送检材料均应保持为正立，系缚于木架上，装入保温瓶中或将材料放入冰盒内，外套木(纸)盒，盒中塞紧锯末等物。玻片可用火柴棒间隔开，但表面的两张要把涂有病料的一面向内，再用胶布裹紧，装在木盒中寄送。

2.病毒学检查病料的采集与运送

选取病毒材料时，应考虑到各种病毒的致病特性，选择各种病毒侵害的组织。在选取过程中，力求避免细菌的污染。病料置于消毒的广口瓶内或盖有软木塞的玻璃瓶中。用作病毒检查的心血、血清及脊髓液应用无菌方法采取，置于灭菌的玻璃瓶中，冷藏在冰盒内送检。如果暂时运送不了，应将病料保存于-80℃或-20℃冰柜中。

疑为狂犬病的尸体，应在死后立刻将其头颅取下，置于不漏水的容器中，周围放冰块。也可以将脑剖出，切开两侧大脑半球，一半置于未稀释的中性甘油中，另一半放在10%福尔马林溶液中。传染性马脑脊髓炎病例，最好在死后立即以无菌手术将脑取出，采取大脑与小脑组织若干块，装入盛有50%灭菌甘油生理盐水瓶中。

3. 毒物学检查病料的采集与运送

死于中毒的动物，常因食入有毒植物，杀虫农药或因放毒或其他原因。送检化验材料，应包括肝、肾组织和血液标本，胃、肠、膀胱等内容物，以及饲料样品。各种内脏及内容物应分别装于无化学杂质的玻璃容器内。为防止发酵影响化学分析，可以冰冻，保持冷却运送。容器须先用重铬酸钾—硫酸洗涤液洗涤，用常水冲洗后，再用蒸馏水冲洗两三次即可。所取的材料应避免化学消毒剂污染；送检材料中切不可放入化学防腐剂。

根据剖检结果并参照临床资料及送检样品性状，亦可提出可疑的毒物，作为实验室诊断参考，送检时应附有尸检记录。例如，疑似铅中毒，实验室可先进行铅分析，以节省不必要的工作。凡病例需要进行法医检验时，应特别注意在采取标本以后，必须由专人保管送检，以防止中间人传递有误。

（十）剖检后动物尸体的消毒和无害化处理

尸体剖检完毕，尸体不得随意处理，应按《病死及死因不明动物处置办法（试行）》的有关规定处置，严禁食用肉尸和内脏，未经处理的皮毛等物也不得利用。根据条件和疾病的性质，对尸体进行掩埋或焚烧处理。可立即将尸体、垫料和被污染的土层一起投入坑内，撒上生石灰或喷洒消毒液后，用土掩埋。有条件的最好应进行焚烧。

剖检后的场地要做好彻底消毒，剖检器械、衣物都要消毒和洗净。

需要强调的是，对于患炭疽病动物尸体，根据《病死及病害动物无害化处理技术规范》（农医发〔2017〕25 号）的规定，只能进行焚毁处理，不能掩埋，更不能剥皮或食用。

（十一）剖检人员的自身防护

为了保障人和动物健康，在剖检过程中应保持清洁并注意严格消毒。剖检时，剖检人员应穿好工作服、胶靴，围上围裙，戴好口罩、工作帽，戴好乳胶手套，外加薄棉纱手套。剖检操作时要稳妥，万一不慎割破皮肤，应立即停止剖检，以碘酊消毒伤口，更换剖检人员；如遇炭疽等人兽共患传染病，除局部用 5% 石炭酸消毒外，应立即就诊，并对现场彻底消毒。剖检完毕后，剖检人员双手先用肥皂洗涤，再用消毒液冲洗。为了消除粪便和尸腐臭味，可先用 0.2% 高锰酸钾溶液浸洗，再用 2%～3% 草酸溶液洗涤退去棕褐色后，再用清水冲洗。将用具、衣物清洗干净、消毒，一次性物品消毒后深埋或焚烧。经常参加剖检工作的人员应做好相关疾病的疫苗接种。

二、马属动物的病理剖检方法

（一）外部检查

1. 营养状况

营养状况的情况可以根据肌肉的发育和皮下脂肪的蓄积状态来判断。

2. 可视黏膜

注意检查眼结膜、鼻腔、口腔、肛门和生殖器等黏膜。着重观察有无贫血、淤血、出血、黄疸、溃疡和外伤等变化；天然孔的开闭状态；有无分泌物、排泄物及其性状等。

3. 体表一般检查

检查有无新旧外伤，被毛光泽度、厚度，有无脱毛、褥疮、溃疡、脓肿、创伤、肿瘤、外寄生虫，皮下（尤其是腹部皮下）有无浮肿和脓肿等。

（二）内部检查

内部检查包括剥皮、皮下检查、各体腔的剖开、内脏的采出及内脏器官的检查等。马的腹腔右侧为盲肠和大结肠占据，为便于腹腔器官的采出，在剖开腹腔时应取右侧卧位。剖开腹腔前，先将左前肢与左后肢自尸体分离。

1. 剥皮

　　先由下颌部至胸正中线切开皮肤，至脐部后把切线分为两条，绕开生殖器或乳房，最后会合于尾根部。然后沿四肢内面的正中线切开皮肤，到球节做环形切线，再从这些切线剥下全身皮肤。因传染病而死亡的尸体，一般不剥皮，以防病原体传播。在剥皮过程中，应注意检查浅表淋巴结的状态，要特别注意下颌、肩前、股前、乳房和浅腹股沟淋巴结的检查。检查肌肉状态，注意肌肉丰瘦、色泽和有无炎症、坏死或寄生虫病变。乳房检查要注意外形、体积、硬度和各乳头有无病变。然后沿腹面正中线切开乳房，分左右两半将乳房割下。乳房内部检查可做若干平行切面，注意其内乳汁的性状、排乳管的状态、实质与间质的比例，内部有无结节、脓肿、坏死、钙化、纤维化、囊肿或肿瘤等。公马外生殖器官检查，可先将其由腹壁切离至骨盆边缘，视检阴囊后，留待与骨盆腔中的内生殖器官同时取出检查。

2. 切离前、后肢

　　(1)前肢沿肩胛骨前缘切断臂头肌和颈斜方肌，再在肩胛骨的后缘切断背阔肌，在肩胛软骨部切断胸斜方肌，最后将前肢向上方牵引，由肩胛骨内侧切断胸肌、血管、神经、下锯肌、菱形肌等，取下前肢。

　　(2)后肢在股骨大转子部切断臀肌及股后肌群，将后肢向背侧牵引，由内侧切断股内侧肌群、髋关节的回韧带和副韧带，即可取下后肢。

3. 腹腔脏器的采出

　　(1)切开腹腔，先将睾丸或乳房从腹壁切离。从欣窝沿肋弓切开腹壁至剑状软骨，再从欣窝沿髂骨体切开腹壁至耻骨前缘。切开腹壁后，立即检查腹腔液的量和性状；腹膜是否光滑，有无充血、淤血、出血、破裂、脓肿、黏连、肿瘤和寄生虫；腹腔内脏的位置是否正常，肠管有无变位、破裂，膈的紧张程度及有无破裂，大网膜脂肪的含量等。

　　(2)肠的采出。用两手握住大结肠的骨盆曲部，往腹腔外前方引出大结肠。将小肠全部拿到腹腔外的背部，剥离十二指肠结肠韧带，在十二指肠与空肠之间结上两道结扎，从中间切断。用左手抓住空肠的断端，向身前牵引，使肠系膜保持紧张。右手将刀从空肠断端开始，靠近肠管切断系膜，直到回盲瓣处进行两道结扎，并从中间切断，取出小肠。在采出小肠的同时，要注意做到边切边检查肠系膜和淋巴结等有无变化。

　　将小结肠拿回到腹腔内，再将直肠内的粪球向前方压挤，从直肠的起始部切断。抓住小结肠断端，切断后肠系膜，在十二指肠结肠韧带处，结扎小结肠，切断后取出。

　　用手触摸前肠系膜动脉根，检查有无寄生虫性动脉瘤。然后将结肠上的两条动脉和盲肠上的两条动脉从肠壁上剥离，距前肠系膜动脉根约 30cm 处切断，并将其断端交由助手牵引。这时剖检者用左手握住小结肠断端，向自身的方向牵引，用右手剥离附在大结肠胃状膨大部和盲肠底部的胰脏。然后将胃膨大部、盲肠底部和背部联结的结缔组织充分剥离，即可将大结肠、盲肠全部取出。

　　(3)脾、胃和十二指肠的采出。左手抓住脾头向外牵引，使其各部韧带呈紧张状态，并切断，然后将脾和大网膜一起拿出。胃和十二指肠的采出，先从膈的食管孔切开膈肌，抓住食管用力牵引并切断，然后再切断胃和十二指肠周围的韧带，便可采出。

　　(4)胰腺、肝脏、肾脏和肾上腺的采出。胰脏可由左叶开始逐渐切下，或将胰脏附于肝门部和肝脏一同取出，也可随腔动脉、肠系膜一并采出。采出肝脏时，先切断左叶周围的韧带及后腔静脉，然后切断右叶周围的韧带、门静脉和肝动脉，便可取出。采出肾脏和肾上腺时，肾上腺与肾脏同时采出，也可单独采出。

4. 胸腔脏器的采出

(1)锯开胸腔。锯开胸腔之前，先检查肋骨的高低及肋骨与肋软骨结合部的状态。剖开胸腔的方法有两种。一是将膈的左半部从季肋部切下，用锯把左侧肋骨上端从靠近脊柱处和下端与胸骨连接处锯断，只留第一肋骨，这样即可将左胸腔全部暴露。二是用骨剪剪断靠近胸骨的肋软骨，用刀逐一切断肋骨之间的肋间肌，分别将每根肋骨向背侧扭转。并将肋骨小头周围的关节韧带扭断，一根一根地去除肋骨，暴露左侧胸腔。打开胸腔后，要注意检查胸腔液的量和性状；胸腔内有无血液、脓汁；胸膜面是否光滑，有无出血、炎症、肥厚，肺胸膜和肋胸膜有无黏连，纵隔和纵隔淋巴结、食道、大动脉和静脉有无异常；幼畜胸腺有无变化等。

(2)心脏的采出。在心包左侧中央做十字形切口，将手洗净，把食指与中指插入心包腔，提起心尖，检查心包液的量和性状；沿心脏的左纵沟左右各 1cm 处，切开左、右心室，检查血量及其性状；将左手拇指与食指伸入心室的切口内，轻轻牵引，然后切断心基部的血管，取出心脏。

(3)肺脏的采出。切断纵隔膜的背侧部检查右侧胸腔液的量和性状；切断纵隔膜的后部；切断胸腔前部的纵隔膜、气管、食管和前腔动脉，并在气管轮上做一小切口。将左手指和中指伸入切口牵引气管，即可将肺脏采出。

(4)腔动脉的采出。从前腔动脉至后腔动脉的最后分支部，沿胸椎，从腰椎的下面切断肋间动脉，即可将腔动脉和肠系膜一并取出。

(5)骨盆腔脏器的采出

首先锯断髂骨体，然后锯断耻骨和坐骨的髋臼支。除去锯断的骨体，用刀切离直肠与盆腔上壁的结缔组织。母马还要切离子宫与卵巢，再由骨盆腔下壁切离膀胱颈、阴道及生殖腺等，最后切断附着于直肠的肌肉，将肛门、阴门做圆形切离，即可取出骨盆腔脏器。

(6)口腔及颈部器官的采出

切断咬肌；在下颌的第一臼齿前，锯断左侧下颌骨支；切断下颌骨支内面的肌肉和后缘的腮腺、下颌关节的韧带及冠状突周围的肌肉，将左侧下颌骨支取下；用左手握住舌头，切断舌骨及其周围组织，再将喉、气管和食管的周围组织切离，直至胸腔入口处一并取出。

5. 颅腔的打开与脑的采出

(1)切断头部。沿环枕关节横断颈部，使头与颈分离，然后再除去下颌骨体及右侧下颌骨支。切除颅顶部附着的肌肉。

(2)取脑。将头骨平放，沿两颞窝前缘横锯额骨；距前锯线往后 2~3cm 再锯一平行线；从颞窝前缘连线的中点至两颧弓上缘各锯一线；由颧弓至枕骨大孔，左右各锯一线。用锤和凿子撬去额部两条锯线间的骨片，将凿子伸入锯口内，用力揭开颅顶，即可使脑露出。然后用外科刀切离硬脑膜，并切断脑底部的神经，取出大脑、小脑、延脑和脑垂体。

6. 鼻腔的锯开

先沿两眼的前缘用锯横行锯断，然后在第一臼齿前缘锯断上颌骨，最后用锯纵行锯断鼻骨和硬腭，打开鼻腔，取出鼻中隔。

7. 脊髓的采出

先锯下一段胸骨(5~15cm)，而后取一段肋软骨，插入椎管内、顶出脊髓；或沿椎弓的两侧与椎管平行锯开椎管，取出脊髓。

8. 脏器的检查

脏器的检查是尸体剖检的重要一环，也是病理学诊断的重要依据。在检查中，对各脏器做认真细致的检查，客观地描述各种病理变化，并及时记录下来。

（1）腹腔器官的检查。

①胃的检查：首先检查胃的大小，胃浆膜面的色泽，有无黏连、胃壁有无破裂。然后用肠剪由贲门沿大弯剪至幽门，检查胃内容物的量、性状、臭味、寄生虫等。最后检查胃黏膜的色泽，有无水肿、出血、炎症等。

②大肠和小肠检查：打开肠管之前，应先检查肠管浆膜的色泽，有无黏连、肿瘤、寄生虫结节；同时检查淋巴结的性状等。小肠由十二指肠开始，沿肠系膜附着部向后剪开；盲肠沿纵带由盲肠底剪至盲肠尖，大结肠由盲肠结口开始，沿大结肠纵带剪开；小结肠沿肠系膜附着部剪开。各部肠管剪开时，要做到边剪开边检查肠内容物的量、性状、臭味、有无血液、异物、寄生虫等。去掉肠内容物后，检查肠黏膜的性状。看不清时，可用水轻轻冲洗后检查。注意黏膜的色泽、厚度、淋巴组织（淋巴小结）的性状以及有无炎症等。

③脾脏检查：先检查脾脏大小、硬度、边缘的厚薄以及脾淋巴结的性状。然后检查脾脏被膜的性状和色泽。最后做切面检查，从脾头切至脾尾，检查脾髓的色泽，脾小体和脾小梁的性状，并用刀背或刀刃轻轻刮脾髓，检查血量的多少。

④肝脏的检查：先检查肝脏的大小，被膜的性状，边缘的厚薄，实质的硬度和色泽以及肝淋巴结、血管、肝管等的性状。然后做切面，检查切面的血量、色泽，切面是否隆突，肝小叶的结构是否清晰，有无脓肿、肝砂粒症及坏死灶等变化。

⑤胰脏检查：检查胰脏的色泽和硬度，沿胰脏的长径做切面，检查有无出血和寄生虫。

⑥肾脏检查：检查肾脏大小、硬度，切开后检查被膜是否容易剥离，肾表面的色泽、平滑度，有无瘢痕、出血等变化。然后检查切面皮质和髓质的色泽，有无淤血、出血、化脓和坏死，切面是否隆突，以及肾盂、输尿管、肾淋巴结的性状。

⑦肾上腺检查：检查其外形、大小、色泽和硬度，然后做纵切或横切，检查皮质、髓质的色泽及有无出血。

（2）胸腔器官的检查。

①心脏检查：首先检查心脏纵沟、冠状沟的脂肪量和性状以及有无出血。然后检查心脏的大小、色泽及心外膜有无出血和炎性渗出物。检查心外膜后，沿左纵沟左侧的切口，切至肺动脉的起始部；再沿左纵沟右侧的切口，切至主动脉起始部。然后将心脏翻转过来，沿右纵沟的左右侧各 1cm 处做平行切口；切至心尖与左侧切口相连接，通过房室口切至左心房及右心房。打开心腔后，检查心内膜色泽和有无出血，瓣膜是否肥厚，心肌的色泽、硬度、有无出血和变性等。

②肺脏检查：检查肺脏的大小，肺胸膜的色泽，以及有无出血和炎性渗出物等。然后用手触摸各肺叶，检查有无硬块、结节和气肿，并检查肺淋巴结的性状。而后用剪剪开气管和支气管，检查黏膜的性状、有无出血和渗出物等。最后将左右肺叶横切，检查切面的色泽和血液量的多少，有无炎性病变、鼻疽结节和寄生虫结节等。

（3）口腔、鼻腔及颈部器官的检查。

①口腔检查：检查牙齿的变化，口腔黏膜的色泽，有无外伤、溃疡和烂斑，舌黏膜有无出血与外伤。

②咽喉检查：检查黏膜色泽、淋巴结的性状。

③鼻腔检查：脑组织取出后，头骨于距正中线 0.5cm 处纵行锯开，把头骨分成两半，其中一半带有鼻中隔，用刀将鼻中隔沿其附着部切下，检查鼻中隔和鼻道黏膜的色泽、外形，有无出血、结节和溃疡，必要时可在额骨部做横行锯线，检查颌窦和鼻甲窦。

④下颌及颈部淋巴结检查：检查下颌及颈部淋巴结的大小、硬度、有无出血和化脓等。

(4)脑的检查。

打开颅腔后，检查硬脑膜和软脑膜，有无充血、淤血、出血。切开大脑，检查脉络丛的性状及脑室有无积水。然后横切脑组织，检查有无出血及液化性坏死等。

(5)骨盆腔器官的检查。

①膀胱检查：检查膀胱的大小、尿量、色泽以及黏膜有无出血和炎症等。

②子宫检查：沿子宫体背侧剪开左右子宫角，检查子宫内膜的色泽，有无充血、出血及炎症等。

(6)肌肉的检查通常只对眼观有明显变化的部分进行检查，注意其色泽、硬度和病变的性质等。

(7)脊髓的检查先检查脊髓硬膜，注意脊髓液的数量和性状，再切断与脊髓相联系的神经，切断脊髓的上、下两端，即可将所分离的脊髓取出。脊髓检查要注意软脊膜状况和脊髓的色泽、外形与质地，再将脊髓作多个横切，检查切面上灰质、白质和中央管的状况。

三、反刍动物(牛、羊)的病理剖检方法

牛、羊是反刍动物，其腹腔脏器的解剖结构(主要是胃、肠)与马有很大差异，因此，剖检方法上也要有相应的改变。

反刍动物有4个胃，占腹腔左侧的绝大部分及右侧中下部，前至6~8肋间，后达骨盆腔。因此，牛的尸体剖检，通常采取左侧卧位，这样便于检查腹腔内肠管等其他器官。羊由于体躯小，故以背卧位(仰卧)更便于采取脏器。切开羊的胸腔方法是先用刀或骨剪切断肋软骨和胸骨联结部，再用刀伸入胸腔，划断脊柱左右侧胸壁肋骨与胸椎连接的关节，敞开胸腔，这样便于将胸腔内的心脏、肺脏和气管一并采出。

(一)腹腔的剖开

从右侧肷窝部沿肋骨弓至剑状软骨切开腹壁，再从髋结节至耻骨联合切开腹壁，然后将被切成楔形的右腹壁向下翻开，即露出腹腔。

(二)腹腔脏器的采出

腹腔剖开后，在剑状软骨部可见网胃，右侧肋骨后缘为肝脏、胆囊和皱胃，右肷部见盲肠，其余的脏器均为网膜所覆盖。为了采出腹腔脏器，应先将网膜切除，然后依次采出小肠、大肠、胃和其他器官。

1. 网膜的切除

以左手牵引网膜，右手执刀，将大网膜浅层和深层分别自其附着部切离，再将小网膜从其附着部切离，此时小肠和肠袢均显露出来。

2. 空肠和回肠的采出

在右侧骨盆腔前缘找到盲肠，提起盲肠，沿盲肠体向前可见连接盲肠和回肠的三角韧带，即回盲韧带。切断回盲韧带，分离一段回肠，在距盲肠约15cm处将回肠做二重结扎并切断，由此断端向前分离回肠和空肠直至空肠起始部，即十二指肠空肠曲，再做二重结扎并切断，取出空肠和回肠。

3. 大肠的采出

在骨盆腔口找出直肠，将直肠内粪便向前方挤压，在其末端做一次结扎，并在结扎的后方切断直肠。然后握住直肠断端，由后向前把降结肠从背侧脂肪组织中分离出来，并切离肠系膜直至前肠系膜根部。再将横行结肠、肠袢与十二指肠回行部之间的联系切断。最后把前肠系膜根部的血管、神经、结缔组织一并切断，取出大肠。

4.胃、十二指肠和脾脏的采出

先检查有无创伤性网胃炎、横膈炎和心包炎，以及胆管、胰管的状态。如有创伤性网胃炎、横膈炎和心包炎，应立即进行检查，必要时将心包、横膈和网胃一同采出。

通常先分离十二指肠肠系膜，切断胆管、胰管和十二指肠的联系。将瘤胃向后方牵引，露出食道，在其末端结扎并切断。助手用力向后下方牵引瘤胃，术者用刀切离瘤胃与背部相联系的结缔组织，并切断脾膈韧带，即可将胃、十二指肠、胰腺和脾脏同时采出。

5.腹腔内其他脏器的采出

其方法和马属动物基本相同。

（三）胃的检查

先将瘤胃、网胃、瓣胃之间的结缔组织分离，使其有血管和淋巴结的一面向上，按皱胃在左，瘤胃在右的位置平放在地上。用剪刀沿皱胃小弯部剪开，至皱胃与瓣胃交界处，则沿瓣胃的大弯部剪开，至瓣胃与网胃口处，又沿网胃大弯剪开，最后沿瘤胃上、下缘剪开。这样胃的各部分可全部展开。如网胃有创伤性炎症，可顺食道沟剪开，以保持网胃大弯的完整性，便于检查病变。胃内容物和黏膜的检查，与马的检查基本相同，检查网胃时，应特别注意有无异物和创伤。

（四）颅腔剖开

牛的颅腔剖开方法与马的相同。为了便于打开颅腔，可从枕骨大孔沿枕骨片的中央及顶骨和额骨的中央缝加做一纵锯线，最后用力将左右两角压向两边，颅腔即可暴露。脑的病变主要依靠组织学检查。

四、单胃动物（猪、犬、猫、兔）的病理剖检方法

猪的剖检法基本上与大家畜的剖检法相同，仅就以下不同点加以说明。

1.尸体取背卧位

在剖开体腔前可以不剥皮。皮下检查可在切开体腔过程中进行。

2.腹腔的剖开和腹腔脏器的采出

从剑状软骨后方沿白线由前向后，直至耻骨联合做第一切线。然后再从剑状软骨沿左、右两侧肋骨后缘至腰椎横突做第二、第三切线，使腹壁切成两个大小相等的楔形，使其向两侧翻开，即可露出腹腔。腹腔剖开后，见结肠呈盘状卷曲，位于腹腔后 2/3 稍偏右方。盲肠位于左腰部，其盲端到达骨盆。小肠位于腹腔的左前方与右后方，在胃与结肠之间为网膜。

（1）脾脏和网膜的采出。在左季肋部可见脾脏。提起脾脏，并在接近脾脏部切断网膜和其他联系后取出脾脏。然后再将网膜从其附着部分离采出。

（2）空肠和回肠的采出。将结肠袢向右侧牵引，盲肠拉向左侧，显露回盲韧带与回肠。在离盲肠约 15cm 处，将回肠做二重结扎切断。然后握住回肠断端，用刀切离回肠、空肠上附着的肠系膜，直至十二指肠空肠曲，在空肠起始部做二重结扎并切断。取出空肠和回肠。

（3）大肠的采出。在骨盆腔口分离出直肠，将其中粪便挤向前方做一次结扎，并在结扎后方切断直肠。从直肠断端向前方切离肠系膜，至前肠系膜根部。分离结肠与十二指肠、胰腺之间的联系，切断前肠系膜根部血管、神经和结缔组织，以及结肠与背部之间的联系，即可取出大肠。然后依次将胃和十二指肠、肾脏、肾上腺、胰腺和肝脏采出，采出方法与马的相同。

3. 胸腔的剖开

用刀切断两侧肋骨与肋软骨的接合部，再切离其他软组织，除去胸壁腹面，胸腔即可露出。胸腔器官的采出和检查方法，均与马的剖检法相同。

4. 剖检小猪

可自下颌沿颈部、腹部正中线至肛门切开，暴露胸、腹腔，切开耻骨联合露出骨盆腔。然后将口腔、颈部、胸腔、腹腔和骨盆腔的器官一起取出。

5. 颅腔剖开

清除头部的皮肤和肌肉，先在两侧眶上突后缘做一横锯线，从此锯线端经额骨、顶骨侧面至枕脊外缘做二纵锯线，再从枕骨大孔两侧做一"V"形锯线与二纵锯线相连。此时将头的鼻端向下立起，用锤敲击枕嵴，即可揭开颅顶，露出颅腔。

五、家禽的病理剖检方法

家禽的解剖结构与大动物不同，在家禽的消化系统中，有发达的肌胃，肠管较短，而十二指肠较大，盲肠有两条。肺小，并固定在肋间隙中，有和肺相通的气囊。两侧肾脏固定在腰荐部，各三叶，无膀胱，输尿管直接通入泄殖腔。左侧卵巢发达，成年禽类右侧的卵巢退化，输卵管通入泄殖腔；睾丸位于腰区。鸡无淋巴结，淋巴组织是在其他组织和器官中散在的，但在泄殖腔上边却有一个独特的淋巴器官即腔上囊（或法氏囊）。在性成熟时（鸡4～5月龄，鸭3～4月龄）最大，以后逐渐萎缩，变小。现以鸡为代表，说明家禽尸检的顺序和方法。

（一）外部检查

外部检查主要包括羽毛、营养状况、天然孔、皮肤、骨和关节。

1. 羽毛的检查

注意是否粗乱，有无脱落，泄殖腔周围羽毛有无粪便污染等。

2. 天然孔的检查

注意口、鼻、眼等有无分泌物及其数量与性状。检查鼻窦时可用剪刀在鼻孔前将口喙的上颌横向剪断，以手稍压鼻部，注意有无分泌物流出。视检泄殖腔的状态，注意其内腔黏膜的变化、内容物的性状及其周围的羽毛有无粪便污染等。

3. 皮肤的检查

检查头冠、肉髯，注意头部及其他各处的皮肤有无痘疮、皮疹或其他病变。观察腹壁及嗉囊表面皮肤的色泽。检查各关节的粗细，有无肿胀，龙骨突有无变形、弯曲等现象。营养状况的检查，可用手触摸胸骨两侧的肌肉丰满度及龙骨的显突状况。

（二）体腔的剖开

用消毒药浸渍羽毛后，拔除颈、胸和腹部的羽毛。切割两翅和两趾内侧基部与躯体的联系，并将翅一趾压下，使尸体仰卧固定，由下颌间隙沿体正中线至泄殖孔切开皮肤并向两侧分离。从泄殖腔至胸骨后端纵切开体腔。在胸骨两侧的体壁上向前延长纵形切口，将两侧体壁剪开。再用骨剪剪断乌喙骨和锁骨，手锯龙骨嵴，向上前方用力扳拉，揭开胸骨，割离肝、心与胸骨的联系及其周围的软组织，即暴露体腔。注意气囊有无病菌生长或其他变化，特别要检查体腔内的炎性渗出物、体腔积血及浆膜炎。

（三）内部检查

1. 脏器的采出

（1）体腔内器官的采出。可先将心脏连心包一起剪离，再采出肝，然后将肌胃、腺胃、肠、胰腺、脾脏及生殖器官一同采出。肺脏和肾脏位于肋间隙内及腰荐骨的陷凹部，可用外科刀柄剥离取出。

（2）颈部器官的采出。先用剪刀将下颌骨、食道、嗉囊剪开。注意食道黏膜的变化及嗉囊内容物的分量、性状以及嗉囊内膜的变化。再剪开喉头、气管，检查其黏膜及腔内分泌物。颈部皮下注意检查胸腺的颜色，大小。

（3）脑的采出。可先用刀剥离头部皮肤，再剪除颅顶骨，即可露出大脑和小脑。然后轻轻剥离，将前端的嗅脑、脑下垂体及视神经交叉等部逐一剪断，即可将整个大脑和小脑采出。

2.脏器的检查

脏器的检查的方法，基本上和家畜相同。

（1）心脏、肺脏。将心包囊剪开，注意心包腔液的多少、心包囊与心壁有无黏连。剪开两侧心房及心室，检查心内膜及观察心肌的色泽及性状。肺注意观察其形态、色泽和质地，有无结节，切开检查有无炎症、坏死灶等变化。

（2）腺胃和肌胃。先将腺胃、肌胃一同切开，检查腺胃胃壁的厚度，内容物的性状，黏膜及腺体的状态，有无寄生虫。再剥离肌胃的角质膜，检查胃壁性状。

（3）肠。检查黏膜和其内容物的性状，以及有无充血、出血、坏死、溃疡和寄生虫等。两侧盲肠也应剪开检查。

（4）肝、脾。检查肝的形态、大小、色泽、质地，表面有无坏死灶、坏死点、出血点、结节，以及切面的性状。脾注意检查脾的形态、大小、色泽、质地，表面及切面的性状等。

（5）肾。肾分为 3 叶，境界不明显，无皮质髓质区别，检查时注意其大小、色泽、质地、表面及切面的性状等。肾有尿酸盐沉着时，可见灰白色点，肾肿大。

（6）胰。胰分为 3 叶，分别开口于十二指肠，且与胆管开口部相邻。注意检查有无出血等病变。

（7）睾丸。成年禽注意其睾丸大小、表面及切面的状态。

（8）卵巢和输卵管。左侧卵巢较发达，右侧常萎缩。输卵管与卵巢接近处为漏斗部，其后为卵白分泌部。检查输卵管时，注意其黏膜和内容物的性状，有无充血、出血和寄生虫。

（9）法氏囊（腔上囊）。法氏囊是重要的免疫器官，注意有无出血、渗出和坏死等变化。

（10）脑。注意脑膜血管有无充血、出血及切面脑实质的变化。

● ● ● ● ● 材料设备清单

学习情境6		尸体剖检诊断						学时：4	
项目	序号	名称	规格	数量	序号	名称	规格	数量	
所用动物（按具体情况选择）	1	鸡	成年	4	2	犬	小型成年犬	2	
	3	羊	成年	1	4	猪	1~2 月龄	2	

所用药品、耗材	1	75％酒精	500mL	1	2	5％碘酊	50mL	1
	3	10％福尔马林溶液	500mL	2	4	0.1％新洁尔灭溶液	50mL	1
	5	脱脂棉	包	1	6	纱布	卷	4
	7	一次性乳胶手套	中号	42	8	一次性防护服	中号	42
	9	一次性医用外科口罩		42	10	一次性医用手术帽		42
所用工具	1	剥皮刀		4	2	解剖刀		4
	3	手术刀柄	4号	4	4	手术刀片	24号	8
	5	肠剪	22cm	4	6	骨钳		4
	7	骨锯		4	8	骨斧		4
	9	组织镊	16cm	4	10	组织剪	16cm	4
	11	卷尺	1.5m	4	12	磨刀石	粗	4
	13	注射器	20mL	20	14	注射器	5mL	20
	15	瓷盘	大号	4	16	塑料盆/桶	中号	2

●●●● **作业单**

学习情境6	尸体剖检诊断
作业完成方式	书面报告。
作业题1	以组为单位上交一份总结病理尸体剖检的报告。也可将操作过程中重要环节拍照，并以适当文字辅以说明，图文并茂展示尸检报告。
作业解答	（如空位不足，请另附纸张）
作业题2	历年执业兽医师资格考试真题。

作业解答	66. 进行牛的尸体剖检时通常采用（　　）(2015) A. 左侧卧位　　　　　　　B. 背卧位 C. 右侧卧位　　　　　　　D. 腹卧位 E. 吊挂式 60. 猪的尸体剖检，摘出空肠和回肠时应先（　　）(2018) A. 在贲门部做双重结扎　B. 在十二指肠起始部做双重结扎 C. 在空肠的末端　　　　D. 在空肠起始部和回肠末端分别做双重结扎 E. 在盲肠起始部做双重结扎 (96—97 题共用备选答案)(2019) A. 10％福尔马林　　　　B. 70％酒精 C. 50％酒精　　　　　　D. 4％福尔马林 E. 95％酒精 96. 最常用的组织固定液是（　　） 97. 在养殖场剖检取材时，如果无甲醛，可选用的固定液是（　　） 64. 单胃动物的病理剖检顺序是（　　）(2011) A. 尸体背卧位→腹腔剖开→胸腔剖开→颅腔剖开 B. 尸体背卧位→胸腔剖开→腹腔剖开→颅腔剖开 C. 尸体背卧位→腹腔剖开→颅腔剖开→胸腔剖开 D. 尸体背卧位→颅腔剖开→胸腔剖开→腹腔剖开 E. 尸体背卧位→颅腔剖开→胸腔剖开→腹腔剖开

作业评价	班级		第　　　组		组长签字	
	学号		姓名			
	教师签字		教师评分		日期	
	评语：					

●●●●● 学习反馈单

学习情境 6	动物尸体剖检诊断
评价内容	评价方式及标准。
知识目标 达成度	评价方式：学生自评、组内评价、教师评价。 评价标准：（40%） 1. 能解释动物死后，进行尸体剖检的意义。（5%） 2. 能说出动物时候，尸体会出现什么变化，每描述正确一项得 1 分。（10%） 3. 能分析并叙述说出动物死后，进行尸体病理剖检的一般顺序，每描述一个步骤并正确，一项可得 10 分，顺序正确可得 5 分。（15%） 4. 历年执业兽医师资格考试真题答案。（10%） A、D、A、E、A
技能目标 达成度	评价方式：学生自评、组内评价、教师评价。 评价标准：（30%） 1. 能正确使用剖检器械，规范进行动物尸体剖检的操作。（10%） 2. 能准确辨别病变器官的解剖学变化与组织学变化。（10%） 3. 能运用病理知识对动物疾病进行初步诊断。（10%）
素养目标 达成度	评价方式：学生自评、组内评价、教师评价。 评价标准：（30%） 1. 通过课前预习，培养学生的自主学习能力。（7%） 2. 通过小组内对案例分析结果的展示，找到不足，自我提升，强化团体合作习惯和严肃认真的工作作风，同时增强集体荣誉感。（7%） 3. 通过对病理组织大体标本的观察，了解动物疾病的特点，深化学农爱农、关爱生命的意识。（8%） 4. 通过动物尸体剖检的训练及其注意事项的学习，深化敬业、精益、专注的大国工匠精神。（8%）
反馈及改进	
针对学习目标达成情况，提出改进建议和意见。	

学习情境 6 线上练习

附录
课程量化评价单

纸笔考试各学习情境配分表

教材内容 （考试范围）	学习情境 1	学习情境 2	学习情境 3	学习情境 4	学习情境 5	学习情境 6	合计
教学时间 （课时）	4	36	20	4	14	4	82
占分比例　理想%	5%	44%	24%	5%	17%	5%	100%
占分比例　实际%							

纸笔考试双向细目表

教学目标		1.0 记忆		2.0 理解		3.0 运用		4.0 分析		5.0 评价		6.0 创造		合计	
教材内容	试题形式	配分	题数	配分	题数	配分	题数	配分	题数	配分	题数	配分	题数	配分	题数
CP1 认识疾病	选择题														
	填空题														
	简答题														
	叙述题														
	……														
	小计														
CP2 病理剖检 诊断	选择题														
	填空题														
	简答题														
	叙述题														
	……														
	小计														
CP3 病理生理 诊断	选择题														
	填空题														
	简答题														
	叙述题														
	……														
	小计														

教学目标		1.0 记忆		2.0 理解		3.0 运用		4.0 分析		5.0 评价		6.0 创造		合计	
教材内容	试题形式	配分	题数	配分	题数	配分	题数	配分	题数	配分	题数	配分	题数	配分	题数
CP4 应激性反应	选择题														
	填空题														
	简答题														
	叙述题														
	……														
	小计														
CP5 常见动物疾病病理变化	选择题														
	填空题														
	简答题														
	叙述题														
	……														
	小计														
CP6 尸体剖检诊断	选择题														
	填空题														
	简答题														
	叙述题														
	……														
	小计														
配分合计	选择题														
	填空题														
	简答题														
	叙述题														
	……														
	合计														

注：1. 试题形式指填空题、选择题、判断题、简答题、计算题、分析题、综合应用等形式；

2. 试卷结构应包含主观题和客观题，具体题型由制定人确定，题型不得少于4种；

3. 每项配分值为本项所含小题分数的和；

4. 本表各项目视教学目的、实际教学及命题需要可进行适当调整。

注：本表为全部教学内容完成后进行的教学评价和反馈，不隶属于具体的学习情境，一部教材只编写一个。